21世纪高等学校规划教材｜计算机科学与技术

U0266352

Oracle数据库教程

赵明渊　主编

清华大学出版社

北京

内 容 简 介

本书全面系统地介绍了 Oracle 11g 的管理操作和应用开发，以学生成绩数据库为主线，将基础知识和实际应用有机结合起来。全书共分 18 章，分别介绍数据库概论、Oracle 11g 数据库、创建数据库、创建和使用表、PL/SQL 基础、PL/SQL 高级查询、视图、索引、同义词和序列、数据完整性、PL/SQL 程序设计、函数和游标、存储过程、触发器、事务和锁、安全管理、备份和恢复、Java EE 开发基础、基于 Java EE 和 Oracle 11g 数据库的学生成绩管理系统开发等内容。

本书注重理论与实践的结合，侧重实用性，体系合理，概念清晰，实例丰富，通俗易懂，分散难点，要求读者起点低，能全面提升学生的综合应用能力和动手编程能力。为方便教学，每章都有大量示范性设计实例和运行结果，主要章节有综合训练和应用举例，附录有学生成绩数据库的表结构和样本数据，章末习题有选择题、填空题和应用题等类型，书末附习题答案，以供教学参考。

本书可作为大学本科、高职高专及培训班课程的教学用书，也可作为计算机应用人员和计算机爱好者的自学参考书。

本书提供的教学课件、所有实例的源代码和应用开发项目的源代码的下载网址：http://www.tup.com.cn。

本书封面贴有清华大学出版社防伪标签，无标签者不得销售。

版权所有，侵权必究。侵权举报电话：010-62782989　13701121933

图书在版编目（CIP）数据

Oracle 数据库教程/赵明渊主编. --北京：清华大学出版社，2015(2020.2重印)
21 世纪高等学校规划教材·计算机科学与技术
ISBN 978-7-302-40070-7

Ⅰ. ①O… Ⅱ. ①赵… Ⅲ. ①关系数据库系统—教材 Ⅳ. ①TP311.138

中国版本图书馆 CIP 数据核字（2015）第 089602 号

责任编辑：魏江江　王冰飞
封面设计：傅瑞学
责任校对：时翠兰
责任印制：杨　艳

出版发行：清华大学出版社
　　　　网　　　址：http://www.tup.com.cn，http://www.wqbook.com
　　　　地　　　址：北京清华大学学研大厦 A 座　　　　邮　　编：100084
　　　　社 总 机：010-62770175　　　　　　　　　　　邮　　购：010-62786544
　　　　投稿与读者服务：010-62776969，c-service@tup.tsinghua.edu.cn
　　　　质量反馈：010-62772015，zhiliang@tup.tsinghua.edu.cn
　　　　课件下载：http://www.tup.com.cn，010-83470236
印 装 者：清华大学印刷厂
经　　销：全国新华书店
开　　本：185mm×260mm　　印　张：26.5　　　　字　　数：613 千字
版　　次：2015 年 11 月第 1 版　　　　　　　　　印　　次：2020 年 2 月第 7 次印刷
印　　数：11001～13000
定　　价：49.00 元

产品编号：056512-01

出 版 说 明

　　随着我国改革开放的进一步深化，高等教育也得到了快速发展，各地高校紧密结合地方经济建设发展需要，科学运用市场调节机制，加大了使用信息科学等现代科学技术提升、改造传统学科专业的投入力度，通过教育改革合理调整和配置了教育资源，优化了传统学科专业，积极为地方经济建设输送人才，为我国经济社会的快速、健康和可持续发展以及高等教育自身的改革发展做出了巨大贡献。但是，高等教育质量还需要进一步提高以适应经济社会发展的需要，不少高校的专业设置和结构不尽合理，教师队伍整体素质亟待提高，人才培养模式、教学内容和方法需要进一步转变，学生的实践能力和创新精神亟待加强。

　　教育部一直十分重视高等教育质量工作。2007年1月，教育部下发了《关于实施高等学校本科教学质量与教学改革工程的意见》，计划实施"高等学校本科教学质量与教学改革工程"（简称"质量工程"），通过专业结构调整、课程教材建设、实践教学改革、教学团队建设等多项内容，进一步深化高等学校教学改革，提高人才培养的能力和水平，更好地满足经济社会发展对高素质人才的需要。在贯彻和落实教育部"质量工程"的过程中，各地高校发挥师资力量强、办学经验丰富、教学资源充裕等优势，对其特色专业及特色课程（群）加以规划、整理和总结，更新教学内容、改革课程体系，建设了一大批内容新、体系新、方法新、手段新的特色课程。在此基础上，经教育部相关教学指导委员会专家的指导和建议，清华大学出版社在多个领域精选各高校的特色课程，分别规划出版系列教材，以配合"质量工程"的实施，满足各高校教学质量和教学改革的需要。

　　为了深入贯彻落实教育部《关于加强高等学校本科教学工作，提高教学质量的若干意见》精神，紧密配合教育部已经启动的"高等学校教学质量与教学改革工程精品课程建设工作"，在有关专家、教授的倡议和有关部门的大力支持下，我们组织并成立了"清华大学出版社教材编审委员会"（以下简称"编委会"），旨在配合教育部制定精品课程教材的出版规划，讨论并实施精品课程教材的编写与出版工作。"编委会"成员皆来自全国各类高等学校教学与科研第一线的骨干教师，其中许多教师为各校相关院、系主管教学的院长或系主任。

　　按照教育部的要求，"编委会"一致认为，精品课程的建设工作从开始就要坚持高标准、严要求，处于一个比较高的起点上。精品课程教材应该能够反映各高校教学改革与课程建设的需要，要有特色风格、有创新性（新体系、新内容、新手段、新思路，教材的内容体系有较高的科学创新、技术创新和理念创新的含量）、先进性（对原有的学

II

科体系有实质性的改革和发展，顺应并符合 21 世纪教学发展的规律，代表并引领课程发展的趋势和方向）、示范性（教材所体现的课程体系具有较广泛的辐射性和示范性）和一定的前瞻性。教材由个人申报或各校推荐（通过所在高校的"编委会"成员推荐），经"编委会"认真评审，最后由清华大学出版社审定出版。

目前，针对计算机类和电子信息类相关专业成立了两个"编委会"，即"清华大学出版社计算机教材编审委员会"和"清华大学出版社电子信息教材编审委员会"。推出的特色精品教材包括：

（1）21 世纪高等学校规划教材·计算机应用——高等学校各类专业，特别是非计算机专业的计算机应用类教材。

（2）21 世纪高等学校规划教材·计算机科学与技术——高等学校计算机相关专业的教材。

（3）21 世纪高等学校规划教材·电子信息——高等学校电子信息相关专业的教材。

（4）21 世纪高等学校规划教材·软件工程——高等学校软件工程相关专业的教材。

（5）21 世纪高等学校规划教材·信息管理与信息系统。

（6）21 世纪高等学校规划教材·财经管理与应用。

（7）21 世纪高等学校规划教材·电子商务。

（8）21 世纪高等学校规划教材·物联网。

清华大学出版社经过三十多年的努力，在教材尤其是计算机和电子信息类专业教材出版方面树立了权威品牌，为我国的高等教育事业做出了重要贡献。清华版教材形成了技术准确、内容严谨的独特风格，这种风格将延续并反映在特色精品教材的建设中。

清华大学出版社教材编审委员会

联系人：魏江江

E-mail：weijj@tup．tsinghua．edu．cn

前　言

本书全面系统地介绍了 Oracle 11g 的管理操作和应用开发，以学生成绩数据库为主线，将基础知识和实际应用有机结合起来。全书共分 18 章，分别介绍数据库概论、Oracle 11g 数据库、创建数据库、创建和使用表、PL/SQL 基础、PL/SQL 高级查询、视图、索引、同义词和序列、数据完整性、PL/SQL 程序设计、函数和游标、存储过程、触发器、事务和锁、安全管理、备份和恢复、Java EE 开发基础、基于 Java EE 和 Oracle 11g 数据库的学生成绩管理系统开发等内容。

本书注重理论与实践的结合，侧重实用性，体系合理，概念清晰，实例丰富，通俗易懂，分散难点，要求读者起点低，能全面提升学生的综合应用能力和动手编程能力。为方便教学，每章都有大量示范性设计实例和运行结果，主要章节有综合训练和应用举例，附录有学生成绩数据库的表结构和样本数据。在教学体系的安排上考虑了全国计算机等级考试数据库技术的基本内容，有助于学生通过等级考试。对有志于今后从事 Oracle 数据库管理和开发工作的学生，具有相当的价值。

本书亮点如下：

- 在数据库设计中，着重培养学生掌握基本知识和画出合适的 E-R 图并将 E-R 图转换为关系模式的能力。
- 详细介绍了 PL/SQL 中的数据查询语言，以利培养学生掌握有关知识和编写 PL/SQL 查询语句的能力。
- 在 PL/SQL 程序设计、存储过程、用户定义函数和触发器等章节的应用举例中，通过题目分析、编写程序、程序分析、运行结果等环节，培养学生数据库语言编程能力。
- 基于 Java EE 和 Oracle 11g 数据库的学生成绩管理系统开发等章节可作为教学和实训的内容，培养学生开发简单应用系统的能力。
- 本书免费提供教学课件、所有实例的源代码和应用开发项目的源代码，章末习题有选择题、填空题和应用题等类型，书末附习题答案，以供教学参考。

本书可作为大学本科、高职高专及培训班课程的教学用书，也可作为计算机应用人员和计算机爱好者的自学参考书。

本书提供的教学课件、所有实例的源代码和应用开发项目的源代码的下载网址：http://www.tup.com.cn。

IV

本书由赵明渊主编，对于帮助完成基础工作的同志，在此表示感谢！

参加编写的有贾宇明、李华春、何明星、朱国斌、胡宇、赵东、彭德中、张凤荔、马磊、李文君、周亮宇、胡桂容、包德惠。

由于作者水平有限，不当之处，敬请读者批评指正。

编 者

2015 年 6 月

目　录

第1章　概　　论

本章要点

- 数据库系统简介
- 数据模型
- 数据库系统结构
- 数据库设计

本章从数据库基本概念与知识出发，介绍了数据库系统、数据模型、数据库系统的内部体系结构和数据库设计等重要概念与知识，这些内容是学习以后各章的基础。

1.1　数据库系统概述

本节介绍数据库、数据库管理系统和数据库系统等内容，并强调数据库管理系统是数据库系统的核心组成部分。

1.1.1　数据库

1. 数据

数据（Data）是事物的符号表示，数据的种类有数字、文字、图像和声音等，可以用数字化后的二进制形式存储到计算机来进行处理。

在日常生活中人们直接用自然语言描述事务，在计算机中，就要抽出事物的特征组成一个记录来描述，例如，一个学生记录数据如下所示：

121001	刘鹏翔	男	1992-08-25	计算机	201205	52

数据的含义称为信息，数据是信息的载体，信息是数据的内涵，是对数据的语义解释。

2. 数据库

数据库（Database，DB）是长期存放在计算机内的有组织的可共享的数据集合，数据库中的数据按一定的数据模型组织、描述和存储，具有尽可能小的冗余度、较高的数据独立性和易扩张性。

数据库具有以下特性。

- 共享性，数据库中的数据能被多个应用程序的用户所使用。
- 独立性，提高了数据和程序的独立性，有专门的语言支持。
- 完整性，指数据库中数据的正确性、一致性和有效性。
- 减少数据冗余。

数据库包含了以下含义。

- 建立数据库的目的是为应用服务。
- 数据存储在计算机的存储介质中。
- 数据结构比较复杂，有专门的理论支持。

1.1.2 数据库管理系统

数据库管理系统（Data Base Management System，DBMS）是数据库系统的核心组成部分，它是在操作系统支持下的系统软件，用于对数据进行统一的控制和管理。

- 数据定义功能：提供数据定义语言定义数据库和数据库对象。
- 数据操纵功能：提供数据操纵语言对数据库中的数据进行查询、插入、修改和删除等操作。
- 数据控制功能：提供数据控制语言进行数据控制，即提供数据的安全性、完整性和并发控制等项功能。
- 数据库建立维护功能：包括数据库初始数据的装入、转储、恢复和系统性能监视、分析等项功能。

1.1.3 数据库系统

数据库系统（Database System，DBS）是在计算机系统中引入数据库后的系统构成，数据库系统由数据库（DB）、操作系统、数据库管理系统、应用程序、用户和数据库管理员（DataBase Administrator，DBA）组成，如图1.1所示。

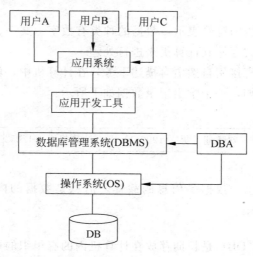

图 1.1 数据库系统

数据库系统分为客户/服务器模式（C/S）和三层客户/服务器（B/S）模式。

1. C/S 模式

应用程序直接与用户打交道，数据库管理系统不直接与用户打交道，因此，应用程序称为前台，数据库管理系统称为后台。因为应用程序向数据库管理系统提出服务请求，所以称为客户程序（Client），而数据库管理系统向应用程序提供服务，所以称为服务器程序（Server），上述操作数据库的模式称为客户/服务器模式（C/S），如图 1.2 所示。

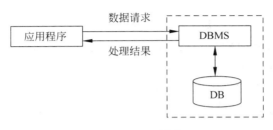

图 1.2　C/S 模式

2. B/S 模式

基于 Web 的数据库应用采用三层客户/服务器模式（B/S），第一层为浏览器，第二层为 Web 服务器，第三层为数据库服务器，如图 1.3 所示。

图 1.3　B/S 模式

1.2　数 据 模 型

为了把客观存在的事物以数据的形式存储到计算机中，需要经历了一个逐级抽象的过程，将现实世界抽象为信息世界，然后将信息世界转换为机器世界，这个过程分为现实世界、信息世界和机器世界 3 个阶段，称为数据处理的 3 个阶段，如图 1.4 所示。

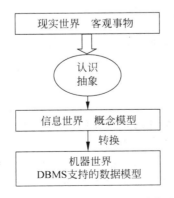

图 1.4　现实世界客观事物的抽象过程

4

模型（Model）是现实世界特征的模拟和抽象，数据模型（Data Model）是一种模型，它能实现对现实世界数据特征的抽象。在实施数据处理的不同阶段，需要使用不同的数据模型，它们是概念模型、逻辑模型和物理模型。

概念模型（Conceptual Model）又称信息模型，它是按用户的观点对数据和信息进行建模，描述现实世界的概念化结构，一般应具有以下能力。

- 具有对现实世界的抽象与表达能力；
- 完整、精确的语义表达能力；
- 易于理解和修改；
- 易于向 DBMS 所支持的数据模型转换。

客观事物在信息世界中称为实体（Entity），反映事物间的关系是概念模型，概念模型较常用的表示方法是实体-联系模型（Entity-Relationship Model，E-R 模型）。

现实世界中的客观事物及其联系，按计算机系统的观点对数据进行建模，在机器世界中用逻辑模型（Logic Model）来描述，主要的逻辑模型有层次模型、网状模型和关系模型。

物理模型（Physic Model）用来描述数据在物理介质上的组织结构，它与具体的DBMS、操作系统和硬件有关。

从概念模型到逻辑模型的转换由数据库设计人员完成，逻辑模型是数据库系统的基础和应用开发的核心问题。

1.2.1　数据模型组成要素

数据模型（Data Model）是现实世界数据特征的抽象，一般由数据结构、数据操作和数据完整性约束 3 部分组成。

1. 数据结构

数据结构用于描述系统的静态特性，是所研究的对象类型的集合，数据模型按其数据结构分为层次模型、网状模型和关系模型等。数据结构所研究的对象是数据库的组成部分，包括两类：一类是与数据类型、内容和性质有关的对象，例如关系模型中的域和属性等，另一类是与数据之间联系有关的对象，例如关系模型中反映联系的关系等。

2. 数据操作

数据操作用于描述系统的动态特性，是指对数据库中各种对象及对象的实例允许执行的操作的集合，包括对象的创建、修改和删除，对对象实例的检索、插入、删除、修改及其他有关操作等。

3. 数据完整性约束

数据完整性约束是一组完整性约束规则的集合，完整性约束规则是给定数据模型中数据及其联系所具有的制约和依存的规则。

数据模型三要素在数据库中都是严格定义的一组概念的集合，在关系数据库中，数据结构是表结构定义及其他数据库对象定义的命令集，数据操作是数据库管理系统提供的数据操作（操作命令、语法规定和参数说明等）命令集，数据完整性约束是各关系表约束的定义及操作约束规则等的集合。

1.2.2 层次模型、网状模型和关系模型

数据模型是现实世界的模拟,它是按计算机的观点对数据建立模型,包含数据结构、数据操作和数据完整性三要素,数据库常用的数据模型有层次模型、网状模型和关系模型。

1. 层次模型

用树状层次结构组织数据,树状结构每一个结点表示一个记录类型,记录类型之间的联系是一对多的联系。层次模型有且仅有一个根结点,位于树状结构顶部,其他结点有且仅有一个父结点。某大学按层次模型组织数据的示例如图1.5所示。

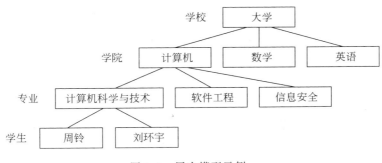

图1.5 层次模型示例

层次模型简单易用,但现实世界很多联系是非层次性的,如多对多联系等,表达起来比较笨拙且不直观。

2. 网状模型

采用网状结构组织数据,网状结构每一个结点表示一个记录类型,记录类型之间可以有多种联系,按网状模型组织数据的示例如图1.6所示。

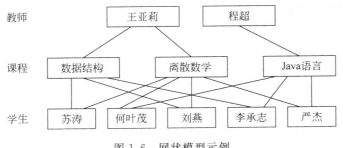

图1.6 网状模型示例

网状模型可以更直接地描述现实世界,层次模型是网状模型特例,但网状模型结构复杂,用户不易掌握。

3. 关系模型

采用关系的形式组织数据，一个关系就是一张二维表，二维表由行和列组成，按关系模型组织数据的示例如图 1.7 所示。

学生关系框架

学号	姓名	性别	出生日期	专业	班号	总学分

成绩关系框架

学号	课程号	成绩

学生关系

学号	姓名	性别	出生日期	专业	班号	总学分
121001	刘鹏翔	男	1992-08-25	计算机	201205	52
121002	李佳慧	女	1993-02-18	计算机	201205	50

成绩关系

学号	课程号	成绩
121001	1004	92
121002	1004	85
121001	1201	93

图 1.7 关系模型示例

关系模型建立在严格的数学概念基础上，数据结构简单清晰，用户易懂易用，关系数据库是目前应用最为广泛、最为重要的一种数学模型。

1.2.3 关系数据库

关系数据库采用关系模型组织数据，关系数据库是目前最流行的数据库，关系数据库管理系统（Relational Database Management System，RDBMS）是支持关系模型的数据库管理系统。

1. 关系数据库基本概念

- 关系：关系就是表（Table），在关系数据库中，一个关系存储为一个数据表。
- 元组：表中一行（Row）为一个元组（Tuple），一个元组对应数据表中的一条记录（Record），元组的各个分量对应于关系的各个属性。
- 属性：表中的列（Column）称为属性（Property），对应数据表中的字段（Field）。
- 域：属性的取值范围。
- 关系模式：对关系的描述称为关系模式，格式如下：

关系名(属性名 1,属性名 2,…,属性名 n)

- 候选码：属性或属性组，其值可唯一标识其对应元组。
- 主关键字（主键）：在候选码中选择一个作为主键（Primary Key）。

- 外关键字（外键）：在一个关系中的属性或属性组不是该关系的主键，但它是另一个关系的主键，称为外键（Foreign Key）。

在图 1.3 中，学生的关系模式为

学生(学号,姓名,性别,出生日期,专业,总学分)

主键为学号。

成绩的关系模式为

成绩(学号,课程号,成绩)

2. 关系运算

关系数据操作称为关系运算，投影、选择和连接是最重要的关系运算，关系数据库管理系统支持关系数据库和投影、选择、连接运算。

1）选择

选择（Selection）指选出满足给定条件的记录，它是从行的角度进行的单目运算，运算对象是一个表，运算结果形成一个新表。

【例 1.1】 从学生表中选择专业为计算机且总学分为 52 分的行进行选择运算，选择所得的新表如表 1.1 所示。

表 1.1 选择后的新表

学号	姓名	性别	出生日期	专业	班号	总学分
121001	刘鹏翔	男	1992-08-25	计算机	201205	52

2）投影

投影（Projection）是选择表中满足条件的列，它是从列的角度进行的单目运算。

【例 1.2】 从学生表中选取姓名、专业和班号进行投影运算，投影所得的新表如表 1.2 所示。

表 1.2 投影后的新表

姓名	专业	班号
刘鹏翔	计算机	201205
李佳慧	计算机	201205

3）连接

连接（Join）是将两个表中的行按照一定的条件横向结合生成的新表。选择和投影都是单目运算，其操作对象只是一个表，而连接是双目运算，其操作对象是两个表。

【例 1.3】 学生表与成绩表通过学号相等的连接条件进行连接运算，连接所得的新表如表 1.3 所示。

表 1.3　连接后的新表

学号	姓名	性别	出生日期	专业	班号	总学分	学号	课程号	成绩
121001	刘鹏翔	男	1992-08-25	计算机	201205	52	121001	1004	92
121001	刘鹏翔	男	1992-08-25	计算机	201205	52	121001	1201	93
121002	李佳慧	女	1993-02-18	计算机	201205	50	121002	1004	85

1.3　数据库系统结构

从数据库管理系统的内部系统结构看，数据库系统通常采用三级模式结构。

1.3.1　数据库系统的三级模式结构

模式（Schema）指对数据的逻辑结构或物理结构、数据特征、数据约束的定义和描述，它是对数据的一种抽象，模式反映数据的本质、核心或型的方面。

数据库系统的标准结构是三级模式结构，它包括外模式、模式和内模式，如图 1.8 所示。

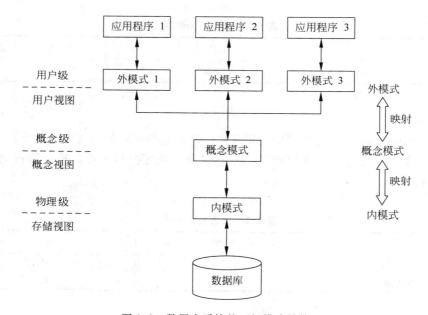

图 1.8　数据库系统的三级模式结构

1. 外模式

外模式（External Schema）又称子模式或用户模式，位于三级模式的最外层，对应于用户级，它是某个或某几个用户所看到的数据视图，是与某一应用有关的数据的逻辑表示。外模式通常是模式的子集，一个数据库可以有多个外模式，同一外模式也可以为某一用户的多个应用系统所用，但一个应用程序只能使用一个外模式，它是由外模式描述语言（外模式DDL）来描述和定义的。

2. 模式

模式（Schema）又称概念模式，也称逻辑模式，位于三级模式的中间层，对应于概念级，它是由数据库设计者综合所有用户的数据，按照统一观点构造的全局逻辑结构，是所有用户的公共数据视图（全局视图）。一个数据库只有一个模式，它是由模式描述语言（模式DDL）来描述和定义的。

3. 内模式

内模式（Internal Schema）又称为存储模式，位于三级模式的底层，对应于物理级，它是数据物理结构和存储方式的描述，是数据在数据库内部的表示方式。一个数据库只有一个内模式，它是由内模式描述语言（内模式DDL）来描述和定义的。

1.3.2　数据库的二级映像功能和数据独立性

为了能够在内部实现这3个抽象层次的联系和转换，数据库管理系统在这三级模式之间提供了两级映像：外模式/模式映像，模式/内模式映像。

1. 外模式/模式映像

模式描述的是数据的全局逻辑结构，外模式描述的是数据的局部逻辑结构。数据库系统都有一个外模式/模式映像，它定义了该外模式与模式之间的对应关系。

当模式改变时，由数据库管理员对各个外模式/模式映像做相应改变，可以使外模式保持不变。

应用程序是依据数据的外模式编写的，保证了数据与程序的逻辑独立性，简称为数据逻辑独立性。

2. 模式/内模式映像

数据库中只有一个模式，也只有一个内模式，所以模式/内模式映像是唯一的，它定义了数据库全局逻辑结构与存储结构之间的对应关系。当数据库的存储结构改变了，由数据库管理员对模式/内模式映像做相应改变，可以使模式保持不变，从而应用程序也不必改变。保证了数据与程序的物理独立性，简称为数据物理独立性。

在数据库的三级模式结构中，数据库模式即全局逻辑结构是数据库的中心与关键，它独立于数据库的其他层次。

数据库的内模式依赖于它的全局逻辑结构，但独立于数据库的用户视图即外模式，也独立于具体的存储设备。

数据库的外模式面向具体的应用程序，它定义在逻辑模式之上，但独立于内模式和存储设备。

数据库的二级映像保证了数据库外模式的稳定性，从而根本上保证了应用程序的稳定性，使得数据库系统具有较高的数据与程序的独立性。数据库的三级模式与二级映像使得数据的定义和描述可以从应用程序中分离出去。

1.3.3　数据库管理系统的工作过程

数据库管理系统控制的数据操作过程基于数据库系统的三级模式结构与二级映像功

能，下面通过读取一个用户记录的过程反映数据库管理系统的工作过程，如图 1.9 所示。

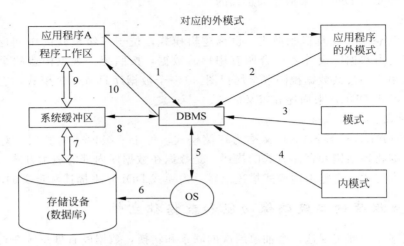

图 1.9　应用程序从数据库中读取一条记录的过程

（1）应用程序 A 向 DBMS 发出从数据库中读用户数据记录的命令。

（2）DBMS 对该命令进行语法检查、语义检查，并调用应用程序 A 对应的子模式，检查 A 的存取权限，决定是否执行该命令，如果拒绝执行，则转（10）向用户返回错误信息。

（3）在决定执行该命令后，DBMS 调用模式，依据子模式/模式映像的定义，确定应读入模式中的哪些记录。

（4）DBMS 调用内模式，依据模式/内模式映像的定义，决定应从哪个文件、用什么存取方式、读入哪个或哪些物理记录。

（5）DBMS 向操作系统发出执行读取所需物理记录的命令。

（6）操作系统从物理文件中执行读数据的有关操作。

（7）操作系统将数据从数据库的存储区送至系统缓冲区。

（8）DBMS 依据内模式/模式、模式/子模式映像的定义（仅为模式/内模式、子模式/模式映像的反方向，并不是另一种新映像），导出应用程序 A 所要读取的记录格式。

（9）DBMS 将数据记录从系统缓冲区传送到应用程序 A 的用户工作区。

（10）DBMS 向应用程序 A 返回命令执行情况的状态信息。

以上为 DBMS 一次读用户数据记录的过程，DBMS 向数据库写一个用户数据记录的过程与此类似，只是过程基本相反而已。由 DBMS 控制的用户数据的存取操作，就是由很多读或写的基本过程组合完成的。

1.4　数据库设计

数据库设计是将业务对象转换为数据库对象的过程，它包括需求分析、概念结构设计、逻辑结构设计、物理结构设计、数据库实施及数据库运行和维护 6 个阶段，现以学生成绩管理系统和图书借阅系统数据库设计为例进行介绍。

1.4.1　需求分析

需求分析阶段是整个数据库设计中最重要的一个步骤，它需要从各个方面对业务对象进行调查、收集和分析，以准确了解用户对数据和处理的需求，需求分析中的结构化分析方法采用逐层分解的方法分析系统，通过数据流图、数据字典描述系统。

- 数据流图：数据流图用来描述系统的功能，表达了数据和处理的关系。
- 数据字典：数据字典是各类数据描述的集合，对数据流图中的数据流和加工等进一步定义，它包括数据项、数据结构、数据流、存储和处理过程等。

1.4.2　概念结构设计

为了把现实世界的具体事物抽象、组织为某一 DBMS 支持的数据模型，首先将现实世界的具体事物抽象为信息世界某一种概念结构，这种结构不依赖于具体的计算机系统，然后，将概念结构转换为某个 DBMS 所支持的数据模型。

需求分析得到的数据描述是无结构的，概念设计是在需求分析的基础上转换为有结构的、易于理解的精确表达，概念设计阶段的目标是形成整体数据库的概念结构，它独立于数据库逻辑结构和具体的 DBMS，描述概念结构的工具是 E-R 模型。

E-R 模型即实体-联系模型，在 E-R 模型中内容如下。

- 实体：客观存在并可相互区别的事物称为实体，实体用矩形框表示，框内为实体名。实体可以是具体的人、事、物或抽象的概念，例如，在学生成绩管理系统中，"学生"就是一个实体。
- 属性：实体所具有的某一特性称为属性，属性采用椭圆框表示，框内为属性名，并用无向边与其相应实体连接。例如，在学生成绩管理系统中，学生的特性有学号、姓名、性别、出生日期、专业、班号和总学分，它们就是学生实体的 7 个属性。
- 实体型：用实体名及其属性名集合来抽象和刻画同类实体，称为实体型。例如，学生（学号，姓名，性别，出生日期，专业，班号，总学分）就是一个实体型。
- 实体集：同型实体的集合称为实体集，例如全体学生记录就是一个实体集。
- 联系：实体之间的联系，可分为一对一的联系、一对多的联系和多对多的联系。实体间的联系采用菱形框表示，联系以适当的含义命名，名字写在菱形框中，用无向边将参加联系的实体矩形框分别与菱形框相连，并在连线上标明联系的类型，即 1—1、1—n 或 m—n。如果联系也具有属性，则将属性与菱形也用无向边连上。

1. 一对一的联系（1：1）

例如，一个班只有一个正班长，而一个正班长只属于一个班，班级与正班长两个实体间具有一对一的联系。

2. 一对多的联系（1：n）

例如，一个班可有若干学生，一个学生只能属于一个班，班级与学生两个实体间具有一对多的联系。

3. 多对多的联系（$m : n$）

例如，一个学生可选多门课程，一门课程可被多个学生选修，学生与课程两个实体间具有多对多的联系。

【例 1.4】 画出学生成绩管理系统中学生、课程实体图。

学生实体有学号、姓名、性别、出生日期、专业、班号和总学分 7 个属性，课程实体有课程号、课程名和学分 3 个属性，它们的实体图如图 1.10 所示。

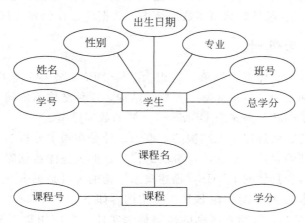

图 1.10 学生成绩管理系统中学生、课程实体图

【例 1.5】 画出学生成绩管理系统的 E-R 图。

学生成绩管理系统有学生、课程两个实体，它们之间的联系是选课，学生选修一门课程后都有一个成绩，一个学生可选多门课程，一门课程可被多个学生选修，学生成绩管理系统的 E-R 图如图 1.11 所示。

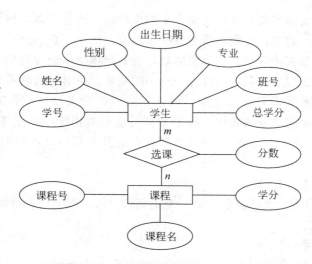

图 1.11 学生成绩管理系统的 E-R 图

【例 1.6】 画出图书借阅系统的 E-R 图。

图书借阅系统中学生实体的属性有借书证号、姓名、专业、性别、出生日期、借书量和照片，图书实体的属性有 ISBN、书名、作者、出版社、价格、复本量和库存量，它们之间的联系是借阅，借阅的属性有索书号、借阅时间，一个学生可以借阅多种图书，一种图书可被多个学生借阅，图书借阅系统的 E-R 图如图 1.12 所示。

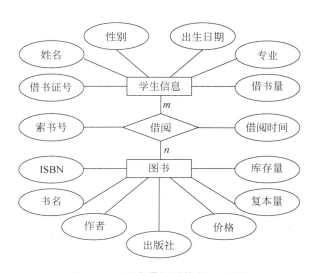

图 1.12　图书借阅系统的 E-R 图

1.4.3　逻辑结构设计

为了建立用户所要求的数据库，必须将概念结构转换为某个 DBMS 所支持的数据模型，由于当前主流的数据模型是关系模型，所以逻辑结构设计是将概念结构转换为关系模型，即将 E-R 模型转换为一组关系模式。

1.（1∶1）联系的 E-R 图到关系模式的转换

用学校和校长之间的联系为例，一个学校只有一个校长，一个校长只在一个学校任校长，属于一对一关系（下画线_表示该字段为主键）。

（1）每个实体设计一张表。

学校(学校编号,名称,地址)
校长(校长编号,姓名,职称)

（2）任选一表，其中的主键在另一个表中充当外键。

选择校长表中的主键在学校表中充当外键，设计以下关系模式。

学校(学校编号,名称,地址,校长编号)
校长(校长编号,姓名,职称)

2.（1∶n）联系的 E-R 图到关系模式的转换

以公司和员工之间的联系为例。一个公司中有若干名员工，每个员工只在一个公司中工作，属于一对多关系。

（1）每个实体设计一张表。

公司(<u>公司号</u>,公司名,地址)
员工(<u>员工号</u>,姓名,性别,出生日期,部门,地址)

（2）选 1 方表的主键在 n 方表中充当外键。

选择公司表中的主键在学生表中充当外键，设计以下关系模式。

公司(<u>公司号</u>,公司名,地址)
员工(<u>员工号</u>,姓名,性别,出生日期,部门,地址,公司号)

3. $(m:n)$ 联系的 E-R 图到关系模式的转换

以学生和课程之间的联系为例。一个学生可以选多门课程，一门课程可以有多个学生选，属于多对多关系。

（1）每个实体设计一张表。

学生(<u>学号</u>,姓名,性别,出生日期,专业,班号,总学分)
课程(<u>课程号</u>,课程名,学分)

（2）产生一个新表，m 方和 n 方的主键在新表中充当外键。

选择学生表中的主键和在课程表中的主键在新表选课表中充当外键，设计以下关系模式。

学生(<u>学号</u>,姓名,性别,出生日期,专业,班号,总学分)
课程(<u>课程号</u>,课程名,学分)
选课(<u>学号</u>,<u>课程号</u>,分数)

【例 1.7】 设计学生成绩管理系统的逻辑结构。

设计学生成绩管理系统的逻辑结构，即设计学生成绩管理系统的关系模式，选课关系实际上是成绩关系，将选课改为成绩，学生成绩管理系统的关系模式设计如下：

学生(<u>学号</u>,姓名,性别,出生日期,专业,班号,总学分)
    课程(<u>课程号</u>,课程名,学分)
    成绩(<u>学号</u>,<u>课程号</u>,分数)

为了程序设计方便，将汉字表示的关系模式改为英文表示的关系模式：

student (<u>sno</u>, sname, ssex, sbirthday, speciality, sclass, tc)   对应学生关系模式
course (<u>cno</u>, cname, credit)   对应课程关系模式
score (<u>sno</u>, <u>cno</u>, grade)   对应成绩关系模式

【例 1.8】 设计图书借阅系统的逻辑结构。

设计图书借阅系统的逻辑结构，即设计图书借阅系统的关系模式，图书借阅系统的关系模式设计如下：

学生信息(<u>借书证号</u>,姓名,性别,出生时间,专业,借书量)
图书(<u>ISBN</u>,书名,作者,出版社,价格,复本量,库存量)
借阅(<u>借书证号</u>,<u>ISBN</u>,索书号,借书时间)

将汉字表示的关系模式改为英文表示的关系模式：

stuinfor(readerid, stname, stsex, stbirthday, speciality, borramount)　对应学生信息关系模式

book(isbn, bname, author, press, price, copyamount, inventory)　对应图书关系模式

borrow (readerid, isbn, bookid, borrdate)　对应借阅关系模式

1.4.4　物理结构设计

数据库在物理设备上的存储结构和存取方法称为数据库的物理结构，它依赖于给定的计算机系统，为逻辑数据模型选取一个最适合应用环境的物理结构，就是物理结构设计。

数据库的物理结构设计通常分为两步。

- 确定数据库的物理结构，在关系数据库中主要指存取方法和存储结构；
- 对物理结构进行评价，评价的重点是时间和空间效率。

1.4.5　数据库实施

数据库实施包括以下工作。

- 建立数据库。
- 组织数据入库。
- 编制与调试应用程序。
- 数据库试运行。

1.4.6　数据库运行和维护

数据库投入正式运行后，经常性维护工作主要由 DBA 完成，内容如下。

- 数据库的转储和恢复；
- 数据库的安全性和完整性控制；
- 数据库性能的监督、分析和改进；
- 数据库的重组织和重构造。

1.5　应 用 举 例

为进一步掌握数据库设计中的概念结构设计和逻辑结构设计，现举例说明如下。

【例 1.9】　在商场销售系统中，搜集到以下信息：

顾客信息：顾客号、姓名、地址、电话

订单信息：订单号、单价、数量、总金额

商品信息：商品号、商品名称

该业务系统有以下规则：

规则一、一个顾客可拥有多个订单，一个订单只属于一个顾客。

规则二、一个订单可购多种商品，一种商品可被多个订单购买。

(1) 根据以上信息画出合适的 E-R 图。

画出的 E-R 图如图 1.13 所示。

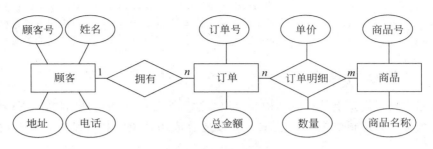

图 1.13 商场销售系统的 E-R 模型

（2）将 E-R 图转换为关系模式，并用下画线标出每个关系的主码、说明外码。

由 E-R 图转换的关系模式如下：

顾客(<u>顾客号</u>,姓名,地址,电话)
订单(<u>订单号</u>,总金额,顾客号)
    外码:顾客号
订单明细(<u>订单号</u>,<u>商品号</u>,单价,数量)
    外码:订单号,商品号
商品(<u>商品号</u>,商品名称)

1.6　小　　结

本章主要介绍了以下内容。

（1）数据库（Database，DB）是长期存储在计算机内的有组织的可共享的数据集合，数据库中的数据按一定的数据模型组织、描述和存储，具有尽可能小的冗余度、较高的数据独立性和易扩张性。

数据库管理系统（Data Base Management System，DBMS）是数据库系统的核心组成部分，它是在操作系统支持下的系统软件，是对数据进行管理的大型系统软件，用户在数据库系统中的一些操作都是由数据库管理系统来实现的。

数据库系统（Database System，DBS）是在计算机系统中引入数据库后的系统构成，数据库系统由数据库、操作系统、数据库管理系统、应用程序、用户和数据库管理员（DataBase Administrator，DBA）组成。

（2）数据模型（Data Model）是现实世界数据特征的抽象，一般由数据结构、数据操作和数据完整性约束 3 部分组成。数据模型有层次模型、网状模型和关系模型等。

关系数据库采用关系模型组织数据，关系数据库是目前最流行的数据库，关系数据库管理系统（Relational Database Management System，RDBMS）是支持关系模型的数据库管理系统。

（3）数据库系统的标准结构是三级模式结构，它包括外模式、模式和内模式，数据库管理系统在这三级模式之间提供了两级映像：外模式/模式映像，模式/内模式映像。数据库的三级模式与二级映像使得数据的定义和描述可以从应用程序中分离出去。

（4）数据库设计是将业务对象转换为数据库对象的过程，它包括需求分析、概念结构设计、逻辑结构设计、物理结构设计、数据库实施及数据库运行和维护 6 个阶段。

（5）需求分析得到的数据描述是无结构的，概念设计是在需求分析的基础上转换为有结构的、易于理解的精确表达，概念设计阶段的目标是形成整体数据库的概念结构，它独立于数据库逻辑结构和具体的 DBMS，描述概念结构的工具是 E-R 模型，即实体-联系模型。

（6）为了建立用户所要求的数据库，必须将概念结构转换为某个 DBMS 所支持的数据模型，由于当前主流的数据模型是关系模型，所以逻辑结构设计是将概念结构转换为关系模型，即将 E-R 模型转换为一组关系模式。

习　题　1

一、选择题

1. 下面不属于数据模型要素的是_____。

    A. 数据结构　　　　B. 数据操作　　　　C. 数据控制　　　　D. 完整性约束

2. 数据库（DB）、数据库系统（DBS）和数据库管理系统（DBMS）的关系是_____。

    A. DBMS 包括 DBS 和 DB　　　　　　B. DBS 包括 DBMS 和 DB

    C. DB 包括 DBS 和 DBMS　　　　　　D. DBS 就是 DBMS，也就是 DB

3. 如果关系中某一属性组的值能唯一地标识一个元组，则称之为_____。

    A. 候选码　　　　B. 外码　　　　C. 联系　　　　D. 主码

4. 以下对关系性质的描述中，_____是错误的。

    A. 关系中每个属性值都是不可分解的

    B. 关系中允许出现相同的元组

    C. 定义关系模式时可随意指定属性的排列顺序

    D. 关系中元组的排列顺序可任意交换

5. 数据库设计中概念设计的主要工具是_____。

    A. E-R 图　　　　B. 概念模型　　　　C. 数据模型　　　　D. 范式分析

二、填空题

1. 数据模型由_____、_____和_____组成。

2. 实体之间的联系分为_____、_____和_____ 3 类。

3. 数据库系统的三级模式包括_____、_____和_____。

4. 数据库的特性包括_____、_____、_____和_____。

三、应用题

1. 假设学生成绩信息管理系统在需求分析阶段搜集到以下信息：

学生信息：学号、姓名、性别、出生日期

课程信息：课程号、课程名、学分

该业务系统有以下规则：

Ⅰ．一名学生可选修多门课程，一门课程可被多名学生选修

Ⅱ．学生选修的课程要在数据库中记录课程成绩

（1）根据以上信息画出合适的 E-R 图。

（2）将 E-R 图转换为关系模式，并用下画线标出每个关系的主码、说明外码。

2．设图书借阅系统在需求分析阶段搜集到以下信息：

图书信息：书号、书名、作者、价格、复本量、库存量

学生信息：借书证号、姓名、专业、借书量

该业务系统有以下约束：

Ⅰ．一个学生可以借阅多种图书，一种图书可被多个学生借阅

Ⅱ．学生借阅的图书要在数据库中记录索书号、借阅时间

（1）根据以上信息画出合适的 E-R 图。

（2）将 E-R 图转换为关系模式，并用下画线标出每个关系的主码、说明外码。

第2章 Oracle 11g 数据库

**本章要点**

- Oracle 11g 数据库的特性
- Oracle 11g 数据库安装
- Oracle 数据库开发工具：使用命令行的 SQL * Plus、使用图形界面的 SQL Developer 和 Oracle Enterprise Manager
- Oracle 11g 数据库卸载

Oracle 11g 是由 Oracle 公司开发的支持关系对象模型的分布式数据库产品，是当前主流关系数据库管理系统之一，本章介绍 Oracle 11g 数据库的特性、安装、开发环境和卸载等内容。

2.1 Oracle 11g 数据库的特性

本节从可管理性、PL/SQL 新特性、增强应用开发能力、高可用性和网格计算等方面介绍 Oracle 11g 数据库的新特性。

1. 可管理性

在 Oracle 11g 中，大量复杂的配置和部署被取消和简化，常见的操作过程自动化，例如，自动诊断知识库 ADR（Automatic Diagnostic Repository）、自动内存管理（Automatic Memory Manager）、自动内存优化（Automatic Memory Tuning）、自动 SQL 优化（Automatic SQL Tuning）、SQL 计划管理（SQL Plan Management）、SQL 重演（SQL Replay）和数据库重演（Database Replay）等。

2. PL/SQL 新特性

（1）新 PL/SQL 数据类型。

Oracle 11g 引入一个新的数据类型 simple_integer，它比整数数据类型 simple_integer 效率更高。

（2）新 SQL 语法。

在调用某一个函数时，可以通过符号"=>"为特定的函数参数指定数据。

（3）可继承性。

在 Oracle 对象中，可以通过 super 关键字实现继承性。

（4）增加 continue 关键字。

在 PL/SQL 循环语句中，可以使用 continue 关键字。

（5）提高编译速度。

不再使用外部 C 编译器，提高了编译速度。

（6）结果集缓存。

结果集缓存（Result Set Caching）提高了程序的性能，在 Oracle 11g 中，只需加一个 / ＊ ＋result_cache ＊ /提示即可将结果集缓存，并保证数据的完整性。

（7）内部单元内联。

C 语言通过内联函数（inline）提高函数效率，Oracle 11g 通过内部单元内联（Intra-Unit inlining）同样可以实现内联函数。

（8）对象依赖改进。

在 Oracle 11g 中，如果表改变的属性与相关的函数或视图无关，那么相关对象的状态不发生变化。

（9）序列使用方法改进。

在以前的版本中，将 sequence 的值赋给变量，需要通过以下 SQL 语句来实现：

```
select seq_x. next_val into v_x from dual;
```

在 Oracle 11g 中，简单地通过赋值语句即可实现：

```
v_x := seq_x. next_val;
```

（10）只读表的改进。

以前的版本通过触发器或约束实现对表的只读控制，Oracle 11g 可以指定表为只读表。

（11）提高触发器执行效率。

- 对于一个表的多个触发器，可以指定触发顺序。
- 定义新的混合触发器（Compound Trigger），这种新类型的触发器同时具有申明部分、before 过程部分、after each row 过程部分和 after 过程部分。
- 创建无效触发器（Disable Trigger）。可以先创建一个 invalid 触发器，需要时再编译。

3. 增强应用开发能力

（1）Oracle 11g 提供的简化应用开发流程可以充分利用其关键功能：包括客户端高速缓存、提高应用速度的二进制 XML、XML 处理以及文件存储和检索。

（2）具有新的 Java 实时编译器，无须第三方编译器就可以更快地执行数据库 Java 程序。

（3）实现了与 Visual Studio 2005 的本机集成。

（4）Oracle 快捷应用配合使用的 Access 迁移工具。

（5）SQL Developer 可以轻松建立查询，以快速编制 SQL 和 PL/SQL 例程代码。

4. 高可用性

（1）Oracle 11g 扩展了闪回（Flash Back）错误能力。

（2）缩短应用和数据库升级的时间。

（3）并行备份和恢复功能，可以改善数据库的备份和存储性能。

（4）"热修补"功能，不必关闭数据库就可以进行数据库修补，提高了系统可用性。

（5）一种新的顾问软件——数据恢复顾问，可自动调查问题、确定恢复计划并处理多种故障情况，缩短数据恢复所需的停机时间。

（6）提高灾难恢复解决方案的投资回报。

5. 网格计算

网格计算（Grid Computing）的目标是将信息传递作为公用事业，类似于电力网或电话网给公众提供电力和电话服务一样。Oracle 数据库是第 1 个为企业网格计算而设计的数据库系统，Oracle 10g 和 Oracle 11g 的 g 代表网格计算。

Oracle 11g 提供了更好的企业网格计算所需要的集群、工作负载管理和数据中心自动化，提供了易用性能。

2.2　Oracle 11g 数据库安装

本书将在 Windows 7 系统下安装 Oracle 11g，下面介绍 Oracle 11g 安装要求和安装步骤。

2.2.1　安装要求

安装 Oracle 11g 的软件和硬件环境基本需求如下所示。

OS：Windows Server 2000 SP1 以上，Windows Server 2003，Windows Server 2008；Windows XP Professional，Windows Vista，Windows 7。

CPU：最小为 550 MHz，建议 1 MHz 以上。

网络配置：TCP/IP。

浏览器：IE 6.0。

物理内存：最小 1 GB。

虚拟内存：物理内存的 2 倍。

硬盘：NTFS，最小 5 GB。

Oracle 11g 安装软件，可以直接从 Oracle 官方网站上免费下载，下载网址：

http://www.oracle.com/technetwork/database/enterprise-edition/downloads/index.html

2.2.2　Oracle 11g 数据库安装步骤

以在 Windows 7 下安装 Oracle 11g 企业版为例，说明安装步骤。

（1）用 Windows 系统管理员身份登录计算机，双击 win32_11gR2_database_1of2 文件夹中的 setup.exe 应用程序，出现命令提示行，启动 Oracle Universal Installer 安装工具，之后弹出"选择安装类型"窗口，提示有"典型安装"和"高级安装"两种安装方法，"典型安装"比较简单，使用基本配置，"高级安装"需要选择高级选项，可以深入了解安装要领。此处选择"高级安装"，如图 2.1 所示，单击"下一步"按钮。

（2）进入图 2.2 所示的"选择数据库版本"窗口，有企业版、标准版、标准版 1 和个人版，这里选择企业版，单击"下一步"按钮。

22

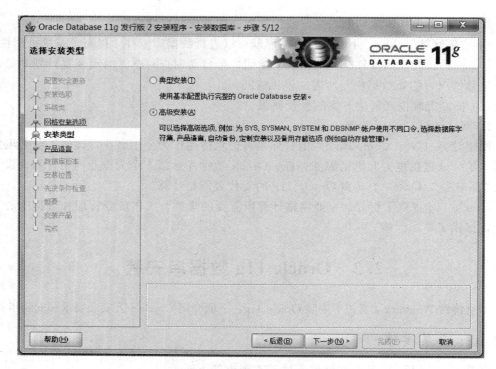

图 2.1 "选择安装类型"窗口

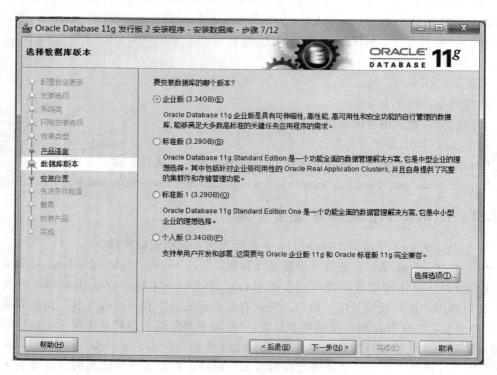

图 2.2 "选择数据库版本"窗口

（3）出现"指定安装位置"窗口，"Oracle 基目录"是放置 Oracle 软件及配置相关文件的路径，"软件位置"是指定用于存储 Oracle 软件文件的位置。这里"Oracle 基目录"指定为 D:\app \ DELL，"软件位置"指定为 D:\app \ DELL \ product \ 11. 2. 0 \ dbhome_1，如图 2.3 所示。

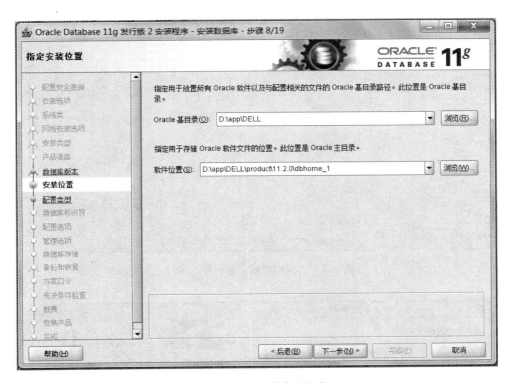

图 2.3　"指定安装位置"窗口

（4）单击"下一步"按钮，出现"选择配置类型"窗口，这里选择"一般用途/事务处理"。

（5）单击"下一步"按钮，出现"指定数据库标识符"窗口，"全局数据库名"用于在分布式数据库系统中唯一标识一个 Oracle 数据库，全局数据库名由数据库名和数据库域组成，格式为 name. domain。SID 用于区别同一台计算机上不同数据库的不同实例，SID 通常与数据库名相同。这里，在"全局数据库名"输入 stsys. domain，在 SID 中自动填入 stsys，stsys 是本书样本数据库，如图 2.4 所示。

（6）单击"下一步"按钮，出现"指定配置选项"窗口，这里选择默认设置，如图 2.5 所示。

如果需要具有示例方案的启动数据库，可在"示例方案"选修卡中选择"创建具有示例方案的数据库"。

（7）单击"下一步"按钮，出现"指定管理选项"窗口，这里选择默认设置使用 Database Control 管理数据库，可应用 Oracle 企业管理器（Oracle Enterprise Manager，

图 2.4　"指定数据库标识符"窗口

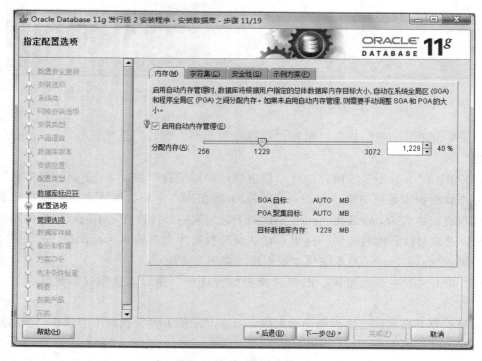

图 2.5　"指定配置选项"窗口

OEM）在本地管理 Oracle 数据库。

（8）单击"下一步"按钮，出现"指定数据库存储选项"窗口，选择"文件系统"单选按钮将使用操作系统的文件系统存储数据文件，选择"自动存储管理"单选按钮则将数据文件存储在自动存储管理磁盘组中，此处选择"文件系统"单选按钮，单击"浏览"按钮，"指定数据库文件位置"为：D:\app \ DELL \ oradata，如图 2.6 所示。

图 2.6　"指定数据库存储选项"窗口

（9）单击"下一步"按钮，出现"指定恢复选项"窗口，如果选择"启用自动备份"选项，Oracle 企业管理器将在每天同一时间对数据库进行备份，此处选择默认的"不启用自动备份"。

（10）单击"下一步"按钮，出现"指定方案口令"窗口，可以为每个管理账户设置不同的口令，为简单起见，这里选择"对所有账户使用相同的口令"单选按钮，设置口令为 123456，如图 2.7 所示。

（11）单击"下一步"按钮，出现"概要"窗口，显示全局设置、数据库信息等安装设置，单击"完成"按钮进行 Oracle 的安装。

（12）安装完成并且数据库创建完成后，出现数据库创建完成窗口，如图 2.8 所示，单击"口令管理"按钮，可对数据库用户进行锁定或解锁，此处将 SCOTT 用户解锁并设置口令为 tiger，单击"确定"按钮结束 Oracle 的安装。

图 2.7 "指定方案口令"窗口

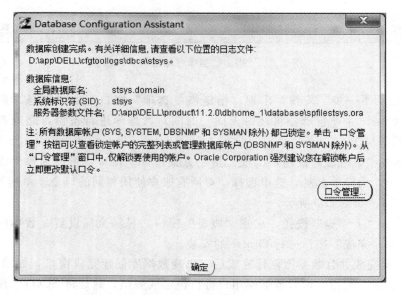

图 2.8 数据库创建完成窗口

2.3　Oracle 数据库开发工具

在 Oracle 11g 数据库中，可以使用两种方式执行命令，一种方式是使用命令行，另一种方式是使用图形界面。图形界面的特点是直观、简便和容易记忆，但灵活性较差，不利于用户对命令及其选项的理解。使用命令行需要记忆命令的语法形式，但使用灵活，有利于加深用户对命令及其选项的理解，可以完成某些图形界面无法完成的任务。

Oracle 11g 数据库有很多开发和管理工具，包括使用命令行的 SQL * Plus、使用图形界面的 SQL Developer 和 Oracle Enterprise Manager，下面分别进行介绍。

2.3.1　SQL * Plus

SQL * Plus 是 Oracle 公司独立的 SQL 语言工具产品，它是与 Oracle 数据库进行交互的一个非常重要的工具，同时也是一个可用于各种平台的工具，很多初学者使用 SQL * Plus 与 Oracle 数据库进行交互，执行启动或关闭数据库，数据查询，数据插入、删除、修改，创建用户和授权，备份和恢复数据库等操作。

1. 启动 SQL * Plus

启动 SQL * Plus 有以下两种方式。

1) 从 Oracle 程序组中启动

选择"开始"→"所有程序"→Oracle-OraDb 11g_home1→"应用程序开发"→SQL Plus 命令，进入 SQL Plus 命令行窗口，这里，在"请输入用户名:"处输入 system，在"输入口令:"处输入 123456，回车后连接到 Oracle，如图 2.9 所示。

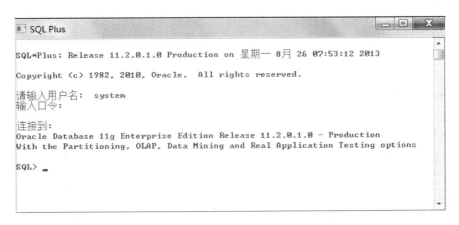

图 2.9　从 Oracle 程序组中启动 SQL * Plus

2) 从 Windows 命令窗口启动

选择"开始"→"运行"命令，进入 Windows 运行窗口，在"打开"框输入 sqlplus 后按 Enter 键，然后输入用户名和口令，连接到 Oracle 后进入图 2.10 所示界面。

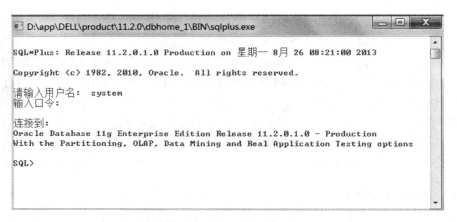

图 2.10　从 Windows 命令窗口启动 SQL * Plus

2. 使用 SQL * Plus

下面介绍使用 SQL * Plus 创建数据表、插入和查询数据。

【例 2.1】　使用 SQL * Plus 编辑界面创建学生成绩数据库 stsys 中的成绩表 score。在提示符 SQL>后输入以下语句：

```
CREATE TABLE score
(
    sno char (6) NOT NULL,
    cno char (4) NOT NULL,
    grade int NULL,
    PRIMARY KEY(sno,cno)
);
```

该语句执行结果如图 2.11 所示。

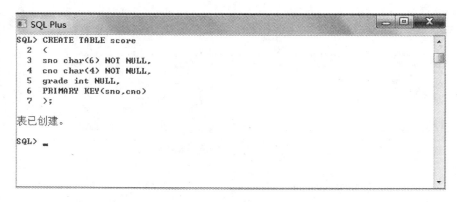

图 2.11　创建 score

注意：Oracle 命令不分大小写，在 SQL * Plus 中每条命令以分号（;）为结束标志。

【例 2.2】 使用 INSERT 语句向成绩表 score 中插入一条记录。

在提示符 SQL>后输入以下语句：

INSERT INTO score VALUES('121001','1004',92);

该语句执行结果如图 2.12 所示。

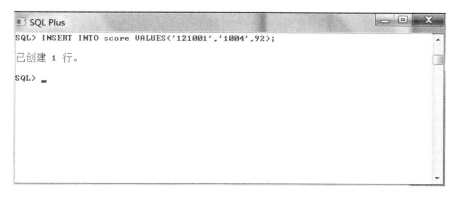

图 2.12 向 score 中插入一条记录

【例 2.3】 使用 SELECT 语句查询成绩表 score 中的记录。

在提示符 SQL>后输入以下语句：

SELECT * FROM score;

该语句执行结果如图 2.13 所示。

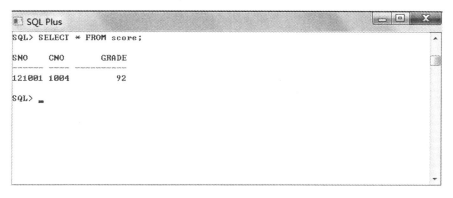

图 2.13 查询 score 中的记录

3. SQL＊Plus 编辑命令

在 SQL＊Plus 中，最后执行的一条 SQL＊Plus 语句将保存在一个 SQL 缓冲区的内存区域中，用户可对 SQL 缓冲区中的 SQL 语句进行修改、保存，然后再次执行。

1）SQL＊Plus 行编辑命令

SQL＊Plus 窗口是一个行编辑环境，它提供了一组行编辑命令用于编辑保存在 SQL 缓冲区中的语句，常用的编辑命令如表 2.1 所示。

表 2.1　SQL＊Plus 行编辑命令

命　　令	描　　述
A［PPEND］text	将文本 text 的内容附加在当前行的末尾
C［HRNGE］/old/new	将旧文本 old 替换为新文本 new 的内容
C［HANGE］/text/	删除当前行中 text 指定的内容
CL［EAR］BUFF［ER］	删除 SQL 缓冲区中的所有命令行
DEL	删除当前行
DEL n	删除 n 指定的行
DEL m n	删除由 m 行到 n 行之间的所有命令
DEL n LAST	删除由 n 行到最后一行的命令
I［NPUT］	在当前行后插入任意数量的命令行
I［NPUT］text	在当前行后插入一行 text 指定的命令行
L［IST］	列出所有行
L［IST］n 或只输入 n	显示第 n 行，并指定第 n 行为当前行
L［IST］m n	显示第 m 到第 n 行
L［IST］＊	显示当前行
R［UN］	显示并运行缓冲区中当前命令
n text	用 text 文本的内容替代第 n 行
O text	在第 1 行之前插入 text 指定的文本

2）SQL＊Plus 文件操作命令

SQL＊Plus 常用的文件操作命令如表 2.2 所示。

表 2.2　SQL＊Plus 文件编辑命令

命　　令	描　　述
SAV［E］filename	将 SQL 缓冲区的内容保存到指定的文件中，默认的扩展名为 sql
GET filename	将文件的内容调入 SQL 缓冲区，默认的文件扩展名为 sql
STA［RT］filename	运行 filename 指定的命令文件
@ filename	运行 filename 指定的命令文件
ED［IT］	调用编辑器，并把缓冲区的内容保存到文件中
ED［IT］filename	调用编辑器，编辑所保存的文件内容
SPO［OL］［filename］	把查询结果放入文件中
EXIT	退出 SQL＊Plus

【例 2.4】 在 SQL * Plus 中输入一条 SQL 查询语句，将当前缓冲区的 SQL 语句保存为 stu. sql 文件，再将保存在磁盘上的文件 stu. sql 调入缓冲区执行。

（1）保存脚本文件 stu. sql。

输入 SQL 查询语句。

```
SELECT sno, sname
  FROM student
  WHERE tc = 52;
```

保存 SQL 语句到 stu. sql 文件中。

```
SAVE E:\ stu. sql
```

（2）调入脚本文件 stu. sql 并执行。

```
GET E:\stu. sql
```

运行缓冲区的命令使用/即可，执行结果如图 2.14 所示。

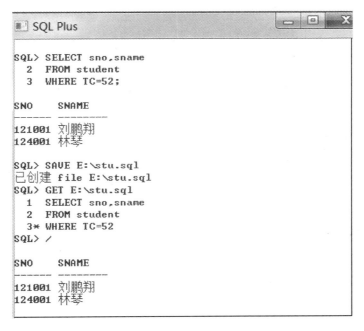

图 2.14　查询 score 中的记录

2.3.2　SQL Developer

SQL Developer 是一个图形化的开发环境，集成于 Oracle 11g 中，创建、修改和删除数据库对象，运行 SQL 语句，调试 PL/SQL 程序十分直观、方便，简化了数据库的管理和开发，提高了工作效率，受到广大用户的欢迎。

启动 SQL Developer 操作步骤如下。

（1）选择"开始"→"所有程序"→Oracle-OraDb 11g_home1→"应用程序开发"→SQL Developer 命令，如果是第一次启动，会弹出 Oracle SQL Developer 窗口，要求输入 java.exe 完全路径，单击 Browse 按钮，选择 java.exe 的路径，如图 2.15 所示。

图 2.15　选择 java.exe 程序

（2）单击 OK 按钮，启动 Oracle SQL Developer，出现"配置文件类型关联"窗口，选择相关文件类型，如图 2.16 所示。

图 2.16　选择相关文件类型

（3）单击"确定"按钮，出现 Oracle SQL Developer 主界面，如图 2.17 所示。

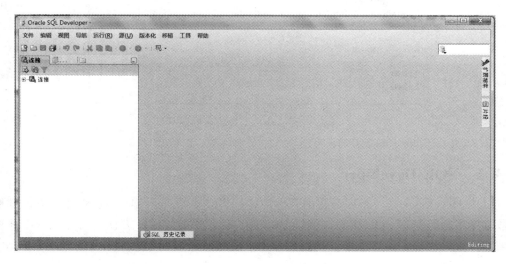

图 2.17　Oracle SQL Developer 主界面

（4）SQL Developer 启动后，需要创建一个数据库连接，创建了数据库连接后，才能在该数据库中创建、更改对象和编辑表中的数据。在主界面左边窗口的"连接"选项卡中右击"连接"结点，选择"新建连接"命令，弹出"新建/选择数据库连接"窗口，在"连接名"文本框中输入一个自定义的连接名，如 sys_stsys，在"用户名"文本框中输入 system，在"口令"文本框中输入相应的密码，选中"保存口令"复选框，"角色"文本框保留为默认的 default，在"主机名"文本框中保留为 localhost；"端口"文本框中端口值保留默认的 1521，SID 框中输入数据库的 SID，本书数据库的系统标识为 stsys，设置完毕后，单击"保存"按钮对设置进行保存，单击"测试"按钮对连接进行测试，如果成功，在左下角状态后显示成功，如图 2.18 所示。

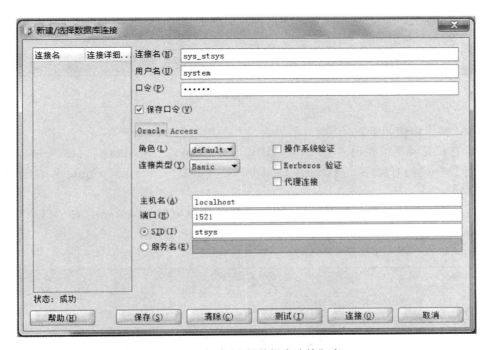

图 2.18 "新建/选择数据库连接"窗口

（5）单击"连接"按钮，在主界面的连接结点下会添加一个 sys_stsys 的数据库连接，双击该连接，会显示可以操作的数据库对象，对 stsys 的数据库的所有操作都可以在该界面下完成，如图 2.19 所示。

2.3.3 Oracle Enterprise Manager

OEM 是 Oracle Enterprise Manager（企业管理器）的简称，它是一个基于 Java 的框架系统，具有图形用户界面，OEM 采用了基于 Web 的界面，使用 B/S 模式访问 Oracle 数据库管理系统。使用 OEM 可以创建表、视图等，管理数据库的安全性、备份和恢复数据库，查询数据库的执行情况和状态，管理数据库的内存和存储结构等。

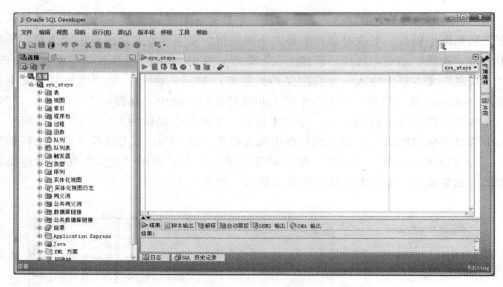

图 2.19　新建数据库连接

OEM 操作步骤如下。

（1）在浏览器地址栏输入 OEM 的 URL 地址 https：//localhost：1158/em/，或选择"开始"→"所有程序"→Oracle-OraDb 11g_home1→DataBase Control-stsys 命令，启动 OEM。

（2）出现 OEM 的登录页面，在"用户名"文本框中输入 system，在"口令"文本框中输入设定的 123456，"连接身份"框选择 Normal，如图 2.20 所示。

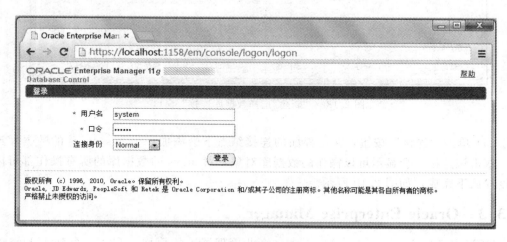

图 2.20　OEM 登录界面

（3）单击"登录"按钮，进入"数据库实例：stsys.domain"主页的"主目录"属性页，用于显示当前数据库的状态，有主机 CPU、活动会话数和 SQL 响应时间等性能，如图 2.21 所示。

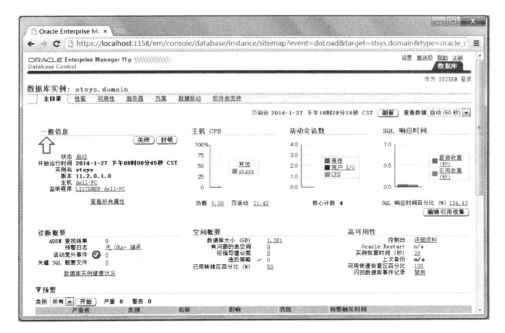

图 2.21　OEM "主目录" 属性页

（4）在 "数据库实例：stsys.domain" 主页中，单击 "性能" 选项，进入 "性能"
属性页，用图表的形式显示数据库的运行状态，有主机的 CPU 占用率、平均活动会话
数等，如图 2.22 所示。

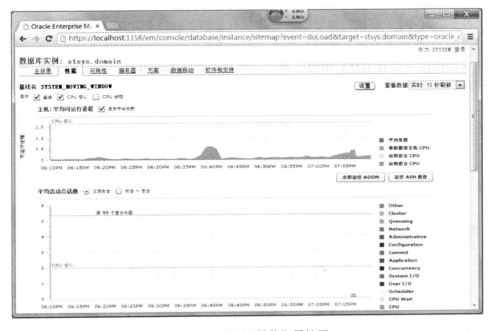

图 2.22　OEM "性能" 属性页

（5）在"数据库实例：stsys.domain"主页中，单击"可用性"选项，进入"可用性"属性页，提供数据库的备份和恢复的管理，如图 2.23 所示。

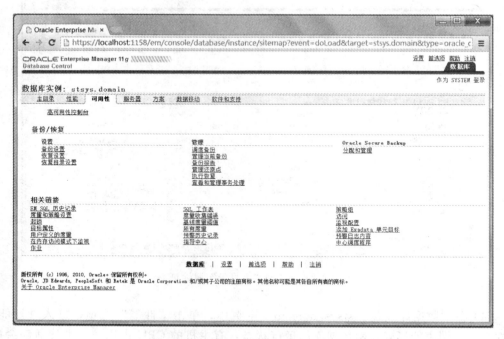

图 2.23　OEM "可用性"属性页

（6）在"数据库实例：stsys.domain"主页中，单击"服务器"选项，进入"服务器"属性页，其中，"存储"部分提供的功能有控制文件、表空间、数据文件和重做日志组等内容，"数据库配置"部分提供的功能有内存指导、自动还原管理等内容，"安全性"部分提供的功能有用户、角色、概要文件和审计设置等内容。

（7）在"数据库实例：stsys.domain"主页中，单击"方案"选项，进入"方案"属性页，其中，"数据库对象"部分提供的功能有表、索引、视图、同义词、序列和数据库链接等内容，"程序"部分提供的功能有程序包、程序包题、过程、函数和触发器等内容。

（8）在"数据库实例：stsys.domain"主页中，单击"数据移动"选项，进入"数据移动"属性页，提供移动行数据、移动数据库文件等操作的管理。

（9）在"数据库实例：stsys.domain"主页中，单击"软件和支持"选项，进入"软件和支持"属性页，提供配置、数据库软件打补丁等管理。

2.4　Oracle 11g 数据库卸载

Oracle 11g 数据库卸载包括停止所有 Oracle 服务，卸载所有 Oracle 组件，手动删除 Oracle 残留部分等步骤。

2.4.1 停止所有 Oracle 服务

在卸载 Oracle 组件以前，必须首先停止所有 Oracle 服务，其操作步骤如下。

（1）选择"开始"→"控制面板"→"管理工具"命令，在右侧窗口中双击"服务"选项，出现图 2.24 所示"服务"窗口。

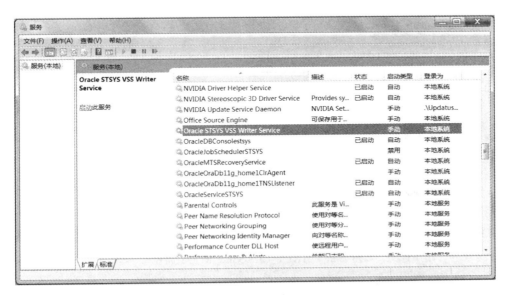

图 2.24 "服务"窗口

（2）在"服务"窗口中，找到所有与 Oracle 相关且状态为"已启动"的服务，分别右击"已启动"的服务，在弹出的菜单中选择"停止"命令。

（3）退出"服务"窗口，退出"控制面板"。

2.4.2 卸载所有 Oracle 组件

运行命令 D:\app \ DELL \ PRODUCT \ 11.2.0 \ dbhome_1 \ deinstall \ deinstall，即可卸载所选择的组件。

2.4.3 手动删除 Oracle 残留部分

由于 Oracle Universal Installer（OUI）不能完全卸载 Oracle 所有成分，在卸载完 Oracle 所有组件后，还需要手动删除 Oracle 残留部分，包括注册表、环境变量、文件和文件夹等。

1. 从注册表中删除

删除注册表中所有 Oracle 入口，操作步骤如下。

（1）选择"开始"→"运行"，在"打开"文本框中输入 regedit 命令，单击"确定"按钮，出现"注册表编辑器"窗口。

（2）在"注册表编辑器"窗口中，在 HKEY_CLASSES_ROOT 路径下，查找 Oracle、ORA 和 Ora 的注册项进行删除，如图 2.25 所示。

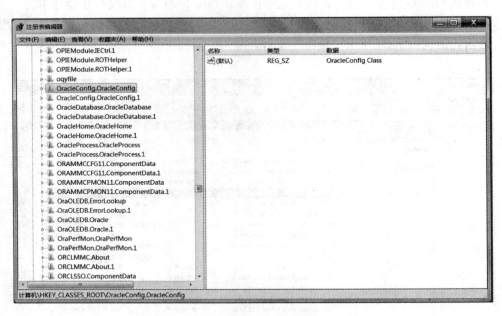

图 2.25　HKEY_CLASSES_ROOT 路径

在 HKEY_LOCAL_MACHINE \ SOFTWARE \ ORACLE 路径下，删除 ORACLE 目录，该目录注册 ORACLE 数据库软件安装信息，如图 2.26 所示。

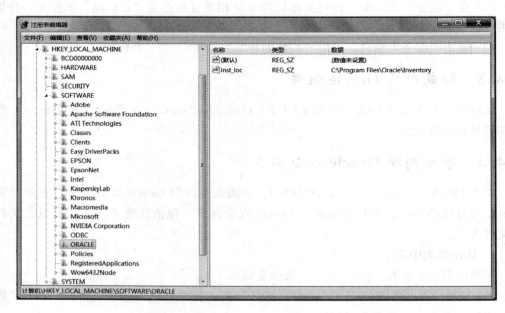

图 2.26　HKEY_LOCAL_MACHINE \ SOFTWARE \ ORACLE 路径

在 HKEY_LOCAL_MACHINE \ SYSTEM \ CurrentControlSet \ Services 路径下，删除所有以 ORACLE 开始的服务名称，该键标识 ORACLE 在 Windows 下注册的服务，如图 2.27 所示。

图 2.27　HKEY_LOCAL_MACHINE \ SYSTEM \ CurrentControlSet \ Services 路径

在 HKEY_LOCAL_MACHINE \ SYSTEM \ CurrentControlSet \ Services \ Eventlog \ Application 路径下，删除以 ORACLE 开头的 ORACLE 事件日志，如图 2.28 所示。

图 2.28　HKEY_LOCAL_MACHINE \ SYSTEM \ CurrentControlSet \ Services \ Eventlog \ Application 路径

Oracle 11g 数据库

（3）确定删除后，退出"注册表编辑器"窗口。

2. 从环境变量中删除

从环境变量中删除 Oracle 残留部分，操作步骤如下。

（1）选择"开始"→"控制面板"→"系统"，单击"高级系统设置"，出现"系统属性"对话框。

（2）在"系统属性"对话框中，单击"环境变量"按钮，弹出图 2.29 所示"环境变量"对话框。

图 2.29　"环境变量"对话框

（3）在"系统变量"列表框中，选择变量 Path，单击"编辑"按钮，删除 Oracle 在该变量值中的内容；选择变量 ORACLE_HOME，单击"删除"按钮，将该变量删除。单击"确定"按钮，保存并退出。

3. 从文件夹中删除

删除 Oracle 残留部分的文件和文件夹中，操作步骤如下。

（1）删除 C:\Program Files \ Oracle。

（2）删除 D:\app。

注意：需要对 Oracle 数据库重新安装，必须先卸载已安装的 Oracle 数据库。

2.5 小　　结

本章主要介绍了以下内容。

（1）Oracle 11g 数据库在可管理性、PL/SQL、应用开发能力、可用性和网格计算等方面具有新特性。

（2）在 Windows 7 系统下安装 Oracle 11g 的安装要求和安装步骤。

（3）SQL＊Plus 是 Oracle 公司独立的 SQL 语言工具产品，它是与 Oracle 数据库进行交互的一个非常重要的工具，同时也是一个可用于各种平台的工具，广泛应用于执行启动或关闭数据库，数据查询，数据插入、删除、修改，创建用户和授权，备份和恢复数据库等操作。

（4）SQL Developer 是一个图形化的开发环境，集成于 Oracle 11g 中，用于创建、修改和删除数据库对象，运行 SQL 语句，调试 PL/SQL 程序。

（5）OEM 是 Oracle Enterprise Manager（企业管理器）的简称，具有图形用户界面，使用 OEM 可以创建表、视图等，管理数据库的安全性、备份和恢复数据库，查询数据库的执行情况和状态等。

（6）Oracle 11g 数据库卸载包括停止所有 Oracle 服务，卸载所有 Oracle 组件，手动删除 Oracle 残留部分等步骤。

习　题　2

一、选择题

1. 下列操作系统中，不能运行 Oracle 11g 的是_____。

    A. Windows   B. Macintosh   C. Linux   D. UNIX

2. 关于 SQL＊Plus 的叙述正确的是_____。

    A. SQL＊Plus 是 Oracle 数据库的专用访问工具

    B. SQL＊Plus 是标准的 SQL 访问工具，可以访问各类关系数据库

    C. DB 包括 DBS 和 DBMS

    D. DBS 就是 DBMS，也就是 DB

3. SQL＊Plus 显示 student 表结构的命令是_____。

    A. LIST student   B. DESC student

    C. SHOW DESC student   D. SHOW STRUCTURE student

4. 将 SQL＊Plus 的显示结果输出到 E:\dp. txt 的命令是_____。

    A. SPOOL TO E:\dp. txt   B. SPOOL ON E:\dp. txt

    C. SPOOL E:\dp. txt   D. WRITE TO E:\dp. txt

5. SQL＊Plus 执行刚输入的一条命令用_____。

    A. 正斜杠（/）   B. 反斜杠（\）

    C. 感叹号（!）   D. 句号（.）

二、填空题

1. 在 SQL * Plus 工具中，可以运行＿＿＿＿＿和＿＿＿＿＿。

2. 使用 SQL * Plus ＿＿＿＿＿命令可以显示表结构的信息。

3. 使用 SQL * Plus 的＿＿＿＿＿命令可以将文件的内容调入缓冲区，并且不执行。

4. 使用 SQL * Plus 的＿＿＿＿＿命令可以将缓冲区的内容保存到指定文件中。

三、应用题

1. 在 SQL * Plus 工具中，使用 SELECT 语句查询教师表 teacher 中的记录，并列出缓冲区的内容。

2. 在 SQL * Plus 中，将以下 SQL 语句中 tc 的值修改为 52 后再执行。

```
SELECT * FROM student WHER tc = 50;
```

3. 在 SQL * Plus 中输入一条 SQL 查询语句，

```
SELECT * FROM course;
```

将当前缓冲区的语句保存为 course.sql 文件，再将保存在磁盘上的文件 course.sql 调入缓冲区执行。

第3章   创建数据库

本章要点

- Oracle 数据库的体系结构
- 使用图形界面方式删除数据库
- 使用图形界面方式创建数据库

在 Oracle 11g 中，有两种方式创建数据库，一种是通过图形界面方式的数据库配置向导创建数据库，另一种是通过命令方式创建数据库。本章介绍 Oracle 数据库的体系结构、使用图形界面方式删除和创建数据库等内容。

3.1   Oracle 数据库的体系结构

Oracle 是一个关系数据库系统，Oracle 数据库（Database）是一个数据容器，它包含表、视图、索引、过程和函数等对象，用户只有和一个确定的数据库相连接，才能使用和管理该数据库中的数据。在使用数据库之前，有必要了解 Oracle 数据库的体系结构。

Oracle 数据库的体系结构包括逻辑结构、物理结构和总体结构，其中，逻辑结构为 Oracle 引入的结构，物理结构为操作系统所拥有的结构。Oracle 引入逻辑结构首先是为了增加 Oracle 的可移植性，即在某个操作系统上开发的数据库几乎可以不加修改地移植到另外的操作系统上；其次是为了减少 Oracle 操作人员的操作难度，只需对逻辑结构进行操作，而从逻辑结构到物理结构的映射，则由 Oracle 数据库管理系统来完成。

下面对逻辑结构、物理结构和总体结构分别进行介绍。

3.1.1   逻辑结构

逻辑结构包括表空间、段、盘区、数据块、表和其他逻辑对象等。

1. 表空间

表空间（TableSpace）是 Oracle 数据库中数据的逻辑组织单位，通过表空间来组织数据库中的数据，数据库逻辑上由一个或多个表空间组成，表空间物理上是由一个或多个数据文件组成，Oracle 系统默认创建的表空间如下。

1) EXAMPLE 表空间

EXAMPLE 表空间是示例表空间，用于存放示例数据库的方案对象信息及其培训资料。

2) SYSTEM 表空间

SYSTEM 表空间是系统表空间，用于存放 Oracle 系统内部表和数据字典的数据，如表名、列名和用户名等。一般不赞成将用户创建的表、索引等存放在 SYSTEM 表空间中。

3) SYSAUX 表空间

SYSAUX 表空间是辅助系统表空间，主要存放 Oracle 系统内部的常用样例用户的对象，如存放 CMR 用户的表和索引等，从而减少系统表空间的负荷。

4) TEMP 表空间

TEMP 表空间是临时表空间，存放临时表和临时数据，用于排序和汇总等。

5) UNDOTBS1 表空间

UNDOTBSI 表空间是重做表空间，存放数据库中有关重做的相关信息和数据。

6) USERS 表空间

USERS 表空间是用户表空间，存放永久性用户对象的数据和私有信息，因此也称为数据表空间。

2. 段、盘区和数据块

- 段（Segment）：段是按照不同的处理性质，在表空间划分出不同区域，用于存放不同的数据，例如，数据段、索引段和临时段等。
- 盘区（Extent）：盘区由连续分配的相邻数据块组成。
- 数据块（Data Block）：数据块是数据库中最小的、最基本的存储单位。

表空间划分为若干段，段由若干个盘区组成，盘区由连续分配的相邻数据块组成，如图 3.1 所示。

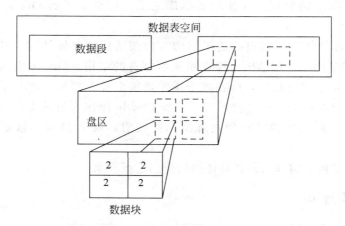

图 3.1 表空间、段、盘区和数据块之间的关系

3. 表

表（Table）是数据库中存储用户数据的对象，它包含一组固定的列，表中的列描述该表所跟踪的实体的属性，每个列都有一个名字和若干个属性。

4. 索引

索引（Index）是帮助用户在表中快速地查找记录的数据库结构，既可以提高数据库性能，又能够保证列值的唯一性。

5. 用户

用户（User）账号虽然不是数据库中的一个物理结构，但它与数据库中的对象有重要的关系，这是因为用户拥有数据库的对象。

6. 方案

用户账号拥有的对象集称为用户的方案（SCHEMA）。

3.1.2 物理结构

物理结构包括数据文件、控制文件、日志文件、初始化参数文件和其他文件等。

1. 数据文件

数据文件（Data File）是用来存储数据库数据的物理文件，文件后缀名为.DBF。数据文件存放的主要内容有：

- 表中的数据；
- 索引数据；
- 数据字典定义；
- 回滚事务所需信息；
- 存储过程、函数和数据包的代码；
- 用来排序的临时数据。

每一个 Oracle 数据库都有一个或多个数据文件，每一个数据文件只能属于一个表空间，数据文件一旦加入表空间，就不能从这个表空间中移走，也不能和其他表空间发生联系。

数据库、表空间和数据文件之间的关系，如图 3.2 所示。

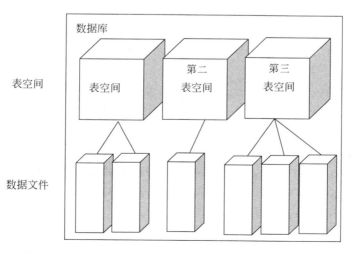

图 3.2 数据库、表空间和数据文件之间的关系

2. 重做日志文件

日志文件（Log File）用于记录对数据库进行的修改操作和事务操作，文件后缀名为 .LOG。

除了数据文件外，最重要的 Oracle 数据库实体档案就是重做日志文件（Redo Log Files）。Oracle 保存所有数据库事务的日志。这些事务被记录在联机重做日志文件（Online Redo Log File）中。当数据库中的数据遭到破坏时，可以用这些日志来恢复数据库。

3. 控制文件

控制文件（Control File）用于记录和维护整个数据库的全局物理结构，它是一个二进制文件，文件后缀名为 .CTL。

控制文件存储了与 Oracle 数据库物理文件有关的关键控制信息，如数据库名和创建时间，物理文件名、大小及存储位置等信息。

控制文件在创建数据库时生成，以后当数据库发生任何物理变化都将被自动更新。

每个数据库包含通常两个或多个控制文件。这几个控制文件的内容上保持一致。

3.1.3　总体结构

总体结构包括实例、内存结构和后台进程等。

1. 实例

数据库实例（Instance）也称作服务器（Server），它由系统全局区（System Global Area，SGA）和后台进程组成，实例用来访问数据库且只能打开一个数据库，一个数据库可以被多个实例访问，实例与数据库之间的关系如图 3.3 所示。

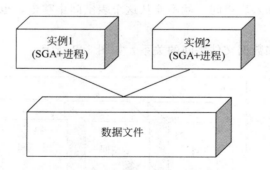

图 3.3　实例与数据库之间的关系

2. 内存结构

内存结构是 Oracle 存储常用信息和所有运行在该机器上的 Oracle 程序的内存区域，Oracle 有两种类型的内存结构：系统全局区（System Global Area，SGA）和程序全局区（Program Global Area，PGA）。

1）系统全局区

SGA 区是由 Oracle 分配的共享内存结构，包含一个数据库实例共享的数据和控制信息。当多个用户同时连接同一个实例时，SGA区数据供多个用户共享，所以SGA区又称为共享全局区。SGA区在实例启动时分配，实例关闭时释放。

SGA包含几个重要区域，数据块缓存区（Data Block Buffer Cache）、字典缓存区（Dictionary Cache）、重做日志缓冲区（RedoLogBuffer）和共享池（Shared SQL Pool），如图3.4所示。

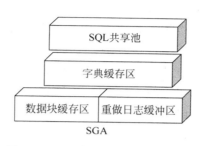

图3.4　SGA各重要区域之间的关系

（1）数据块缓存区。

数据块缓存区为SGA的主要成员，用来存放读取自数据文件的数据块复本，或是使用者曾经处理过的数据。

数据块缓存区又称用户数据高速缓存区，为所有与该实例相链接的用户进程所共享。采用最近最少使用算法（LRU）来管理可用空间。

（2）字典缓存区。

数据库对象信息存储在数据字典中，包括用户账号、数据文件名、表说明和权限等。当数据库需要这些信息，就要读取数据字典，并将这些信息存储在字典缓存区中。

（3）重做日志缓冲区。

联机重做日志文件用于记录数据库的更改，对数据库进行修改的事务（Transaction）在记录到重做日志之前都必须首先放到重做日志缓冲区（Redo Log Buffer）中。重做日志缓冲区是专为此开辟的一块内存区域，重做日志缓存中的内容将被LGWR后台进程写入重做日志文件。

（4）共享池。

共享池（Shared SQL Pool）用来存储最近使用过的数据定义，最近执行过的SQL指令，以便共享。共享池有两个部分：库缓存区和数据字典缓存区。

2）程序全局区

PGA是为每一个与Oracle数据库连接的用户保留的内存区，主要存储该连接使用的变量信息和与用户进程交换的信息，它是非共享的，只有服务进程本身才能访问它自己的PGA区。

3. 进程

进程是操作系统中一个独立的可以调度的活动，用于完成指定的任务，进程可看作由一段可执行的程序、程序所需要的相关数据和进程控制块组成。

进程的类型有用户进程、服务器进程和后台进程。

1）用户进程

当用户连接数据库执行一个应用程序时，会创建一个用户进程，来完成用户所指定的任务，用户进程在用户方工作，它向服务器进程提出请求信息。

2）服务器进程

服务器进程由 Oracle 自身创建，用于处理连接到数据库实例的用户进程所提出的请求，用户进程只有通过服务器进程才能实现对数据库的访问和操作。

3）后台进程

为了保证 Oracle 数据库在任意一个时刻可以处理多用户的并发请求，进行复杂的数据操作，Oracle 数据库起用了一些相互独立的附加进程，称为后台进程。服务器进程在执行用户进程请求时，调用后台进程来实现对数据库的操作。

Oracle 11g 数据库服务器的总体结构如图 3.5 所示。

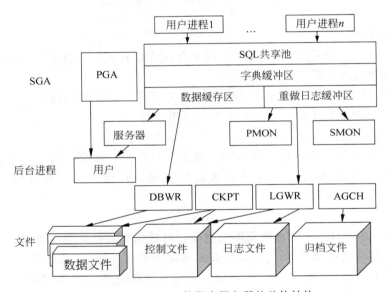

图 3.5　Oracle 11g 数据库服务器的总体结构

几个常用的后台进程介绍如下。

（1）DBWR（数据库写入进程）。

负责将数据块缓冲区内变动过的数据块写回磁盘内的数据文件。

（2）LGWR（日志写入进程）。

负责将重做日志缓冲区内变动记录循环写回磁盘内的重做日志文件，该进程会将所有数据从重做日志缓存中写入现行的在线重做日志文件中。

（3）SMON（系统监控进程）。

系统监控进程的主要职责是重新启动系统。

（4）PMON（进程监控进程）。

PMON 的主要职责是监控服务器进程和注册数据库服务。

（5）CKPT（检查点进程）。

在适当时候产生一个检查点事件，确保缓冲区内经常被变动的数据也要定期被写入数据文件。在检查点之后，万一需要恢复，不再需要写检查点之前的记录，从而缩短数据库的重新激活时间。

3.2 删除数据库

本书在 Oracle 11g 数据库安装时，已创建数据库 stsys，现在使用图形界面方式的数据库配置向导（DataBase Configuration Assistant，DBCA）删除数据库。

【例 3.1】 使用 DBCA 删除数据库 stsys。

使用 DBCA 删除数据库 stsys 操作步骤如下。

（1）选择"开始"→"所有程序"→Oracle-OraDb 11g_home1→"配置和移植工具"→DataBase Configuration Assistant 命令，启动 DBCA，初始化完成后进入"欢迎使用"窗口。

（2）单击"下一步"按钮，出现"操作"窗口，这里选择"删除数据库"单选按钮，如图 3.6 所示。

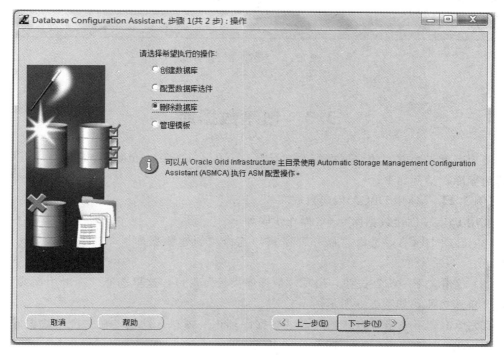

图 3.6 "操作"窗口

（3）单击"下一步"按钮，进入"数据库"窗口，这里选择 stsys 数据库，如图 3.7 所示，单击"完成"按钮，显示正在删除数据库，删除完成后，在弹出的提示框中单击"是"按钮，完成删除数据库的操作。

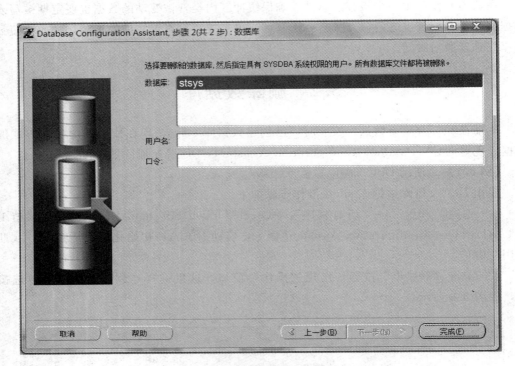

图 3.7　"数据库"窗口

3.3　创建数据库

使用图形界面方式的数据库配置向导（DataBase Configuration Assistant，DBCA）创建数据库，举例如下。

【例 3.2】　使用 DBCA 创建数据库 stsys。

使用 DBCA 创建数据库 stsys 操作步骤如下。

（1）启动 DBCA，进入"操作"窗口，选择"创建数据库"单选按钮，如图 3.8 所示。

（2）单击"下一步"按钮，出现"数据库模板"窗口，这里选择"一般用途或事务处理"单选按钮，如图 3.9 所示。

（3）单击"下一步"按钮，进入"数据库标识"窗口，这里，在"全局数据库名"文本框中输入 stsys. domain，在 SID 文本框中输入 stsys，如图 3.10 所示。

（4）单击"下一步"按钮进入"管理选项"窗口，选择配置 Enterprise Manager（企业管理器）和配置 Database Control 以进行本地管理。

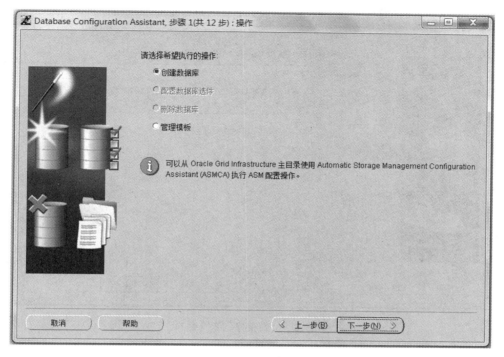

图 3.8 选择"创建数据库"

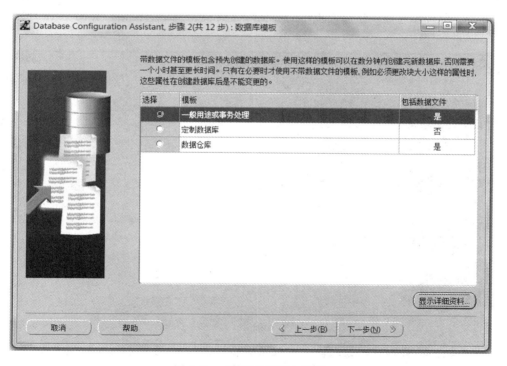

图 3.9 "数据库模板"窗口

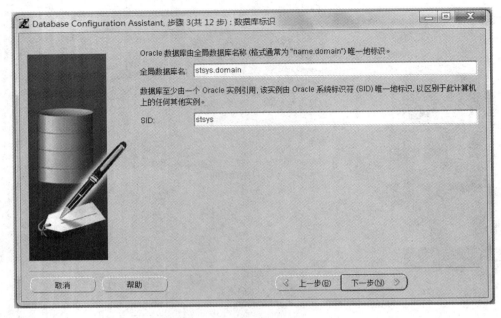

图 3.10　"数据库标识"窗口

(5) 单击 "下一步" 按钮，出现 "数据库身份证明" 窗口，选择 "将所有账户使用同一管理口令" 单选按钮，如图 3.11 所示。单击 "下一步" 按钮，出现 "数据库文件所在位置" 窗口，选择 "使用模板中的数据库文件位置" 单选按钮，如图 3.12 所示。

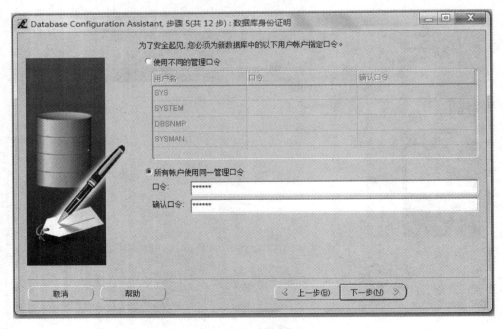

图 3.11　"数据库身份证明"窗口

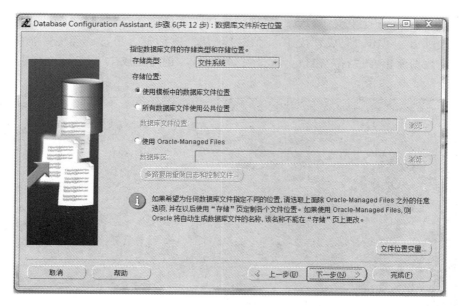

图 3.12　"数据库文件所在位置"窗口

（6）单击"下一步"按钮，出现"恢复配置"窗口，选择"指定快速恢复区"，保持默认设置，单击"下一步"按钮，出现"数据库内容"窗口。

（7）单击"下一步"按钮，出现"初始化参数"窗口，保持默认设置。

（8）单击"下一步"按钮，进入"数据库存储"窗口，在该窗口中数据库文件以树列表和概要视图的形式显示，并允许更改这些对象，这里保持默认设置，如图 3.13 所示。

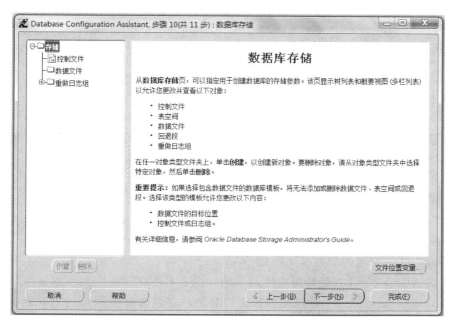

图 3.13　"数据库存储"窗口

创建数据库

（9）单击"下一步"按钮，进入"创建选项"窗口，选择"创建数据库"复选项，如图 3.14 所示，单击"完成"按钮，弹出"确认"对话框，单击"确定"按钮，出现"创建克隆数据库正在进行"窗口，直至数据库 stsys 创建完成。

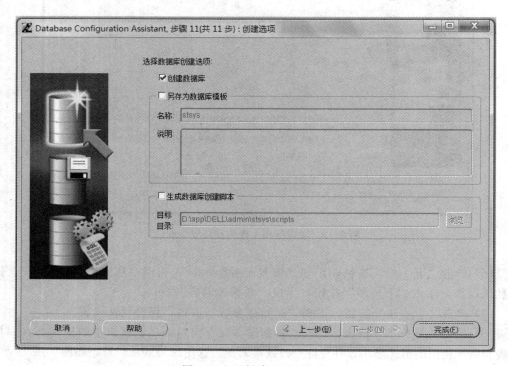

图 3.14　"创建选项"窗口

3.4　小　　结

本章主要介绍了以下内容。

（1）Oracle 数据库的体系结构包括逻辑结构、物理结构和总体结构。

（2）逻辑结构包括表空间、段、盘区、数据块、表和其他逻辑对象等。

表空间（TableSpace）是 Oracle 数据库中数据的逻辑组织单位，通过表空间来组织数据库中的数据，数据库逻辑上由一个或多个表空间组成，表空间物理上是由一个或多个数据文件组成。

段（Segment）是按照不同的处理性质，在表空间划分出不同区域，用于存储不同的数据，例如，数据段、索引段和临时段等。

盘区由连续分配的相邻数据块组成。

数据块（Data Block）是数据库中最小的、最基本的存储单位。

表（Table）是数据库中存储用户数据的对象，它包含一组固定的列，表中的列描述该表所跟踪的实体的属性，每个列都有一个名字和若干个属性。

（3）物理结构包括数据文件、控制文件、日志文件、初始化参数文件和其他文件等。

数据文件（Data File）是用来存储数据库数据的物理文件，文件后缀名为 .DBF。

日志文件（Log File）用于记录对数据库进行的修改操作和事务操作，文件后缀名为 .LOG。

控制文件（Control File）用于记录和维护整个数据库的全局物理结构，它是一个二进制文件，文件后缀名为 .CTL。

（4）总体结构包括实例、内存结构和后台进程等。

数据库实例（Instance）也称作服务器（Server），它由系统全局区（System Global Area，SGA）和后台进程组成，实例用来访问数据库且只能打开一个数据库，一个数据库可以被多个实例访问。

内存结构是 Oracle 存储常用信息和所有运行在该机器上的 Oracle 程序的内存区域，Oracle 有两种类型的内存结构：系统全局区（System Global Area，SGA）和程序全局区（Program Global Area，PGA）。

进程是操作系统中一个独立的可以调度的活动，用于完成指定的任务，进程可看作由一段可执行的程序、程序所需要的相关数据和进程控制块组成。进程的类型有用户进程、服务器进程和后台进程。

（5）使用图形界面方式删除和创建数据库。

习　题　3

一、选择题

1. _____是 Oracle 数据库的最小存储分配单元。
   A. 表空间　　　　B. 盘区　　　　C. 数据块　　　　D. 段

2. 当数据库创建时，_____会自动生成。
   A. SYSTEM 表空间　　　　　　　B. TEMP 表空间
   C. USERS 表空间　　　　　　　　D. TOOLS 表空间

3. 每个数据库可以有_____控制文件。
   A. 3 个　　　　B. 7 个　　　　C. 8 个　　　　D. 10 个

4. 每个数据库至少有_____重做日志文件。
   A. 1 个　　　　B. 2 个　　　　C. 3 个　　　　D. 任意个

5. 解析后的 SQL 语句在 SGA _____中进行缓存。
   A. 数据缓冲区　　　　　　　　　B. 字典缓冲区
   C. 重做日志缓冲区　　　　　　　D. 共享池

6. 在全局存储区 SGA 中，_____是循环使用的。
   A. 数据缓冲区　　　　　　　　　B. 字典缓冲区
   C. 共享池　　　　　　　　　　　D. 重做日志缓冲区

7. 当数据库运行在归档模式下，如果发生日志切换，为了不覆盖旧的日志信息，系统将启动_____进程。

    A. LGWR   B. DBWR   C. ARCH   D. RECO

8._____进程用于将修改后的数据从内存保存到磁盘数据文件中。

    A. PMON   B. SMON   C. LGWR   D. DBWR

二、填空题

1. 一个表空间物理上对应一个或多个_____文件。

2. Oracle 数据库系统的物理存储结构主要由_____、_____和_____3 类文件组成。

3. 用户对数据库的操作如果产生日志信息，则该日志信息首先存储在_____中，然后由_____进程保存到_____。

4. 在 Oracle 实例系统中，进程分为_____、_____和_____。

第4章　　创建和使用表

本章要点

- 创建表空间
- 表的基本概念
- 创建 Oracle 表
- 表数据的操作

在关系数据库中，关系就是表，表是数据库中最重要的数据库对象，用来存储数据库中的数据。本章介绍创建表空间、表的基本概念、创建 Oracle 表和表数据的操作等内容。

4.1　创建表空间

表空间是存储数据文件的容器，表空间由数据文件组成，数据库的所有系统数据和用户数据都必须存储在数据文件中。每一个数据库创建时，系统会默认地为它创建一个 SYSTEM 表空间，一般情况下，用户数据应该存储在单独的表空间中，必须创建和使用自己的表空间。

表空间可以通过 OEM（企业管理器）图形界面方式或 PL/SQL 命令方式创建，下面通过一个实例说明通过 OEM 图形界面方式创建表空间。

【例 4.1】　使用 OEM 创建永久性表空间 EMTS。

创建永久性表空间操作步骤如下。

（1）启动 OEM，使用 SYS 登录 OEM，连接身份选择 SYSDBA，进入"主目录"页面后，在"服务器"属性页单击"表空间"，进入"表空间"页面，如图 4.1 所示。

（2）单击"创建"按钮，进入"一般信息"选项页面，在"名称"文本框输入表空间名称 EMTS。

区管理是对表空间分区的管理，区管理分本地管理和在字典中管理，这里选择"本地管理"。

表空间有 3 种类型：永久、临时和撤销，这里选择"永久"。

状态选项用于设置表空间状态，状态有读写、只读和脱机 3 种，这里选择"读写"，如图 4.2 所示。

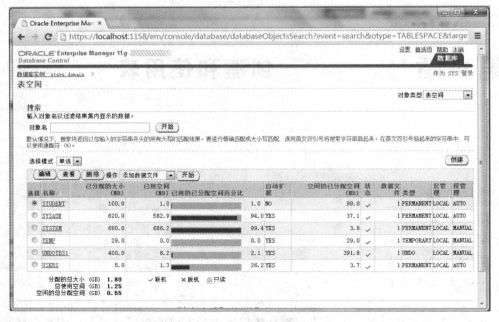

图 4.1 "表空间"页面

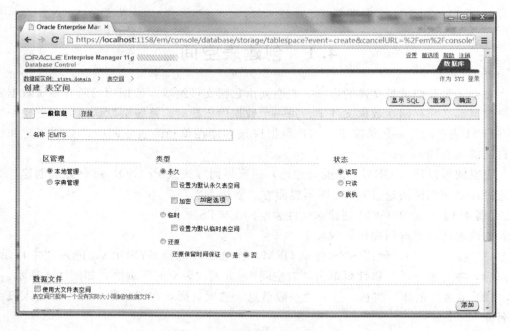

图 4.2 "一般信息"选项页面

（3）单击"创建"按钮，进入"添加数据文件"页面，在"文件名"文本框输入数据文件名称 EMTS01. DBF，文件大小为 100 MB，允许以 2 MB 的大小自动扩展，最大文件大小无限制，如图 4.3 所示。创建完毕后，返回"一般信息"选项页面。

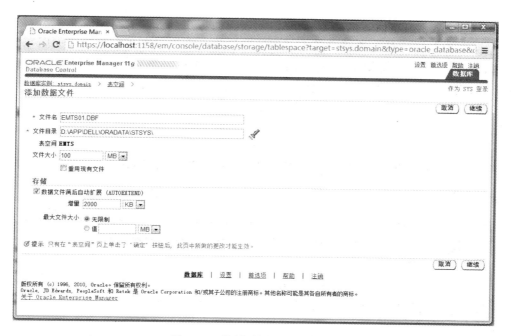

图 4.3 "添加数据文件"页面

（4）单击"创建"按钮，进入"存储"信息选项页面，这里都按默认设置。

（5）系统执行表空间创建任务后返回"表空间"页面，在该页面可以查到新建的
EMTS 表空间，如图 4.4 所示。

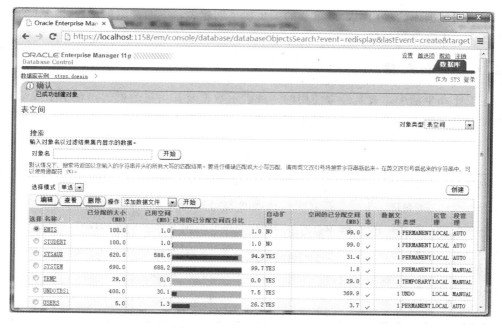

图 4.4 表空间 EMTS 已创建

创建和使用表

（6）删除某个表空间，例如删除 EMTS 表空间，在进入"表空间"页面后，选择该表空间名称左边的单选按钮，单击"删除"按钮，出现"警告"页面，如图 4.5 所示。如果选择"从存储删除相关联的数据文件"选项，单击"是"按钮，则删除 EMTS 表空间，并将该表空间对应的磁盘的数据文件删除；如果不选择"从存储删除相关联的数据文件"复选项，单击"是"按钮，则只是删除表空间而不删除对应的数据文件。

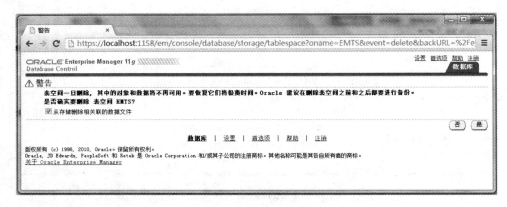

图 4.5　删除表空间

4.2　表的基本概念

在创建数据库的过程中，最重要的一步就是创建表，下面介绍创建表要用到的两个基本概念：表和数据类型。

4.2.1　表和表结构

在工作和生活中，表是经常使用的一种表示数据及其关系的形式，在学生成绩管理系统中，有学生表、课程表、成绩表和教师表，分别如表 4.1 至表 4.4 所示。

表 4.1　学生表（student）

学号	姓名	性别	出生日期	专业	班号	总学分
121001	刘鹏翔	男	1992-08-25	计算机	201205	52
121002	李佳慧	女	1993-02-18	计算机	201205	50
121004	周仁超	男	1992-09-26	计算机	201205	50
124001	林琴	女	1992-03-21	通信	201236	52
124002	杨春容	女	1992-12-04	通信	201236	48
124003	王浩	男	1993-05-15	通信	201236	50

表 4.2 课程表（course）

课程号	课程名	学分	教师编号
1004	数据库系统	4	100001
1012	计算机网络	3	NULL
4002	数字电路	3	400007
8001	高等数学	4	800014
1201	英语	4	120036

表 4.3 成绩表（score）

学号	课程号	成绩	学号	课程号	成绩
121001	1004	92	124001	8001	95
121002	1004	85	124002	8001	73
121004	1004	82	124003	8001	86
124001	4002	94	121001	1201	93
124002	4002	74	121002	1201	87
124003	4002	87	121004	1201	76
121001	8001	94	124001	1201	92
121002	8001	88	124002	1201	NULL
121004	8001	81	124003	1201	86

表 4.4 教师表（teacher）

教师编号	姓名	性别	出生日期	职称	学院
100001	张博宇	男	1968-05-09	教授	计算机学院
100021	谢伟业	男	1982-11-07	讲师	计算机学院
400007	黄海玲	女	1976-04-21	教授	通信学院
800014	曾杰	男	1975-03-14	副教授	数学学院
120036	刘巧红	女	1972-01-28	副教授	外国语学院

表包含以下基本概念。

1）表

表是数据库中存储数据的数据库对象，每个数据库包含了若干个表，表由行和列组成。例如，表 4.1 由 6 行 7 列组成。

2）表结构

每个表具有一定的结构，表结构包含一组固定的列，列由数据类型、长度、允许 Null 值等组成。

3）记录

每个表包含若干行数据，表中一行称为一个记录（Record）。表 4.1 有 6 个记录。

4）字段

表中每列称为字段（Field），每个记录由若干个数据项（列）构成，构成记录的每

创建和使用表

个数据项就称为字段。表 4.1 有 7 个字段。

5）空值

空值（Null）通常表示未知、不可用或将在以后添加的数据。

6）关键字

关键字用于唯一标识记录，如果表中记录的某一字段或字段组合能唯一标识记录，则该字段或字段组合称为候选关键字（Candidate Key）。如果一个表有多个候选关键字，则选定其中的一个为主关键字（Primary Key），又称为主键。表 4.1 的主键为"学号"。

4.2.2 数据类型

Oracle 11g 常用的数据类型有数值型、字符型、日期型和其他数据类型等，下面分别介绍。

1. 数值型

常用的数值型有 number、float 两种，其格式和取值范围如表 4.5 所示。

表 4.5 数值型

数据类型	格　　式	说　　明
number	NUMBER［(＜总位数＞，＜小数点右边的位数＞)］	可变长度数值列，允许值为 0、正数和负数，总位数默认为 38，小数点右边的位数默认为 0
float	FLOAT［(＜数值位数＞)］	浮点型数值列

2. 字符型

字符型有 char、nchar、varchar2、nvarchar2 和 long 5 种，它们在数据库中以 ASCII 码的格式存储，其取值范围和作用如表 4.6 所示。

表 4.6 字符型

数据类型	格　　式	说　　明
char	CHAR［(＜长度＞［BYTE｜CHAR])］	固定长度字符域，最大长度为 2000 字节
nchar	NCHAR［(＜长度＞)］	多字节字符集的固定长度字符域，最多为 2000 个字符或 2000 字节
varchar2	VARCHAR2［(＜长度＞［BYTE｜CHAR])］	可变长度字符域，最大长度为 4000 字节
nvarchar2	NVARCHAR2［(＜长度＞)］	多字节字符集的可变长度字符域，最多为 4000 个字符或 4000 字节
long	LONG	可变长度字符域，最大长度为 2GB

3. 日期型

日期型常用的有 date 和 timestamp 两种，用来存储日期和时间，取值范围和作用如表 4.7 所示。

表 4.7　日期型

数据类型	格　式	说　明
date	DATE	存储全部日期和时间的固定长度字符域，长度为 7 字节，查询时日期默认格式为 DD-MON-RR，除非通过设置 NLS_DATE_FORMAT 参数取代默认格式
timestamp	TIMESTAMP［（＜位数＞）］	用亚秒的粒度存储一个日期和时间，参数是亚秒粒度的位数，默认为 6，范围为 0～9

4. 其他数据类型

除上述类型外 Oracle 11g 还提供存储大数据的数据类型和二进制文件的数据类型 blob、clob 和 bfile，如表 4.8 所示。

表 4.8　其他数据类型

数据类型	格式	说　明
blob	BLOB	二进制大对象，最大长度为 4 GB
clob	CLOB	字符大对象，最大长度为 4 GB
bfile	BFILE	外部二进制文件，大小由操作系统决定

4.2.3　表结构设计

在数据库设计过程中，最重要的是表结构设计，好的表结构设计，对应着较高的效率和安全性，而差的表设计，对应着差的效率和安全性。

创建表的核心是定义表结构及设置表和列的属性，创建表以前，首先要确定表名和表的属性，表所包含的列名、列的数据类型、长度、是否为空和是否主键等，这些属性构成表结构。

学生表 student 包含 sno、sname、ssex、sbirthday、speciality、sclass 和 tc 等列，其中，sno 列是学生的学号，例如 121001 中 12 表示 2012 年入学，11 表示学生的班级，01 表示学生的序号，所以 sno 列的数据类型选择字符型 char［(n)］，n 的值为 6，不允许空；sname 列是学生的姓名，姓名一般不超过 4 个中文字符，所以选择字符型 char［(n)］，n 的值为 8，不允许空；ssex 列是学生的性别，选择字符型 char［(n)］，n 的值为 2，不允许空；sbirthday 列是学生的出生日期，选择 date 数据类型，不允许空；speciality 列是学生的专业，选择字符型 char［(n)］，n 的值为 12，允许空；sclass 是学生的班号，选择字符型 char［(n)］，n 的值为 6，允许空；tc 列是学生的总学分，选择 number 数据类型，允许空。在 student 表中，只有 sno 列能唯一标识一个学生，所以将 sno 列设为主键。student 的表结构设计如表 4.9 所示。

参照 student 表结构设计方法，可设计出 course 的表结构、score 的表结构和 teacher 的表结构，如表 4.10 至表 4.12 所示。

表 4.9　student 的表结构

列名	数据类型	允许 null 值	是否主键	说明
sno	char（6）		主键	学号
sname	char（8）			姓名
ssex	char（2）			性别
sbirthday	date			出生日期
speciality	char（12）	✓		专业
sclass	char（6）	✓		班号
tc	number	✓		总学分

表 4.10　course 的表结构

列名	数据类型	允许 null 值	是否主键	说明
cno	char（4）		主键	课程号
cname	char（16）			课程名
credit	number	✓		学分
tno	char（6）	✓		教师编号

表 4.11　score 的表结构

列名	数据类型	允许 null 值	是否主键	说明
sno	char（6）		主键	学号
cno	char（4）		主键	课程号
grade	number	✓		成绩

表 4.12　teacher 的表结构

列名	数据类型	允许 null 值	是否主键	说明
tno	char（6）		主键	教师编号
tname	char（8）			姓名
tsex	char（2）			性别
tbirthday	date			出生日期
title	char（12）	✓		职称
school	char（12）	✓		学院

4.3　使用 SQL Developer 操作表

表空间创建后，就可以在数据库中创建表了，下面介绍使用 SQL Developer 图形界面创建表、修改表和删除表等内容。

4.3.1 使用 SQL Developer 创建表

【例 4.2】 在 stsys 数据库中创建 student 表。

创建 student 表的操作步骤如下。

（1）启动 SQL Developer，在"连接"结点下打开数据库连接 sys_stsys，右击"表"结点，在弹出的快捷菜单中选择"新建表"命令。

（2）屏幕出现"创建表"窗口，在"名称"文本框中输入表名 student，根据已经设计好的 student 的表结构分别输入或选择 sno、sname、ssex、sbirthday、speciality、sclass 和 tc 列各自对应的列名、数据类型、长度大小、非空性和是否主键信息，输入完一列后单击"添加列"按钮添加下一列，输入完成后的结果如图 4.6 所示。

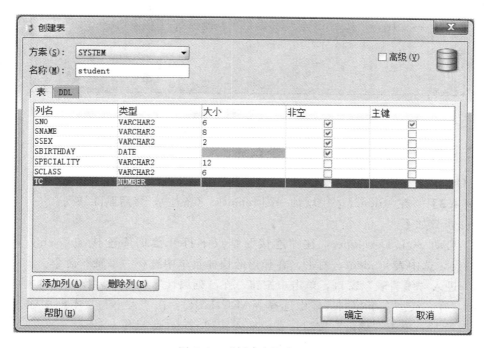

图 4.6 "创建表"窗口

（3）输完最后一列的信息后，选中右上角的"高级"复选框，此时会显示出更多的表的选项，如表的类型、列的默认值、约束条件、外键和存储选项等，如图 4.7 所示。

注意：在以前的数据类型选择中，没有 char 类型，在"高级"窗口中，可将原来的 varchar2 类型改为 char 类型。

（4）单击"确定"按钮，创建 student 表完成。

图 4.7　"高级"选项

4.3.2　使用 SQL Developer 修改表

在 Oracle 11g 中，使用 SQL Developer 图形界面修改表举例如下。

【例 4.3】　在 student 表中增加一列 remarks（备注），然后删除该列。

操作步骤如下。

（1）启动 SQL Developer，在"连接"结点下打开数据库连接 sys_stsys，展开"表"结点，选中表 student，右击，在弹出的快捷菜单中选择"编辑"命令。

（2）进入"编辑表"窗口，单击＋按钮，在"列属性"栏的"名称"文本框中输入 remarks，在"类型"下拉列表框中选择 VARCHAR2，在"大小"文本框中输入 180，如图 4.8 所示，单击"确定"按钮，完成插入新列 remarks 操作。

（3）选中表 student，右击，在弹出的快捷菜单中选择"编辑"命令，进入"编辑表"窗口，在"列"栏中选中 REMARKS，如图 4.9 所示，单击 × 按钮，列 REMARKS 即被删除，单击"确定"按钮，完成删除列 REMARKS 操作。

【例 4.4】　主键的删除和设置。

操作步骤如下。

（1）启动 SQL Developer，在"连接"结点下打开数据库连接 sys_stsys，展开"表"结点，选中表 student，右击，在弹出的快捷菜单中选择"编辑"命令。

（2）进入"编辑表"窗口，单击"主键"选项，在窗口右边的"所选列"栏显示 SNO 列已经被设为主键，如图 4.10 所示。如果要删除该表的主键 SNO，在"所选列"栏双击该列或单击＜按钮；如果要设置某列为主键，在"可用列"栏双击该列或单击＞按钮，单击"确定"按钮，完成主键的删除和设置操作。

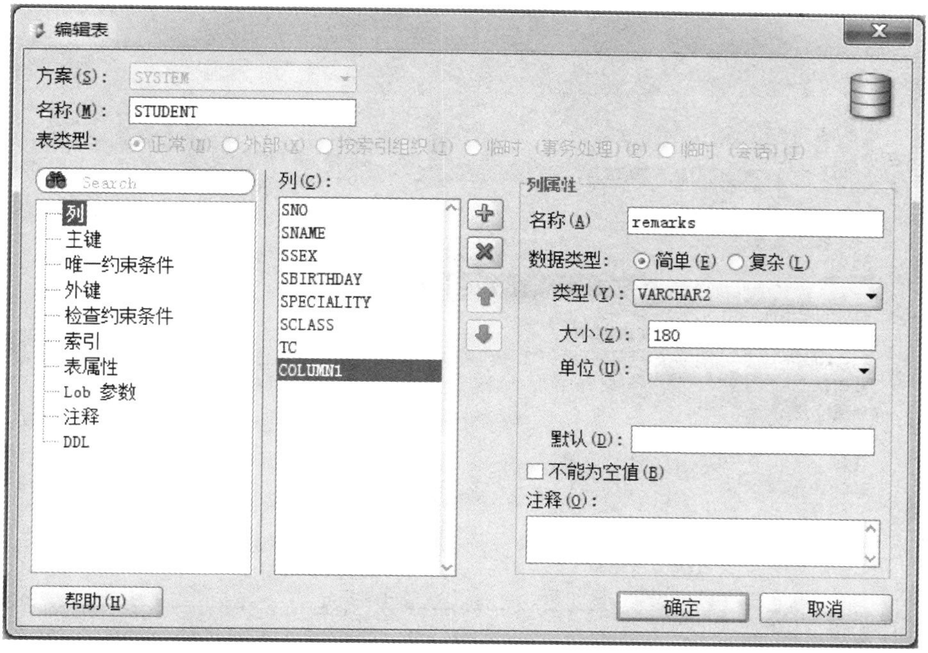

图 4.8　插入列操作

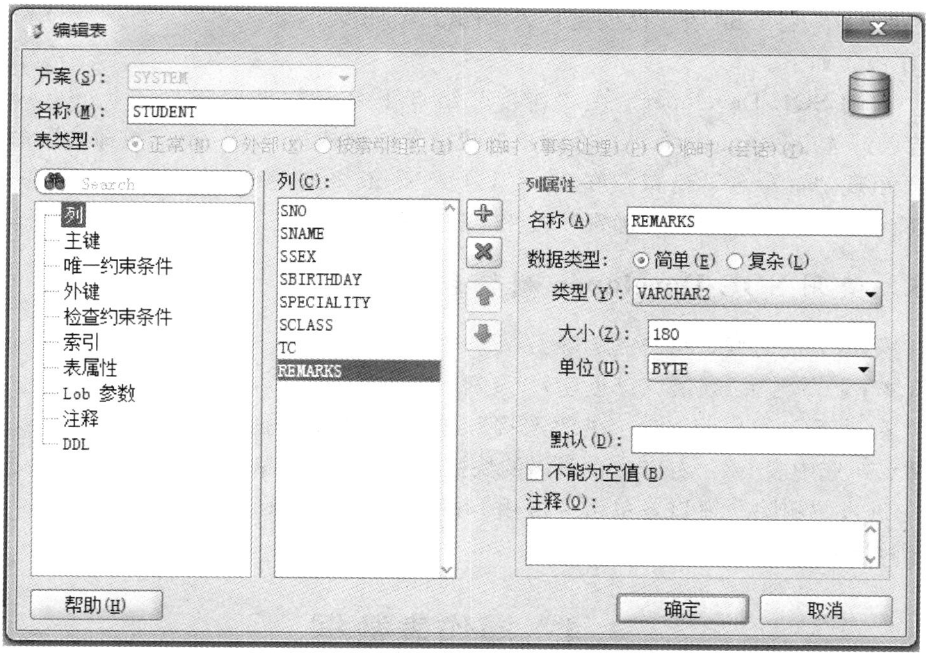

图 4.9　删除列操作

图 4.10　主键的删除和设置

【例 4.5】　将 mno 表（已创建）表名修改为 rst 表。

操作步骤如下。

(1) 启动 SQL Developer，在"连接"结点下打开数据库连接 sys_stsys，展开"表"结点，选中表 mno，右击，在弹出的快捷菜单中选择"表"→"重命名"命令。

(2) 出现"重命名"窗口，在 New Table Name 栏输入 rst，单击"应用"按钮，弹出"确认"对话框，单击"确定"按钮，完成重命名操作。

4.3.3　使用 SQL Developer 删除表

当表不需要的时候，可将其删除。

【例 4.6】　删除 rst 表（已创建）。

(1) 启动 SQL Developer，在"连接"结点下打开数据库连接 sys_stsys，展开"表"结点，选中表 rst，右击，在弹出的快捷菜单中选择"表"→"删除"命令。

(2) 进入"删除"窗口，单击"应用"按钮，弹出"确认"对话框，单击"确定"按钮，即可删除 rst 表。

4.4　操作表数据

创建数据库和表后，需要对表中的数据进行操作，包括数据的插入、删除和修改，可以采用 PL/SQL 语句或 SQL Developer 图形界面，本节介绍用图形界面操作表数据。

【例4.7】 插入 stsys 数据库中 student 表的有关记录。

操作步骤如下。

(1) 启动 SQL Developer，在"连接"结点下打开数据库连接 sys_stsys，展开"表"结点，单击表 student，在右边窗口中选择"数据"选项卡，如图4.11所示。

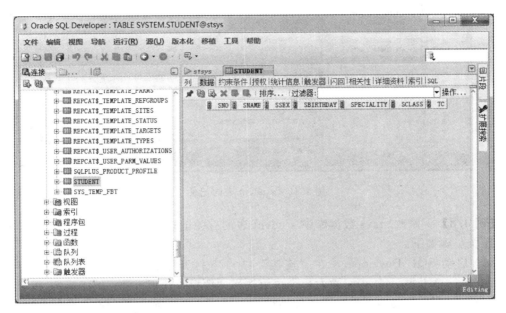

图4.11　表数据窗口

(2) 在此窗口中，只有 student 表的各个列，单击"插入行"按钮，表中将增加一个新行，可在各个字段输入或编辑有关数据。

在输入 SBIRTHDAY 的数据时，数据库默认的日期格式是 DD-MON-RR，为了将日期格式改为习惯的格式，需要在 SQL Developer 命令窗口中执行以下语句：

```
ALTER SESSION
    SET NLS_DATE_FORMAT = "YYYY - MM - DD";
```

> **提示：** 该语句只在当前会话中起作用，下次打开 SQL Developer 窗口，还需重新执行该语句。

输入完一行后，单击"提交"按钮，将数据保存到数据库中，如果保存成功，会在下面的"Data Editor-日志"窗口显示提交成功的信息，如果保存错误，会在该窗口显示错误信息。提交完毕，再单击"插入行"按钮，输入下一行，直至 student 表的6个记录输入和保存完毕，如图4.12所示。

> **注意：** 输入 student 表样本数据可以参看附录B。

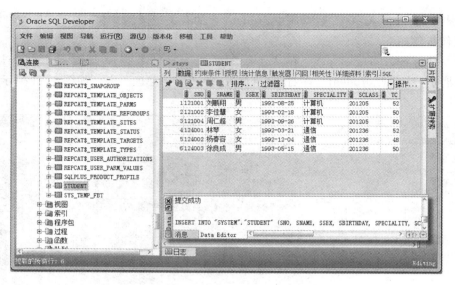

图 4.12　student 表的记录

【例 4.8】　修改 stsys 数据库中 student 表的有关记录。

操作步骤如下。

（1）启动 SQL Developer，在"连接"结点下打开数据库连接 sys_stsys，展开"表"结点，单击表 student，在右边窗口中选择"数据"选项卡。

（2）在 student 表中，找到要修改的行，这里对 5 行 tc 列进行修改，选择第 5 行 tc 列，将数据修改为 50，此时，在第 5 行的行号前出现一个 * 号，如图 4.13 所示，单击"提交"按钮，将修改后的数据保存到数据库中。

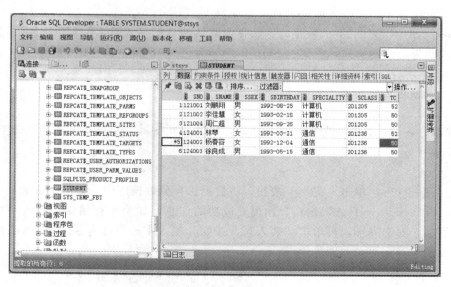

图 4.13　修改记录

【例 4.9】 删除 stsys 数据库中 student 表的第 6 条记录。

操作步骤如下。

（1）启动 SQL Developer，在"连接"结点下打开数据库连接 sys_stsys，展开"表"结点，单击表 student，在右边窗口中选择"数据"选项卡。

（2）在 student 表中，找到要删除的行，这里对第 6 行进行删除，选择第 6 行，单击"删除"按钮，此时，在第 6 行的行号前出现一个"－"号，如图 4.14 所示，删除后单击"提交"按钮保存。

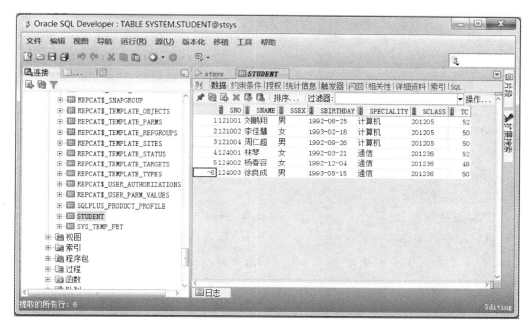

图 4.14　删除记录

注意：如果需要撤销之前对表中数据所做的操作，在单击"提交"按钮之前，可单击"撤销"按钮撤销所做的操作。

4.5 小 结

本章主要介绍了以下内容。

（1）表空间是存储数据文件的容器，由数据文件组成，数据库的所有系统数据和用户数据都必须存储在数据文件中。每一个数据库创建时，系统会默认为它创建一个 SYSTEM 表空间，一般情况下，用户数据应该存储在单独的表空间中，必须创建和使用自己的表空间。使用 OEM（企业管理器）图形界面创建表空间。

（2）表是数据库中存储数据的数据库对象，每个数据库包含了若干个表，表由行和列组成。每个表具有一定的结构，表结构包含一组固定的列，列由数据类型、长度和允许 Null 值等组成。

（3）Oracle 11g 常用的数据类型有数值型、字符型、日期型和其他数据类型等。

（4）使用 SQL Developer 图形界面创建表、修改表和删除表。

（5）使用 SQL Developer 图形界面操作表数据，进行数据的插入、删除和修改等操作。

习　题　4

一、选择题

1. 在商品表（goods）中，需要通过商品号（gid）字段唯一标识一条记录，应建立_____约束。

  A. 主键   B. 外键

  C. 唯一约束条件   D. 检查约束条件

2. 在商品表（goods）中，为使每件商品有唯一名称，在商品名称（gname）字段应建立_____约束。

  A. 主键   B. 外键

  C. 唯一约束条件   D. 检查约束条件

3. 在学生表（student）中某一条记录的总学分（tc）字段暂时不具有任何值，其中将保存_____。

  A. 空格   B. NULL

  C. 0   D. 不确定的值，由字段类型决定

4. 在成绩表（score）中的学号（sno）字段，在另一个学生表（student）中是主键，该字段应建立_____约束。

  A. 主键   B. 检查约束条件

  C. 唯一约束条件   D. 外键

二、填空题

1. _____是 Oracle 最大的逻辑存储结构。

2. 在安装 Oracle 系统时，一般会自动创建 6 个默认的表空间分别是_____、_____、_____、_____和_____。

3. 表空间的管理类型可以分为_____和_____。

4. 表空间的状态属性有_____、_____、_____和_____ 4 种状态。

三、应用题

1. 创建商品表（goods），表结构如下：

goods 表结构

列名	数据类型	允许 null 值	是否主键	说　明
gid	char（6）		√	商品号
gname	char（20）			商品名称
gclass	char（6）			商品类型代码
price	number			价格
stockqt	number			库存量
gnotarr	number	√		未到货商品数量

2. 在 student 表中，插入一列 id（身份证号，char（18）），然后删除该列。

3. 在 student 表中，进行插入记录、修改记录和删除记录的操作。

第5章　　　　PL/SQL 基础

本章要点

- SQL 和 PL/SQL
- 在 PL/SQL 中的数据定义语言
- 在 PL/SQL 中的数据操纵语言
- 在 PL/SQL 中的数据查询语言

本章介绍 PL/SQL 中的数据定义语言（DDL）、数据操纵语言（DML）和数据查询语言（DQL），由于数据库查询是数据库的核心操作，本章重点讨论使用 SELECT 查询语句对数据库进行各种查询的方法。

5.1　SQL 和 PL/SQL

SQL（Structured Query Language）语言是目前主流的关系型数据库上执行数据操作、数据检索以及数据库维护所需要的标准语言，是用户与数据库之间进行交流的接口，许多关系型数据库管理系统都支持 SQL 语言，但不同的数据库管理系统之间的 SQL 语言不能完全通用，Oracle 数据库使用的 SQL 语言是 Procedural Language/SQL（简称 PL/SQL）。

5.1.1　SQL 语言

SQL 语言是应用于数据库的结构化查询语言，是一种非过程性语言，本身不能脱离数据库而存在。一般高级语言存取数据库时要按照程序顺序处理许多动作，使用 SQL 语言只需简单的几行命令，由数据库系统来完成具体的内部操作。

1. SQL 语言分类

通常将 SQL 语言分为以下 4 类。

1）数据定义语言（Data Definition Language，DDL）

用于定义数据库对象，对数据库、数据库中的表、视图、索引等数据库对象进行建立和删除，DDL 包括 CREATE、ALTER 和 DROP 等语句。

2）数据操纵语言（Data Manipulation Language，DML）

用于对数据库中的数据进行插入、修改和删除等操作，DML 包括 INSERT、UPDATE 和 DELETE 等语句。

3）数据查询语言（Data Query Language，DQL）

用于对数据库中的数据进行查询操作，例如用 SELECT 语句进行查询操作。

4）数据控制语言（Data Control Language，DCL）

用于控制用户对数据库的操作权限，DCL 包括 GRANT、REVOKE 等语句。

2. SQL 语言的特点

SQL 语言具有高度非过程化、应用于数据库的语言、面向集合的操作方式、既是自含式语言又是嵌入式语言、综合统一、语言简洁和易学易用等特点。

（1）高度非过程化。

SQL 语言是非过程化语言，进行数据操作，只要提出"做什么"，而无须指明"怎么做"，因此无须说明具体处理过程和存取路径，处理过程和存取路径由系统自动完成。

（2）应用于数据库的语言。

SQL 语言本身不能独立于数据库而存在，它是应用于数据库和表的语言，使用 SQL 语言，应熟悉数据库中的表结构和样本数据。

（3）面向集合的操作方式。

SQL 语言采用集合操作方式，不仅操作对象、查找结果可以是记录的集合，而且一次插入、删除和更新操作的对象也可以是记录的集合。

（4）既是自含式语言、又是嵌入式语言。

SQL 语言作为自含式语言，它能够用于联机交互的使用方式，用户可以在终端键盘上直接输入 SQL 命令对数据库进行操作；作为嵌入式语言，SQL 语句能够嵌入到高级语言（例如 C、C++、Java）程序中，供程序员设计程序时使用。在两种不同的使用方式下，SQL 语言的语法结构基本上是一致的，提供了极大的灵活性与方便性。

（5）综合统一。

SQL 语言集数据查询（Data Query）、数据操纵（Data Manipulation）、数据定义（Data Definition）和数据控制（Data Control）功能于一体。

（6）语言简洁，易学易用。

SQL 语言接近英语口语，易于使用，功能很强，由于设计巧妙，语言简洁，完成核心功能只用了 9 个动词，如表 5.1 所示。

表 5.1 SQL 语言的动词

SQL 语言的分类	动　词
数据定义语言	CREATE，ALTER，DROP
数据操纵语言	INSERT，UPDATE，DELETE
数据查询语言	SELECT
数据控制语言	GRANT，REVOKE

5.1.2 PL/SQL 预备知识

本节介绍使用 PL/SQL 语言的预备知识：PL/SQL 的语法约定，在 SQL Developer 中执行 PL/SQL 语句。

1. PL/SQL 的语法约定

PL/SQL 的语法约定如表 5.2 所示，在 PL/SQL 不区分大写和小写。

表 5.2　PL/SQL 的基本语法约定

语 法 约 定	说　　明
大写	PL/SQL 关键字
|	分隔括号或大括号中的语法项，只能选择其中一项
[ ]	可选项。不要输入方括号
〈 〉	必选项。不要输入方括号
[，…n]	指示前面的项可以重复 n 次，各项由逗号分隔
[…n]	指示前面的项可以重复 n 次，各项由空格分隔
[;]	可选的 Transact-SQL 语句终止符。不要输入方括号
<label>	编写 PL/SQL 语句时设置的值
<label>（斜体，下画线）	语法块的名称。此约定用于对可在语句中的多个位置使用的过长语法段或语法单元进行分组和标记，可使用的语法块的每个位置由括在尖括号内的标签指示：<label>

2. 在 SQL Developer 中执行 PL/SQL 语句

在 SQL Developer 中执行 PL/SQL 语句的步骤如下。

（1）选择"开始"→"所有程序"→Oracle-OraDb 11g_home1→"应用程序开发"→SQL Developer 命令，启动 SQL Developer。

（2）在主界面中展开 system_stsys 连接，单击工具栏的 按钮，主界面弹出 SQL 工作表窗口，在窗口中输入或粘贴要运行的 PL/SQL 语句，这里输入

```
SELECT *
  FROM student;
```

（3）选中所有语句并单击工具栏的 按钮或直接单击 按钮，即执行语句，在"结果"窗口显示 PL/SQL 语句执行结果，如图 5.1 所示。

> **提示**：在 SQL 工作表窗口中执行 PL/SQL 语句命令的方法有：
> （1）选中所有语句后单击工具栏的 按钮（"执行语句"按钮）或按 F9 键；
> （2）直接单击 按钮（"运行脚本"按钮）或按 F5 键。

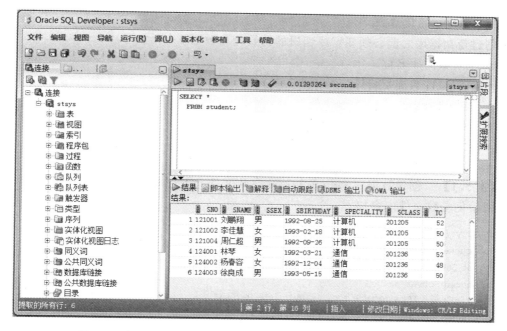

图 5.1　在 SQL Developer 的 SQL 工作表窗口中输入 PL/SQL 语句

5.2　在 PL/SQL 中的数据定义语言

本节介绍在 SQL * Plus 中使用 PL/SQL 语句创建数据库、表空间和表等内容。

5.2.1　数据库操作语句

使用 PL/SQL 中的 DDL 语言创建数据库的过程非常复杂,一般情况下应使用图形界面方式的数据库配置向导（DataBase Configuration Assistant,DBCA）创建数据库,不使用 PL/SQL 语句方式创建数据库。

1. 创建数据库

使用 PL/SQL 语句创建数据库步骤简介如下。

(1) 设定实例标识符。

建立数据库之前,必须先指定数据库实例的系统标识符,即 SID,在 SQL * Plus 中使用以下命令设定 SID:

```
SET ORACLE_SID = stdb
```

(2) 设定数据库管理员的验证方法。

创建 Oracle 数据库必须经过数据库的验证手续,且被赋予适当系统权限后才可以建立。可以使用密码文件或操作系统的验证方法,下面是密码文件验证方法。

```
orapwd file = D:\app\tao\oradata\DATABASE\PWDstdb.ora
Password = 123456 entries = 5
```

（3）创建初始化参数。

创建新数据库之前必须新增或编辑的初始化参数如下。

- 全局数据库名称。
- 控制文件名称与路径。
- 数据块大小。
- 影响 SGA 容量的初始化参数。
- 设定处理程序最大数目。
- 设定空间撤销（Undo）管理方法。

【例 5.1】　创建数据库 stdb 的初始化参数文件 initstdb. ora。

初始化参数文件内容如下：

```
# Copyright (c) 1991, 2001, 2002 by Oracle Corporation
job_queue_processes = 10
# Job Queues
# Shared Server
dispatchers = "(PROTOCOL = TCP) (SERVICE = stdbXDB)"
# Miscellaneous
compatible = 10. 2. 0. 1. 0
# Security and Auditing
remote_login_passwordfile = EXCLUSIVE
# Sort, Hash Joins, Bitmap Indexes
pga_aggregate_target = 25165824
sort_area_size = 65536
# Database Identification
db_domain = ""
db_name = stdb
# File Configuration
control_files = ("D:\oracle\oradata\stdb\control01.ctl", "D: oracle\\oradata\stdb\
control02. ctl",
"D:\ oracle\oradata\stdb\control03.ctl")
db_recovery_file_dest = D:\flash_recovery_area1
db_recovery_file_dest_size = 2147483648
# Pools
java_pool_size = 50331648
large_pool_size = 8388608
shared_pool_size = 83886080
# Cursors and Library Cache
open_cursors = 300
# System Managed Undo and Rollback Segments
undo_management = AUTO
undo_tablespace = UNDOTBS1
# Diagnostics and Statistics
background_dump_dest = D:\ oracle\admin\stdb\bdump
core_dump_dest = D:\ oracle\admin\stdb\cdump
```

```
user_dump_dest = D:\ oracle\admin\stdb\udump
# Processes and Sessions
processes = 150
# Cache and I/O
db_block_size = 8192
db_cache_size = 25165824
db_file_multiblock_read_count = 16
```

（4）启动 SQL ＊ Plus 并以 SYSDBA 连接到 Oracle 实例。

```
sqlplus /nolog
connect system/123456 as sysdba
```

（5）启动实例。

在没有装载数据库情况下启动实例，通常只有在数据库创建期间或在数据库上实施维护操作时才会这么做，使用带有 NOMOUNT 选项的 STARTUP 命令：

```
STARTUP NOMOUNT pfile = "D:\app\tao\stdb\pfile\initstdb.ora"
```

（6）创建初始化参数。

在 Oracle 中创建数据库，使用 CREATE DATABASE 语句，其语法格式如下。

语法格式：

```
CREATE DATABASE <数据库名>
    { USER SYS IDENTIFIED BY <密码>
        | USER SYSTEM IDENTIFIED BY <密码>
        | CONTROLFILE REUSE
        | MAXDATAFILES <最大数据文件数>
        | MAXINSTANCES <最大实例数>
        | {ARCHIVELOG | NO ARCHIVELOG}
        | CHARACTER SET <字符集>
        | NATIONAL CHARACTER SET <民族字符集>
        | SET DEFAULT
          { BIGFILE | SMALLFILE } TABLESPACE
        | [ LOGFILE [ GROUP <数字值> ] <文件选项>
        | MAXLOGFILES <数字值>
        | MAXLOGMEMBERS <数字值>
        | MAXLOGHISTORY <数字值>
        | FORCE LOGGING
        | DATAFILE <文件选项>
          [ AUTOEXTEND [ OFF | ON [ NEXT <数字值>[K|M | G | T ]
          MAXSIZE [ UNLIMITED | <数字值> [K|M | G | T ]]]]
        | DEFAULT TABLESPACE <表空间名> [DATAFILE <文件选项> ]
        | [ BIGFILE | SMALL] UNDO TABLESPACE <表空间名> [ DATAFILE <文件选项>]
        | SET TIME_ZONE = '<时区名>'
    } … ;
```

第5章

PL/SQL 基础

其中：

<文件选项>::=

    ('<文件路径>\<文件名>') [SIZE <数字值> [K|M | G | T] [REUSE]], … n]

【例 5.2】　使用 CREATE DATABASE 语句创建数据库 stdb。

```
CREATE DATABASE stdb
MAXINSTANCES 1
MAXDATAFILES 100
DATAFILE 'D:\app\tao\oradata\stdb\system01.dbf'
   SIZE 500M AUTOEXTEND ON NEXT 100M MAXSIZE UNLIMITED
UNDO TABLESPACE UNDOTBS DATAFILE
   'D:\app\tao\oradata\stdb\undotbs01.dbf'
   SIZE 150M REUSE AUTOEXTEND ON NEXT 50M MAXSIZE UNLIMITED
CHARACTER SET ZHS16GBK
NATIONAL CHARACTER SET AL16UTF16
LOGFILE 'D:\ app\tao\oradata\stdb\redo01.log' SIZE 100M,
        'D:\ app\tao\oradata\stdb\redo02.log' SIZE 100M,
        'D:\ app\tao\oradata\stdb\redo03.log' SIZE 100M
MAXLOGHISTORY 1
MAXLOGFILES 5
MAXLOGMEMBERS 5
```

2. 修改数据库

修改数据库使用 ALTER DATABASE 语句，其语法格式如下。

语法格式：

```
ALTER DATABASE <数据库名>
   [ARCHIVELOG | NOARCHIVELOG]
   [NO] FORCE LOGGING
   RENAME FILE '<文件名>'[, … n] TO '<新文件名>'[, … n ]
   CREATE DATAFILE '<数据文件名>'
     [ AS {'<新数据文件名>' [ SIZE <数字值> [K|M | G | T ]] [ REUSE ]][, … n]} | NEW ]
   DATAFILE '<文件名>' {ONLINE|OFFLINE [ FOR DROP]|RESIZE <数字值> [ K|M | G | T]
     | END BACKUP|AUTOEXTEND {OFF|ON [NEXT <数字值> [K | M]]
        [MAXSIZE UMLIMITED|<数字值> [K|M ]] ] }}
   ADD LOGFILE '<文件名>' [ SIZE <数字值> [K|M | G | T ]] [ REUSE ]][, … n]
   DROP LOGFILE '<文件名>'
   … ;
```

【例 5.3】　数据库的归档模式和数据文件。

使上面创建的数据库 stdb 切换到归档模式。

```
ALTER DATABASE stdb
   ARCHIVELOG;
```

创建新的数据文件以代替原来的数据文件。

```
ALTER DATABASE stdb
    CREATE DATAFILE 'users' AS 'D:\app\tao\oradata\stdb\users01.dbf'
        SIZE 50M REUSE AUTOEXTEND ON NEXT 20M MAXSIZE 500M;
```

【例 5.4】 使用 ALTER DATABASE 命令扩展 users01 数据文件。

```
ALTER DATABASE stdb
    DATAFILE 'D:\app\tao\oradata\stdb\users01.dbf' RESIZE 200M;
```

3. 删除数据库

删除数据库使用 DROP 语句。

语法格式：

```
DROP DATABASE database_name
```

其中，database_name 是要删除的数据库名称。

【例 5.5】 使用 PL/SQL 语句删除 stdb 数据库。

```
DROP DATABASE stdb
```

5.2.2 表空间操作语句

下面介绍在 SQL＊Plus 中使用 PL/SQL 中的 DDL 语言对表空间进行创建、管理和删除。

1. 创建表空间

创建表空间在 SQL＊Plus 中使用 CREATE TABLESPACE 语句，创建的用户必须拥有 CREATE TABLESPACE 系统权限，在创建之前必须创建包含表空间的数据库。

语法格式：

```
CREATE TABLESPACE <表空间名>
    DATAFILE '<文件路径>/<文件名>' [SIZE <文件大小> [ K|M ]] [ REUSE ]
        [ AUTOEXTEND [ OFF|ON [ NEXT <磁盘空间大小> [ K|M ]]
        [ MAXSIZE [ UMLIMITED|<最大磁盘空间大小> [ K|M ] ] ] ]
        [ MINMUM EXTENT <数字值>[ K | M ] ]
        [ DEFAULT <存储参数>]
        [ ONLINE|OFFLINE ]
        [ LOGGING|NOLOGGING ]
        [ PERMANENT|TEMPORARY ]
        [ EXTENT MANAGEMENT [ DICTIONARY|LOCAL [ AUTOALLOCATE|UNIFORM [ SIZE <数字值>[ K|M ] ] ] ] ]
```

【例 5.6】 创建表空间 testspace，大小为 40 MB，禁止自动扩展数据文件。

```
CREATE TABLESPACE testspace
    LOGGING
    DATAFILE 'D:\app\DELL\oradata\stsys\testspace01.DBF' SIZE 40M
    REUSE AUTOEXTEND OFF;
```

该语句运行结果如图 5.2 所示。

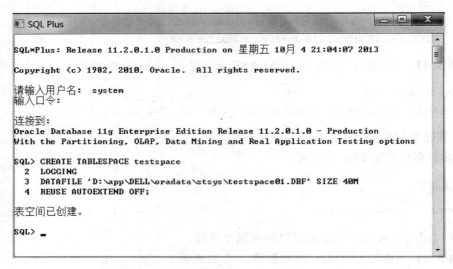

图 5.2　创建表空间 testspace

【**例 5.7**】　创建表空间 newspace，允许自动扩展数据文件。

```
CREATE TABLESPACE newspace
    LOGGING
    DATAFILE 'D:\app\DELL\oradata\stsys\ newspace01. DBF' SIZE 40M
    REUSE AUTOEXTEND ON NEXT 10M MAXSIZE 300M
    EXTENT MANAGEMENT LOCAL;
```

该语句运行结果如图 5.3 所示。

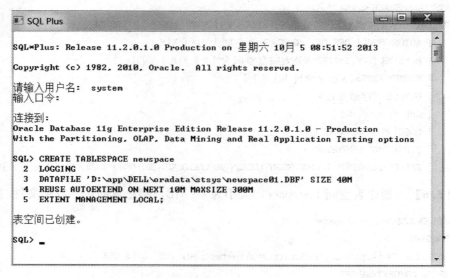

图 5.3　创建表空间 newspace

2. 管理表空间

在 SQL＊Plus 中使用 ALTER TABLESPACE 命令可以修改表空间或它的一个或多个数据文件，或为数据库中每一个数据文件指定各自的存储扩展参数值，其语法格式如下。

语法格式：

```
ALTER TABLESPACE <表空间名>
    [ ADD DATAFILE|TEMPFILE '<路径>/<文件名>' [ SIZE <文件大小> [ K|M ] ]
    [ REUSE ]
        [ AUTOEXTEND [ OFF|ON [ NEXT <磁盘空间大小> [ K|M ] ] ] ]
        [ MAXSIZE [ UNLIMITED|<最大磁盘空间大小> [ K|M ] ]
        [ RENAME DATAFILE '<路径>/<文件名>', …n TO '<路径>/<新文件名>'', …n ]
        [ DEFAULT STORAGE <存储参数>]
        [ ONLINE|OFFLINE [ NORMAL|TEMPORARY|IMMEDIATE ] ]
        [ LOGGING|NOLOGGING ]
        [ READ ONLY|WRITE ]
        [ PERMANENT ]
        [ TEMPORARY ]
```

【例 5.8】 通过 ALTER TABLESPACE 命令把一个新的数据文件添加到 newspace 表空间，并指定了 AUTOEXTEND ON 和 MAXSIZE 300M。

```
ALTER TABLESPACE newspace
    ADD DATAFILE 'D:\app\DELL\oradata\stsys\DATA02.DBF' SIZE 40M
        REUSE AUTOEXTEND ON NEXT 50M MAXSIZE 300M;
```

3. 删除表空间

在 SQL＊Plus 中使用 DROP TABLESPACE 语句删除已经创建的表空间，其语法格式如下。

语法格式：

```
DROP TABLESPACE <表空间名>
    [ INCLUDING CONTENTS [ {AND | KEEP} DATAFILES ]
        [ CASCADE CONSTRAINTS ]
    ];
```

【例 5.9】 删除表空间 newspace 和及其对应的数据文件。

```
DROP TABLESPACE newspace
    INCLUDING CONTENTS AND DATAFILES;
```

该语句运行结果如图 5.4 所示。

5.2.3 表操作语句

在 SQL Developer 中使用 PL/SQL 中的 DDL 语言对表进行创建、管理和删除介绍

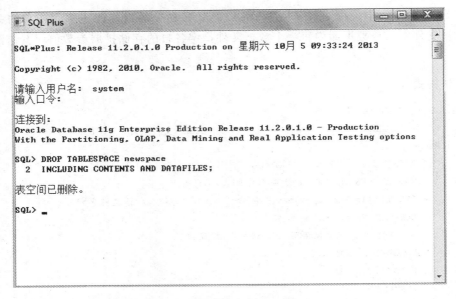

图 5.4　删除表空间 newspace

如下。

1. 创建表

使用 CREATE TABLE 语句创建表，其语法格式如下。

语法格式：

```
CREATE TABLE [<用户方案名>.] <表名>
(
        <列名 1> <数据类型> [DEFAULT <默认值>] [<列约束>]
        <列名 2> <数据类型> [DEFAULT <默认值>] [<列约束>]
        [, … n]
        <表约束>[, … n]
)
        [PCTFREE <数字值>]
        [PCTUSED <数字值> ]
        [INITRANS <数字值>]
        [MAXTRANS <最大并发事务数>]
        [TABLESPACE <表空间名>]
        [STORGE <参数>]
        [AS <子查询>]
```

【例 5.10】　使用 PL/SQL 语句，在 stsys 数据库中创建 student 表。

在 stsys 数据库中创建 student 表语句如下：

```
CREATE TABLE student
(
```

```
sno char(6) NOT NULL PRIMARY KEY,
sname char(8) NOT NULL,
ssex char(2) NOT NULL,
sbirthday date NOT NULL,
speciality char(12) NULL,
sclass char(6) NULL,
tc number NULL
);
```

启动 SQL Developer，在主界面中展开 system_stsys 连接，单击工具栏的 按钮，主界面弹出 SQL 工作表窗口，在窗口中输入上述语句，单击 按钮，在"结果"窗口显示"CREATE TABLE 成功"，如图 5.5 所示。

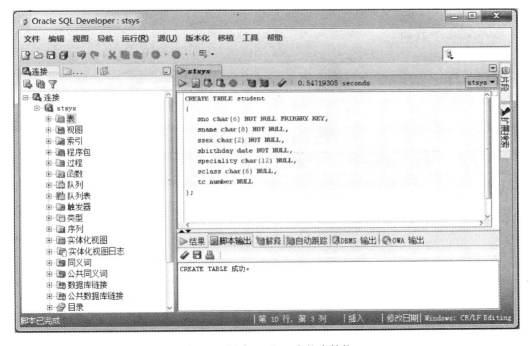

图 5.5　创建 student 表的表结构

提示： 由一条或多条 PL/SQL 语句组成一个程序，通常以 sql 为扩展名存储，称为 sql 脚本。SQL 工作表窗口内的 PL/SQL 语句，可用"文件"菜单"另存为"命令命名并存入指定目录。

【例 5.11】　在 stsys 数据库中创建 employee 表（员工表），employee 表结构如表 5.3 所示。

PL/SQL 基础

表 5.3　employee 表结构

列名	数据类型	允许 null 值	是否主键	说明
eid	char（4）			员工号
ename	char（8）			员工姓名
esex	char（2）			员工性别
address	Char（60）	√		员工地址

在 stsys 数据库中创建 employee 表语句如下：

```
CREATE TABLE employee
(
eid char(4) NOT NULL PRIMARY KEY,
ename char(8) NOT NULL,
esex char(2) NOT NULL,
address char(60) NULL
);
```

【例 5.12】　在 stsys 数据库中创建 goods 表（商品表），goods 表结构如表 5.4 所示。

表 5.4　goods 表结构

列名	数据类型	允许 null 值	是否主键	说　　明
gid	char（6）		√	商品号
gname	char（20）			商品名称
gclass	char（6）			商品类型代码
price	number			价格
stockqt	number			库存量
gnotarr	number	√		未到货商品数量

在 stsys 数据库中创建 goods 表语句如下：

```
CREATE TABLE goods
(
gid char(6) NOT NULL PRIMARY KEY,
gname char(20) NOT NULL,
gclass char(6) NOT NULL,
price number NOT NULL,
stockqt number NOT NULL,
gnotarr number NULL
);
```

2. 修改表

使用 ALTER TABLE 语句用来修改表的结构，其语法格式如下。

语法格式：

```
ALTER TABLE [<用户方案名>.] <表名>
    [ ADD(<新列名> <数据类型> [DEFAULT <默认值>][列约束],…n)] ]      /*增加新列*/
    [ MODIFY([ <列名> [<数据类型>] [DEFAULT <默认值>][列约束],…n)] ]  /*修改已有列的属性*/
    [ STORAGE <存储参数> ]                                        /*修改存储特征*/
    [<DROP 子句>]                                                /*删除列或约束条件*/
```

其中，<u><DROP 子句></u>用于从表中删除列或约束。

语法格式：

```
<DROP 子句>::=
DROP
{
    COLUMN <列名>
    |PRIMARY [KEY]
    |UNIQUE (<列名>,…n)
    |CONSTRAINT <约束名>
    |[ CASCADE ]
}
```

【例 5.13】　使用 ALTER TABLE 语句修改 stsys 数据库中的 student 表。

（1）在 student 表中增加一列 remarks（备注）。

```
ALTER TABLE student
    ADD remarks varchar(100);
```

（2）在 student 表中删除列 remarks。

```
ALTER TABLE student
    DROP COLUMN remarks;
```

3. 删除表

使用 DROP TABLE 语言删除表。

语法格式：

```
DROP TABLE table_name
```

其中，table_name 是要删除的表的名称。

【例 5.14】　删除 stsys 数据库中 newstudent 表（已创建）。

```
DROP TABLE newstudent;
```

5.3　在 PL/SQL 中的数据操纵语言

　　下面介绍在 SQL Developer 中，使用 PL/SQL 中的数据操纵语言 DML 对表进行插入记录、修改记录和删除记录。

5.3.1 插入语句

INSERT 语句用于向数据库的表插入一行，由 VALUES 给定该行各列的值，其语法格式如下。

语法格式：

```
INSERT INTO <表名>[(<列名 1>,<列名 2>, … n)]
    VALUES(<列值 1>,<列值 2>, … n)
```

其中，列值表必须与列名表一一对应，且数据类型相同。向表的所有列添加数据时，可以省略列名表，但列值表必须与列名表顺序和数据类型一致。

> **注意**：使用 PL/SQL 语言进行插入、修改和删除后，为将数据的改变保存到数据库中，应使用 COMMIT 命令进行提交，使用方法如下。
>
> ```
> COMMIT;
> ```
>
> 本书后面的 SQL 语句都省略 COMMIT 命令，运行时请读者添加。

【例 5.15】 向 employee 表插入一行：1001，刘松涛，男，1972-10-07，公司集体宿舍。

插入记录到 employee 表的语句如下：

```
INSERT INTO employee
    VALUES ('1001','刘松涛','男','公司集体宿舍');
```

由于插入的数据包含各列的值并按表中各列的顺序列出这些值，所以省略列名表。使用 SELECT 语句查询插入的数据：

```
SELECT *
    FROM employee;
```

查询结果：

```
EID    ENAME    ESEX      ADDRESS
------ -------- --------- ---------------
1001   刘松涛    男        公司集体宿舍
```

【例 5.16】 向 student 表插入表 4.1 各行数据。

向 student 表插入表 4.1 各行数据的语句如下：

```
INSERT INTO student VALUES('121001','刘鹏翔','男',TO_DATE('19920825','YYYYMMDD'),'计算机',
'201205',52);
INSERT INTO student VALUES('121002','李佳慧','女',TO_DATE('19930218','YYYYMMDD'),'计算机',
'201205',50);
INSERT INTO student VALUES('121004','周仁超','男',TO_DATE('19920926','YYYYMMDD'),'计算机',
'201205',50);
```

```
INSERT INTO student VALUES('124001','林琴','女',TO_DATE('19920321','YYYYMMDD'),'通信',
'201236',52);
INSERT INTO student VALUES('124002','杨春容','女',TO_DATE('19921204','YYYYMMDD'),'通信',
'201236',48);
INSERT INTO student VALUES('124003','徐良成','男',TO_DATE('19930515','YYYYMMDD'),'通信',
'201236',50);
```

使用 SELECT 语句查询插入的数据：

```
SELECT *
  FROM student;
```

查询结果：

```
SNO       SNAME    SSEX   SBIRTHDAY      SPECIALITY    SCLASS    TC
-------   ------   -----  -----------    ----------    --------- ----
121001    刘鹏翔    男     1992-08-25     计算机        201205    52
121002    李佳慧    女     1993-02-18     计算机        201205    50
121004    周仁超    男     1992-09-26     计算机        201205    50
124001    林琴      女     1992-03-21     通信          201236    52
124002    杨春容    女     1992-12-04     通信          201236    48
124003    徐良成    男     1993-05-15     通信          201236    50
```

【例 5.17】 goods 表（商品表）已有数据如表 5.5 所示，向 goods 表插入表 5.5 各行数据。

表 5.5 goods 表的数据

商品号	商品名称	商品类型代码	价格	库存量	未到货商品数量
1001	DELL Inspiron 14R	10	4899	20	8
1002	HP g6-2328tx	10	3900	12	5
1004	Lenovo Y410P-ISE	10	6899	10	0
2001	DELL Inspiron 660S	20	3699	12	6
2002	Lenovo Erazer T4	20	4550	8	4
3001	Canon 7010C	30	1650	10	4
3002	HP 1020plus	30	1100	5	3
4001	Canon iP100	40	1750	8	4
4002	EPSON R230	40	1450	7	2

向 goods 表插入数据的语句如下。

```
INSERT INTO goods VALUES('1001','DELL Inspiron 14R','10',4899,20,8);
INSERT INTO goods VALUES('1002','HP g6-2328tx','10',3900,12,5);
INSERT INTO goods VALUES('1004','Lenovo Y410P-ISE','10',6899,10,0);
INSERT INTO goods VALUES('2001','DELL Inspiron 660S','20',3699,12,6);
INSERT INTO goods VALUES('2002','Lenovo Erazer T4','20',4550,8,4);
INSERT INTO goods VALUES('3001','Canon 7010C','30',1650,10,4);
```

```
INSERT INTO goods VALUES('3002','HP 1020plus','30',1100,5,3);
INSERT INTO goods VALUES('4001','Canon iP100','40',1750,8,4);
INSERT INTO goods VALUES('4002','EPSON R230','40',1450,7,2);
```

查询结果：

GID	GNAME	GCLASS	PRICE	STOCKQT	GNOTARR
1001	DELL Inspiron 14R	10	4899	20	8
1002	HP g6 – 2328tx	10	3900	12	5
1004	Lenovo Y410P – ISE	10	6899	10	0
2001	DELL Inspiron 660S	20	3699	12	6
2002	Lenovo Erazer T4	20	4550	8	4
3001	Canon 7010C	30	1650	10	4
3002	HP 1020plus	30	1100	5	3
4001	Canon iP100	40	1750	8	4
4002	EPSON R230	40	1450	7	2

5.3.2 修改语句

UPDATE 语句用于修改表中指定记录的列值，它的基本语法格式如下。

语法格式：

```
UPDATE <表名>
    SET <列名> = {<新值>|<表达式>} [, … n]
    [WHERE <条件表达式>]
```

其中，在满足 WHERE 子句条件的行中，将 SET 子句指定的各列的列值设置为 SET 指定的新值，如果省略 WHERE 子句，则更新所有行的指定列值。

- -

　　注意：UPDATE 语句修改的是一行或多行中的列。

- -

【例 5.18】 在 employee 表中将刘松涛的员工号改为 1021，员工地址改为东大街 34 号。

```
UPDATE employee
    SET eid = '1021', address = '东大街 34 号'
    WHERE ename = '刘松涛';
```

【例 5.19】 在 student 表中，将所有学生的学分增加 2 分。

```
UPDATE student
    SET tc = tc + 2;
```

5.3.3 删除语句

1. DELETE 语句

DELETE 语句用于删除表中的一行或多行记录，它的基本语法格式如下。

语法格式：

```
DELETE FROM <表名>
    [WHERE <条件表达式>]
```

该语句的功能为从指定的表中删除满足 WHERE 子句条件行，若省略 WHERE 子句，则删除所有行。

- -
注意：DELETE 语句删除的是一行或多行。如果删除所有行，表结构仍然存在，即存在一个空表。
- -

【**例 5.20**】 在 employee 表中，删除员工号为 1021 的行。

```
DELETE FROM employee
    WHERE eid = '1021';
```

2. TRUNCATE TABLE 语句

当需要删除一个表里的全部记录，使用 TRUNCATE TABLE 语句，它可以释放表的存储空间，但此操作不可回退，其语法格式如下。

语法格式：

```
TRUNCATE TABLE <表名>
```

5.4 在 PL/SQL 中的数据查询语言

PL/SQL 语言中最重要的部分是它的查询功能，PL/SQL 的 SELECT 语句具有灵活的使用方式和强大的功能，能够实现选择、投影和连接等操作，SELECT 语句的基本语法格式如下。

语法格式：

```
SELECT <列>                              /* SELECT 子句,指定列 */
    FROM <表或视图>                        /* FROM 子句,指定表或视图 */
    [ WHERE <条件表达式> ]                 /* WHERE 子句,指定行 */
    [ GROUP BY <分组表达式> ]              /* GROUP BY 子句,指定分组表达式 */
    [ HAVING <分组条件表达式> ]            /* HAVING 子句,指定分组统计条件 */
    [ ORDER BY <排序表达式> [ ASC | DESC ]] /* ORDER BY 子句,指定排序表达式和顺序 */
```

5.4.1 投影查询

投影查询用于选择列，投影查询通过 SELECT 语句的 SELECT 子句来表示，SELECT 子句的语法格式如下。

语法格式：

```
SELECT [ ALL | DISTINCT ] <列名列表>
```

其中，<列名列表>指出了查询结果的形式，其格式为：

```
{ *                                    /*选择当前表或视图的所有列*/
  |<表名>|<视图>|. *                    /*选择指定的表或视图的所有列*/
  |{|<列名>|<表达式>}
      [[ AS ]<列别名>]                  /*选择指定的列,为列指定别名*/
  | <列标题> = <列名表达式>             /*选择指定的列并更改列标题,为列指定别名*/
}[,… n ]
```

1. 投影指定的列

使用 SELECT 语句可选择表中的一个列或多个列，如果是多个列，各列名中间要用逗号分开。

语法格式：

```
SELECT <列名 1 > [ , <列名 2 > [,… n] ]
    FROM <表名>
    [WHERE <条件表达式>]
```

该语句的功能为在 FROM 子句指定表中检索符合条件的列。

【例 5.21】　查询 student 表中所有学生的学号、姓名和班号。

```
SELECT sno, sname, sclass
    FROM student;
```

查询结果：

```
SNO      SNAME     SCLASS
-------- --------- -------

121001   刘鹏翔    201205

121002   李佳慧    201205

121004   周仁超    201205

124001   林琴      201236

124002   杨春容    201236

124003   徐良成    201236
```

2. 投影全部列

在 SELECT 子句指定列的位置上使用 * 号时，则为查询表中所有列。

【例 5.22】　查询 student 表中所有列。

```
SELECT *
    FROM student;
```

该语句与下面语句等价：

```
SELECT sno, sname, ssex, sbirthday, speciality, sclass, tc
    FROM student;
```

查询结果：

SNO	SNAME	SSEX	SBIRTHDAY	SPECIALITY	SCLASS	TC
121001	刘鹏翔	男	1992－08－25	计算机	201205	52
121002	李佳慧	女	1993－02－18	计算机	201205	50
121004	周仁超	男	1992－09－26	计算机	201205	50
124001	林琴	女	1992－03－21	通信	201236	52
124002	杨春容	女	1992－12－04	通信	201236	48
124003	徐良成	男	1993－05－15	通信	201236	50

3. 修改查询结果的列标题

为了改变查询结果中显示的列标题，可以在列名后使用 AS ＜列别名＞。

【例 5.23】 查询 student 表中所有学生的学生的 sno、sname 和 speciality，并将结果中各列的标题分别修改为学号、姓名和专业。

```
SELECT sno AS 学号, sname AS 姓名, speciality AS 专业
  FROM student;
```

查询结果：

学号	姓名	专业
121001	刘鹏翔	计算机
121002	李佳慧	计算机
121004	周仁超	计算机
124001	林琴	通信
124002	杨春容	通信
124003	徐良成	通信

4. 计算列值

使用 SELECT 子句对列进行查询时，可以对数字类型的列进行计算，可以使用加（＋）、减（－）、乘（＊）和除（/）等算术运算符，SELECT 子句可使用表达式，其语法格式如下。

语法格式：

```
SELECT <表达式> [ , <表达式> ]
```

【例 5.24】 列出 goods 表的商品号、商品名称和商品总值。

```
SELECT gid AS 商品号, gname AS 商品名称, price * stockqt AS 商品总值
  FROM goods;
```

查询结果：

商品号	商品名称	商品总值
1001	DELL Inspiron 14R	97980
1002	HP g6－2328tx	46800

1004	Lenovo Y410P - ISE	68990
2001	DELL Inspiron 660S	44388
2002	Lenovo Erazer T4	36400
3001	Canon 7010C	16500
3002	HP 1020plus	5500
4001	Canon iP100	14000
4002	EPSON R230	10150

【例 5.25】 列出 goods 表的商品名称、商品价格和打 9 折后的商品价格。

SELECT gname AS 商品名称, price AS 商品价格, price * 0.9 AS 商品 9 折价格
　　FROM goods;

查询结果:

商品名称	商品价格	商品 9 折价格
DELL Inspiron 14R	4899	4409.1
HP g6 - 2328tx	3900	3510
Lenovo Y410P - ISE	6899	6209.1
DELL Inspiron 660S	3699	3329.1
Lenovo Erazer T4	4550	4095
Canon 7010C	1650	1485
HP 1020plus	1100	990
Canon iP100	1750	1575
EPSON R230	1450	1305

5. 去掉重复行

去掉结果集中的重复行可使用 DISTINCT 关键字,其语法格式如下。

语法格式:

SELECT DISTINCT <列名> [, <列名>…]

【例 5.26】 查询 student 表中 sclass 列,消除结果中的重复行。

SELECT DISTINCT sclass
　　FROM student;

查询结果:

SCLASS

201236
201205

5.4.2 选择查询

投影查询用于选择行,选择查询通过 WHERE 子句实现,WHERE 子句通过条件表达式给出查询条件,该子句必须紧跟 FROM 子句之后。

语法格式：

WHERE <条件表达式>

其中，<u>＜条件表达式＞</u>为查询条件，格式为：

<条件表达式>::=
    { [NOT] <u>＜判定运算＞</u>| (＜条件表达式＞) }
    [{ AND | OR } [NOT] { <u>＜判定运算＞</u>| (＜条件表达式＞) }]
    [,…n]

其中，<u>＜判定运算＞</u>的结果为 TRUE、FALSE 或 UNKNOWN，其格式为：

<判定运算>::=
{   <表达式 1>{ = | < | <= | > | >= | <> | != }<表达式 2>   /＊比较运算＊/
   | 字符串表达式 1> [NOT] LIKE <字符串表达式 2> [ESCAPE '<转义字符>']
                                    /＊字符串模式匹配＊/
   | <表达式> [NOT] BETWEEN <表达式 1> AND <表达式 2>   /＊指定范围＊/
   | <表达式> IS [NOT] NULL   /＊是否空值判断＊/
   | <表达式> [NOT] IN (<子查询>| <表达式> [,…n])   /＊IN 子句＊/
   | EXIST (<子查询>)   /＊EXIST 子查询＊/
}

说明：

（1）判定运算包括比较运算、模式匹配、指定范围、空值判断和子查询等，判定运算的结果为 TRUE、FALSE 或 UNKNOWN。

（2）逻辑运算符包括 AND（与）、OR（或）、NOT（非），NOT、AND 和 OR 的使用是有优先级的，三者之中，NOT 优先级最高，AND 次之，OR 优先级最低。

（3）条件表达式可以使用多个判定运算通过逻辑运算符组成复杂的查询条件。

（4）字符串和日期必须用单引号括起来。

注意： 在 SQL 中，返回逻辑值的运算符或关键字都称为谓词。

---

1. 表达式比较

比较运算符用于比较两个表达式值，共有 7 个运算符：＝（等于）、＜（小于）、
＜＝（小于等于）、＞（大于）、＞＝（大于等于）、＜＞（不等于）和!＝（不等于）。

语法格式：

<表达式 1> { = | < | <= | > | >= | <> | != }<表达式 2>

【例 5.27】 查询 student 表中班号为 201205 或性别为女的学生。

```
SELECT *
  FROM student
  WHERE sclass = '201205' or ssex = '女';
```

查询结果:

SNO	SNAME	SSEX	SBIRTHDAY	SPECIALITY	SCLASS	TC
121001	刘鹏翔	男	1992-08-25	计算机	201205	52
121002	李佳慧	女	1993-02-18	计算机	201205	50
121004	周仁超	男	1992-09-26	计算机	201205	50
124001	林琴	女	1992-03-21	通信	201236	52
124002	杨春容	女	1992-12-04	通信	201236	48

【例 5.28】 查询 goods 表中价格为 3000 元以上的商品。

```
SELECT *
  FROM goods
  WHERE price>3000;
```

查询结果:

GID	GNAME	GCLASS	PRICE	STOCKQT	GNOTARR
1001	DELL Inspiron 14R	10	4899	20	8
1002	HP g6-2328tx	10	3900	12	5
1004	Lenovo Y410P-ISE	10	6899	10	0
2001	DELL Inspiron 660S	20	3699	12	6
2002	Lenovo Erazer T4	20	4550	8	4

2. 指定范围

BETWEEN、NOT BETWEEN 和 IN 是用于指定范围的 3 个关键字,用于查找字段值在(或不在)指定范围的行。

当要查询的条件是某个值的范围时,可以使用 BETWEEN 关键字。BETWEEN 关键字指出查询范围。

语法格式:

<表达式> [NOT] BETWEEN <表达式 1> AND <表达式 2>

【例 5.29】 查询 score 表成绩为 86、92 和 95 的记录。

```
SELECT *
  FROM score
  WHERE grade in (86,92,95);
```

查询结果:

SNO	CNO	GRADE
121001	1004	92
124001	8001	95
124003	8001	86

```
124001    1201          92
124003    1201          86
```

【例 5.30】   查询 goods 表中价格在 1500 元到 4000 元之间的商品。

```
SELECT *
  FROM goods
  WHERE price BETWEEN 1500 AND 4000;
```

查询结果：

GID	GNAME	GCLASS	PRICE	STOCKQT	GNOTARR
1002	HP g6 − 2328tx	10	3900	12	5
2001	DELL Inspiron 660S	20	3699	12	6
3001	Canon 7010C	30	1650	10	4
4001	Canon iP100	40	1750	8	4

【例 5.31】   查询 student 表中不在 1992 年出生的学生情况。

```
SELECT *
  FROM student
  WHERE sbirthday NOT BETWEEN TO_DATE('19920101','YYYYMMDD') AND
    TO_DATE('19921231','YYYYMMDD');
```

查询结果：

SNO	SNAME	SSEX	SBIRTHDAY	SPECIALITY	SCLASS	TC
121002	李佳慧	女	1993 − 02 − 18	计算机	201205	50
124003	徐良成	男	1993 − 05 − 15	通信	201236	50

3. 模式匹配

模式匹配使用 LIKE 谓词，LIKE 谓词用于指出一个字符串是否与指定的字符串相匹配，其运算对象可以是 char、varchar2 和 date 类型的数据，返回逻辑值 TRUE 或 FALSE。

语法格式：

<字符串表达式 1> [NOT] LIKE <字符串表达式 2> [ESCAPE '<转义字符>']

在使用 LIKE 谓词时，<字符串表达式 2>可以含有通配符，通配符有以下两种。

％：代表 0 或多个字符。

_：代表一个字符。

LIKE 匹配中使用通配符的查询也称模糊查询。

【例 5.32】   查询 student 表中姓林的学生情况。

```
SELECT *
  FROM student
```

```
WHERE sname LIKE '林%';
```

查询结果：

```
SNO      SNAME    SSEX    SBIRTHDAY            SPECIALITY      SCLASS      TC
-------  -------  ------  -------------------  --------------  ----------  -----
124001   林琴     女      1992 - 03 - 21       通信            201236      52
```

【例 5.33】 查询 goods 表中商品名称含有 Inspiron 的商品。

```
SELECT *
  FROM goods
  WHERE gname LIKE '%Inspiron%';
```

查询结果：

```
GID     GNAME               GCLASS    PRICE       STOCKQT      GNOTARR
-----   -----------------   --------  ----------  -----------  ----------
1001    DELL Inspiron 14R   10        4899        20           8
2001    DELL Inspiron 660S  20        3699        12           6
```

4. 空值判断

判定一个表达式的值是否为空值时，使用 IS NULL 关键字。

语法格式：

<表达式> IS [NOT] NULL

【例 5.34】 查询已选课但未参加考试的学生情况。

```
SELECT *
  FROM score
  WHERE grade IS null;
```

查询结果：

```
SNO      CNO     GRADE
-----------------------
124002   1201
```

5.4.3 分组查询和统计计算

查询数据常常需要进行统计计算，本节介绍使用聚合函数、GROUP BY 子句和 HAVING 子句进行统计计算的方法。

1. 聚合函数

聚合函数实现数据的统计计算，用于计算表中的数据，返回单个计算结果。聚合函数包括 COUNT、SUM、AVG、MAX 和 MIN 等函数，下面分别介绍。

1) COUNT 函数

COUNT 函数用于计算组中满足条件的行数或总行数。

语法格式：

COUNT（ { [ALL | DISTINCT] <表达式> } | * ）

其中，ALL 表示对所有值进行计算，ALL 为默认值，DISTINCT 指去掉重复值，COUNT 函数用于计算时忽略 NULL 值。

【例 5.35】 求学生的总人数。

```
SELECT COUNT( * ) AS 总人数
  FROM student;
```

该语句采用 COUNT （*）计算总行数，总人数与总行数一致。

查询结果：

```
总人数
-------
    6
```

【例 5.36】 查询 201236 班学生的总人数。

```
SELECT COUNT( * ) AS 总人数
  FROM student
  WHERE sclass = '201236';
```

该语句采用 COUNT （*）计算总人数，并用 WHERE 子句指定的条件进行限定为 201236。

查询结果：

```
总人数
-------
    3
```

2）SUM 和 AVG 函数

SUM 函数用于求出一组数据的总和，AVG 函数用于求出一组数据的平均值，这两个函数只能针对数值类型的数据。

语法格式：

SUM / AVG（ [ALL | DISTINCT] <表达式> ）

其中，ALL 表示对所有值进行计算，ALL 为默认值，DISTINCT 指去掉重复值，SUM / AVG 函数用于计算时忽略 NULL 值。

【例 5.37】 查询 goods 表库存量的总和。

```
SELECT SUM(stockqt) AS 库存量总和
  FROM goods;
```

该语句采用 COUNT （*）计算总人数，并用 WHERE 子句指定的条件限定为计算机专业。

查询结果：

库存量总和

          92

【例 5.38】　查询 1004 课程的平均分。

```
SELECT AVG (grade) AS 课程 1004 平均分
  FROM score
  WHERE cno = '1004';
```

该语句采用 COUNT （*）计算总人数，并用 WHERE 子句指定的条件限定为计算机专业。

查询结果：

课程 1004 平均分

86.33333333333333333333333333333333333333

3）MAX 和 MIN 函数

MAX 函数用于求出一组数据的最大值，MIN 函数用于求出一组数据的最小值，这两个函数都可以适用于任意类型数据。

语法格式：

```
MAX / MIN ( [ ALL | DISTINCT ] <表达式> )
```

其中，ALL 表示对所有值进行计算，ALL 为默认值，DISTINCT 指去掉重复值，MAX／MIN 函数用于计算时忽略 NULL 值。

【例 5.39】　查询 8001 课程的最高分、最低分和平均成绩。

```
SELECT MAX(grade) AS 课程 8001 最高分, MIN(grade) AS 课程 8001 最低分, AVG(grade) AS 课程
8001 平均成绩
  FROM score
  WHERE cno = '8001';
```

该语句采用 MAX 求最高分、MIN 求最低分和 AVG 求平均成绩。

查询结果：

课程 8001 最高分　课程 8001 最低分　课程 8001 平均成绩
----------------- ----------------- ---
             95   73   86.16666666666666666666666666666666666667

2. GROUP BY 子句

GROUP BY 子句用于指定需要分组的列。

语法格式:

GROUP BY [ALL] <分组表达式> [, … n]

其中,分组表达式通常包含字段名,ALL 显示所有分组。

> **注意:** 如果 SELECT 子句的列名表包含聚合函数,则该列名表只能包含聚合函数指定的列名和 GROUP BY 子句指定的列名。聚合函数常与 GROUP BY 子句一起使用。

【例 5.40】 查询各个班级的人数。

```
SELECT sclass AS 班级, COUNT( * ) AS 人数
  FROM student
  GROUP BY sclass;
```

该语句采用 MAX、MIN 和 AVG 等聚合函数,并用 GROUP BY 子句对 cno(课程号)进行分组。

查询结果:

```
班级      人数
-------- ------
201236     3
201205     3
```

【例 5.41】 查询各类商品的库存量。

```
SELECT gclass AS 商品类型代码, SUM(stockqt) AS 库存量
  FROM goods
  GROUP BY gclass;
```

该语句采用 MAX、MIN 和 AVG 等聚合函数,并用 GROUP BY 子句对 cno(课程号)进行分组。

查询结果:

```
商品类型代码      库存量
--------------- ---------
20                20
30                15
10                42
40                15
```

【例 5.42】 查询各门课程的最高分、最低分和平均成绩。

```
SELECT cno AS 课程号, MAX(grade)AS 最高分, MIN (grade)AS 最低分, AVG(grade)AS 平均成绩
  FROM score
  WHERE NOT grade IS null
```

```
    GROUP BY cno;
```

该语句采用 MAX、MIN 和 AVG 等聚合函数，并用 GROUP BY 子句对 cno（课程号）进行分组。

查询结果：

课程号	最高分	最低分	平均成绩
8001	95	73	86.166666666666666666666666666666666667
4002	94	74	85
1201	93	76	86.8
1004	92	82	86.333333333333333333333333333333333333

【例 5.43】 求选修各门课程的平均成绩和选修人数。

```
SELECT cno AS 课程号, AVG(grade) AS 平均成绩, COUNT( * ) AS 选修人数
    FROM score
    GROUP BY cno;
```

该语句采用 AVG、COUNT 等聚合函数，并用 GROUP BY 子句对 cno（课程号）进行分组。

查询结果：

课程号	平均成绩	选修人数
8001	86.166666666666666666666666666666666667	6
4002	85	3
1201	86.8	6
1004	86.333333333333333333333333333333333333	3

3. HAVING 子句

HAVING 子句用于对分组按指定条件进一步进行筛选，过滤出满足指定条件的分组。

语法格式：

```
[ HAVING <条件表达式> ]
```

其中，条件表达式为筛选条件，可以使用聚合函数。

注意： HAVING 子句可以使用聚合函数，WHERE 子句不可以使用聚合函数。

当 WHERE 子句、GROUP BY 子句、HAVING 子句和 ORDER BY 子句在一个 SELECT 语句中时，执行顺序如下。

（1）执行 WHERE 子句，在表中选择行。

（2）执行 GROUP BY 子句，对选取行进行分组。

（3）执行聚合函数。

（4）执行 HAVING 子句，筛选满足条件的分组。

（5）执行 ORDER BY 子句，进行排序。

注意：HAVING 子句要放在 GROUP BY 子句的后面，ORDER BY 子句放在 HAVING 子句后面。

【例 5.44】　查询平均成绩在 90 分以上的学生的学号和平均成绩。

```
SELECT sno AS 学号, AVG(grade) AS 平均成绩
    FROM score
    GROUP BY sno
    HAVING AVG(grade)＞90;
```

该语句采用 COUNT 聚合函数、WHERE 子句、GROUP BY 子句和 HAVING 子句。

查询结果：

```
学号      平均成绩
------- -----------------------------------------
121001                                        93
124001   93.6666666666666666666666666666666666667
```

【例 5.45】　查询选修课程 3 门以上且成绩在 85 分以上的学生的情况。

```
SELECT sno AS 学号, COUNT(cno) AS 选修课程数
    FROM score
    WHERE grade＞ = 85
    GROUP BY sno
    HAVING COUNT( ＊ )＞ = 3;
```

该语句采用 COUNT 聚合函数、WHERE 子句、GROUP BY 子句和 HAVING 子句。

查询结果：

```
学号      选修课程数
-------- --------------
121001         3
121002         3
124001         3
124003         3
```

【例 5.46】　查询至少有 5 名学生选修且以 8 开头的课程号和平均分数。

```
SELECT cno AS 课程号, AVG (grade) AS 平均分数
    FROM score
    WHERE cno LIKE '8 ％ '
```

```
GROUP BY cno
HAVING COUNT( * )>5;
```

该语句采用 AVG 聚合函数、WHERE 子句、GROUP BY 子句和 HAVING 子句。

查询结果:

```
课程号     平均分数
-------- --------------------------------------------------
8001     86.16666666666666666666666666666666666667
```

5.4.4 排序查询

在 Oracle 中，ORDER BY 子句用于对查询结果进行排序。

语法格式:

```
ORDER BY { <排序表达式> [ ASC | DESC ] } [ ,…n ]
```

其中，排序表达式，可以是列名、表达式或一个正整数，ASC 表示升序排列，它是系统默认排序方式，DESC 表示降序排列。

提示: 排序操作可对数值、日期和字符 3 种数据类型使用，ORDER BY 子句只能出现在整个 SELECT 语句的最后。

【例 5.47】 将商品类型代码为 10 的商品按价格排序。

```
SELECT *
  FROM goods
  WHERE gclass = '10'
  ORDER BY price;
```

该语句采用 ORDER BY 子句进行排序。

查询结果:

```
GID    GNAME              GCLASS    PRICE    STOCKQT    GNOTARR
----   ---------------    ------    -----    -------    -------
1002   HP g6 - 2328tx       10      3900       12          5
1001   DELL Inspiron 14R    10      4899       20          8
1004   Lenovo Y410P - ISE   10      6899       10          0
```

【例 5.48】 将 201236 班级的学生按出生时间降序排序。

```
SELECT *
  FROM student
  WHERE sclass = '201236'
  ORDER BY sbirthday DESC;
```

该语句采用 ORDER BY 子句进行排序。

查询结果：

SNO	SNAME	SSEX	SBIRTHDAY	SPECIALITY	SCLASS	TC
124003	徐良成	男	1993 – 05 – 15	通信	201236	50
124002	杨春容	女	1992 – 12 – 04	通信	201236	48
124001	林琴	女	1992 – 03 – 21	通信	201236	52

5.5　综　合　训　练

1. 训练要求

本章介绍 PL/SQL 中数据定义语言（DDL）、数据操纵语言（DML）和数据查询语言（DQL），并重点讨论了 SELECT 查询语句对数据库进行各种查询的方法，下面结合 stsys 学生成绩数据库进行数据查询的综合训练。

（1）查询 student 表中计算机专业学生的情况。

（2）查询 score 表中学号为 124003，课程号为 4002 的学生成绩。

（3）查找学号为 121002 学生所有课程的平均成绩。

2. PL/SQL 语句编写

根据题目要求，进行语句编写。

（1）编写 PL/SQL 语句如下。

```
SELECT *
  FROM student
  WHERE speciality = '计算机';
```

查询结果：

SNO	SNAME	SSEX	SBIRTHDAY	SPECIALITY	SCLASS	TC
121001	刘鹏翔	男	1992 – 08 – 25	计算机	201205	52
121002	李佳慧	女	1993 – 02 – 18	计算机	201205	50
121004	周仁超	男	1992 – 09 – 26	计算机	201205	50

（2）编写 PL/SQL 语句如下。

```
SELECT *
  FROM score
  WHERE sno = '124003' and cno = '4002';
```

查询结果：

SNO	CNO	GRADE
124003	4002	87

PL/SQL 基础

（3）编写 PL/SQL 语句如下。

```
SELECT sno AS 学号, avg(grade) AS 平均成绩
   FROM score
   WHERE sno = '121002'
   GROUP BY sno;
```

该语句采用聚合函数和 GROUP 子句进行查询。

查询结果：

```
学号      平均成绩
------- ------------------------------------------------
121002  86.6666666666666666666666666666666666666667
```

5.6　小　结

本章主要介绍了以下内容。

（1）SQL（Structured Query Language）语言是目前主流的关系型数据库上执行数据操作、数据检索以及数据库维护所需要的标准语言，是用户与数据库之间进行交流的接口，许多关系型数据库管理系统都支持 SQL 语言，但不同的数据库管理系统之间的 SQL 语言不能完全通用，Oracle 数据库使用的 SQL 语言是 Procedural Language/SQL（简称 PL/SQL）。

（2）通常将 SQL 语言分为以下 4 类：数据定义语言（Data Definition Language，DDL）、数据操纵语言（Data Manipulation Language，DML）、数据查询语言（Data Query Language，DQL）和数据控制语言（Data Control Language，DCL）。

SQL 语言具有高度非过程化、应用于数据库的语言、面向集合的操作方式、既是自含式语言又是嵌入式语言、综合统一、语言简洁和易学易用等特点。

（3）在 PL/SQL 中的数据定义语言 DDL。

在 DDL 中的数据库操作语句，创建数据库使用 CREATE DATABASE 语句，修改数据库使用 ALTER DATABASE 语句，删除数据库使用 DROP DATABASE 语句。

在 DDL 中的表空间操作语句，创建表空间使用 CREATE TABLESPACE 语句，修改表空间使用 ALTER TABLESPACE 语句，删除表空间使用 DROP TABLESPACE 语句。

在 DDL 中的表操作语句，创建表使用 CREATE TABLE 语句，修改表使用 ALTER TABLE 语句，删除表使用 DROP TABLE 语句。

（4）在 PL/SQL 中的数据操纵语言 DML。

在表中插入记录使用 INSERT 语句，在表中修改记录或列使用 UPDATE 语句，在表中删除记录使用 DELETE 语句。

（5）在 PL/SQL 中的数据查询语言 DQL。

DQL 是 PL/SQL 语言的核心，DQL 使用 SELECT 语句，它包含 SELECT 子句、FROM 子句、WHERE 子句、GROUP BY 子句、HAVING 子句和 ORDER BY 子句等。

习 题 5

一、选择题

1. 以下语句执行出错的原因是_____。

SELECT sno AS 学号，AVG(grade) AS 平均分 FROM score GROUP BY 学号;

    A. 不能对 grade（学分）计算平均值

    B. 不能在 GROUP BY 子句中使用别名

    C. GROUP BY 子句必须有分组内容

    D. score 表没有 sno 列

2. 统计表中记录数，使用_____聚合函数。

    A. SUM   B. AVG   C. COUNT   D. MAX

3. 在 SELECT 语句中使用关键字_____去掉结果集中的重复行。

    A. ALL   B. MERGE   C. UPDATE   D. DISTINCT

4. 查询 course 表的记录数，使用语句_____。

    A. SELECT COUNT（cno）FROM course

    B. SELECT COUNT（tno）FROM course

    C. SELECT MAX（credit）FROM course

    D. SELECT AVG（credit）FROM course

二、填空题

1. 在 DDL 语句中，_____语句可以创建表、_____语句可以修改表、_____语句可以删除表。

2. 在 DML 语句中，_____语句可以在表中插入记录、_____语句可以在表中修改记录、_____语句可以在表中删除记录。

3. SELECT 语句有_____、_____、_____、_____、_____和_____6 个子句。

4. WHERE 子句可以接收_____子句输出的数据，HAVING 子句可以接收_____子句、_____子句或_____子句输出的数据。

三、应用题

1. 查询 score 表中学号为 121004，课程号为 1201 的学生成绩。

2. 列出 goods 表的商品名称、商品价格和打 7 折后的商品价格。

3. 查询 student 表中姓周的学生情况。

4. 查询通信专业的最高学分的学生的情况。

5. 查询 1004 课程的最高分、最低分和平均成绩。

6. 查询至少有 3 名学生选修且以 4 开头的课程号和平均分数。

7. 将计算机专业的学生按出生时间升序排列。

8. 查询各门课程最高分的课程号和分数，并按分数降序排列。

第6章　PL/SQL 高级查询

本章要点

- 连接查询
- 集合查询
- 子查询

在上一章中，介绍了 PL/SQL 查询语言基础，查询是从一个表中进行的单表查询，本章介绍 PL/SQL 高级查询，包括涉及多个表的连接查询、集合查询以及子查询等内容。

6.1　连　接　查　询

在关系数据库管理系统中，经常把一个实体的信息存储在一个表里，当查询相关数据时，通过连接运算就可以查询存储在多个表中不同实体的信息，把多个表按照一定的关系连接起来，在用户看来好像是查询一个表一样。连接是关系数据库模型的主要特征，也是区别于其他类型数据库管理系统的一个标志。

在 PL/SQL 中，连接查询有两大类表示形式：一类是使用连接谓词指定的连接，另一类是使用 JOIN 关键字指定的连接。

6.1.1　使用连接谓词指定的连接

在连接谓词表示形式中，连接条件由比较运算符在 WHERE 子句中给出，将这种表示形式称为连接谓词表示形式，连接谓词又称为连接条件。

语法格式：

[<表名 1. >] <列名 1> <比较运算符> [<表名 2. >] <列名 2>

说明：在连接谓词表示形式中，FROM 子句指定需要连接的多个表的表名，WHERE 子句指定连接条件，比较运算符有<、<=、=、>、>=、!=、<>、!<和!>。

由于连接多个表存在公共列，为了区分是哪个表中的列，引入表名前缀指定连接

列。例如，student. sno 表示 student 表的 sno 列，score. sno 表示 score 表的 sno 列。为了简化输入，SQL 允许在查询中使用表的别名，可在 FROM 子句中为表定义别名，然后在查询中引用。

经常用到的连接有等值连接、自然连接和自连接等，下面分别介绍。

1. 等值连接

表之间通过比较运算符"＝"连接起来，称为等值连接，举例如下。

【例 6.1】 查询学生的情况和选修课程的情况。

```
SELECT student. * , score. *
  FROM student, score
  WHERE student. sno = score. sno;
```

该语句采用等值连接。

查询结果：

SNO	SNAME	SSEX	SBIRTHDAY	SPECIALITY	SCLASS	TC	SNO	CNO	GRADE
121001	刘鹏翔	男	1992 - 08 - 25	计算机	201205	52	121001	1004	92
121002	李佳慧	女	1993 - 02 - 18	计算机	201205	50	121002	1004	85
121004	周仁超	男	1992 - 09 - 26	计算机	201205	50	121004	1004	82
124001	林琴	女	1992 - 03 - 21	通信	201236	52	124001	4002	94
124002	杨春容	女	1992 - 12 - 04	通信	201236	48	124002	4002	74
124003	徐良成	男	1993 - 05 - 15	通信	201236	50	124003	4002	87
121001	刘鹏翔	男	1992 - 08 - 25	计算机	201205	52	121001	8001	94
121002	李佳慧	女	1993 - 02 - 18	计算机	201205	50	121002	8001	88
121004	周仁超	男	1992 - 09 - 26	计算机	201205	50	121004	8001	81
124001	林琴	女	1992 - 03 - 21	通信	201236	52	124001	8001	95
124002	杨春容	女	1992 - 12 - 04	通信	201236	48	124002	8001	73
124003	徐良成	男	1993 - 05 - 15	通信	201236	50	124003	8001	86
121001	刘鹏翔	男	1992 - 08 - 25	计算机	201205	52	121001	1201	93
121002	李佳慧	女	1993 - 02 - 18	计算机	201205	50	121002	1201	87
121004	周仁超	男	1992 - 09 - 26	计算机	201205	50	121004	1201	76
124001	林琴	女	1992 - 03 - 21	通信	201236	52	124001	1201	92
124002	杨春容	女	1992 - 12 - 04	通信	201236	48	124002	1201	
124003	徐良成	男	1993 - 05 - 15	通信	201236	50	124003	1201	86

2. 自然连接

如果在目标列中去除相同的字段名，称为自然连接，以下例题为自然连接。

【例 6.2】 对上例进行自然连接查询。

```
SELECT student. * , score. cno, score. grade
  FROM student, score
  WHERE student. sno = score. sno;
```

该语句采用自然连接。

查询结果：

SNO	SNAME	SSEX	SBIRTHDAY	SPECIALITY	SCLASS	TC	CNO	GRADE
121001	刘鹏翔	男	1992-08-25	计算机	201205	52	1004	92
121002	李佳慧	女	1993-02-18	计算机	201205	50	1004	85
121004	周仁超	男	1992-09-26	计算机	201205	50	1004	82
124001	林琴	女	1992-03-21	通信	201236	52	4002	94
124002	杨春容	女	1992-12-04	通信	201236	48	4002	74
124003	徐良成	男	1993-05-15	通信	201236	50	4002	87
121001	刘鹏翔	男	1992-08-25	计算机	201205	52	8001	94
121002	李佳慧	女	1993-02-18	计算机	201205	50	8001	88
121004	周仁超	男	1992-09-26	计算机	201205	50	8001	81
124001	林琴	女	1992-03-21	通信	201236	52	8001	95
124002	杨春容	女	1992-12-04	通信	201236	48	8001	73
124003	徐良成	男	1993-05-15	通信	201236	50	8001	86
121001	刘鹏翔	男	1992-08-25	计算机	201205	52	1201	93
121002	李佳慧	女	1993-02-18	计算机	201205	50	1201	87
121004	周仁超	男	1992-09-26	计算机	201205	50	1201	76
124001	林琴	女	1992-03-21	通信	201236	52	1201	92
124002	杨春容	女	1992-12-04	通信	201236	48	1201	
124003	徐良成	男	1993-05-15	通信	201236	50	1201	86

【例 6.3】 查询选修了"数字电路"且成绩在 80 分以上的学生姓名。

```
SELECT a. sno, a. sname, b. cname, c. grade
   FROM student a, course b, score c
   WHERE a. sno = c. sno AND b. cno = c. cno AND b. cname = '数字电路' AND c. grade >= 80;
```

该语句实现了多表连接，并采用别名以缩写表名。

查询结果：

SNO	SNAME	CNAME	GRADE
124001	林琴	数字电路	94
124003	徐良成	数字电路	87

注意：连接谓词可用于多个表的连接，本例用于 3 个表的连接，其中为 student 表指定的别名是 a，为 course 表指定的别名是 b，为 score 表指定的别名是 c。

3. 自连接

将同一个表进行连接，称为自连接，举例如下。

【例 6.4】 查询选修了 "1201" 课程的成绩高于学号为 "121002" 的成绩的学生姓名。

```
SELECT a. cno, a. sno, a. grade
    FROM score a, score b
    WHERE a. cno = '1201' AND a. grade > b. grade AND b. sno = '121002' AND b. cno = '1201'
    ORDER BY a. grade DESC;
```

该语句实现了自连接，使用自连接需要为一个表指定两个别名。

查询结果：

```
CNO     SNO       GRADE
-----　----------　------
1201    121001     93
1201    124001     92
```

6.1.2　使用 JOIN 关键字指定的连接

除了连接谓词表示形式外，PL/SQL 扩展了以 JOIN 关键字指定连接的表示方式，增强了表的连接运算能力。

语法格式：

```
<表名> <连接类型> <表名> ON <条件表达式>
| <表名> CROSS JOIN <表名>
| <连接表>
```

其中，＜连接类型＞的格式为：

```
<连接类型>::=
        [ INNER | { LEFT | RIGHT | FULL } [ OUTER ] CROSS JOIN]
```

说明： 在以 JOIN 关键字指定连接的表示方式中，在 FROM 子句中用 JOIN 关键字指定连接的多个表的表名，用 ON 子句指定连接条件。

在连接类型中，INNER 表示内连接，OUTER 表示外连接，CROSS 表示交叉连接，这是 JOIN 关键字指定的连接的 3 种类型。

1. 内连接

内连接按照 ON 所指定的连接条件合并两个表，返回满足条件的行。

内连接是系统默认的，可省略 INNER 关键字。

【例 6.5】 查询学生的情况和选修课程的情况。

```
SELECT *
    FROM student INNER JOIN score ON student. sno = score. sno;
```

该语句采用内连接，查询结果与例 6.1 的查询结果相同。

【例 6.6】 查询选修了数据库系统课程且成绩在 84 分以上的学生情况。

```
SELECT a. sno, a. sname, c. cname, b. grade
    FROM student a JOIN score b ON a. sno = b. sno JOIN course c ON b. cno = c. cno
    WHERE c. cname = '数据库系统' AND b. grade >= 84;
```

112

该语句采用内连接，省略 INNER 关键字，使用了 WHERE 子句。

查询结果：

```
SNO       SNAME      CNAME           GRADE
-------   --------   -------------   --------
121001    刘鹏翔      数据库系统         92
121002    李佳慧      数据库系统         85
```

> **注意**：内连接可用于多个表的连接，本例用于 3 个表的连接，注意 FROM 子句中 JOIN 关键字与多个表连接的写法。

2. 外连接

在内连接的结果表，只有满足连接条件的行才能作为结果输出。外连接的结果表不但包含满足连接条件的行，还包括相应表中的所有行。外连接有以下 3 种。

- 左外连接（LEFT OUTER JOIN）：结果表中除了包括满足连接条件的行外，还包括左表的所有行；
- 右外连接（RIGHT OUTER JOIN）：结果表中除了包括满足连接条件的行外，还包括右表的所有行；
- 完全外连接（FULL OUTER JOIN）：结果表中除了包括满足连接条件的行外，还包括两个表的所有行。

【例 6.7】 采用左外连接查询教师任课情况。

```
SELECT teacher. tname, course. cname
    FROM teacher LEFT JOIN course ON (teacher. tno = course. tno);
```

该语句采用左外连接。

查询结果：

```
TNAME      CNAME
-------   --------------
张博宇      数据库系统
黄海玲      数字电路
曾杰       高等数学
刘巧红      英语
谢伟业
```

【例 6.8】 采用右外连接查询教师任课情况。

```
SELECT teacher. tname, course. cname
    FROM teacher RIGHT JOIN course ON (teacher. tno = course. tno);
```

该语句采用右外连接。

查询结果：

```
TNAME      CNAME
-------    --------------
张博宇     数据库系统
黄海玲     数字电路
曾杰       高等数学
刘巧红     英语
           计算机网络
```

【**例 6.9**】 采用全外连接查询教师任课情况。

```
SELECT teacher. tname, course. cname
   FROM teacher FULL JOIN course ON (teacher. tno = course. tno);
```

该语句采用全外连接。

查询结果：

```
TNAME      CNAME
-------    --------------
张博宇     数据库系统
           计算机网络
黄海玲     数字电路
曾杰       高等数学
刘巧红     英语
谢伟业
```

注意：外连接只能对两个表进行。

3. 交叉连接

【**例 6.10**】 采用交叉连接查询教师和课程所有可能组合。

```
SELECT teacher. tname,course. cname
   FROM teacher CROSS JOIN course;
```

该语句采用交叉连接。

查询结果：

```
TNAME      CNAME
-------    --------------
张博宇     数据库系统
张博宇     计算机网络
张博宇     数字电路
张博宇     高等数学
张博宇     英语
```

谢伟业	数据库系统
谢伟业	计算机网络
谢伟业	数字电路
谢伟业	高等数学
谢伟业	英语
黄海玲	数据库系统
黄海玲	计算机网络
黄海玲	数字电路
黄海玲	高等数学
黄海玲	英语
曾杰	数据库系统
曾杰	计算机网络
曾杰	数字电路
曾杰	高等数学
曾杰	英语
刘巧红	数据库系统
刘巧红	计算机网络
刘巧红	数字电路
刘巧红	高等数学
刘巧红	英语

6.2 集 合 查 询

集合查询将两个或多个 SQL 语句的查询结果集合并起来，利用集合进行查询处理以完成特定的任务，使用 4 个集合操作符（Set Operator）UNION、UNION ALL、INTERSECT 和 MINUS，将两个或多个 SQL 查询语句结合成一个单独的 SQL 查询语句。

集合操作符的功能如表 6.1 所示。

表 6.1　集合操作符的功能

运　送　符	说　　明
UNION	并运算，返回两个结果集的所有行，不包括重复行
UNION ALL	并运算，返回两个结果集的所有行，包括重复行
INTERSECT	交运算，返回两个结果集中都有的行
MINUS	差运算，返回第 1 个结果集中有而在第 2 个结果集中没有的行

集合查询的基本语法如下。

语法格式：

```
<SELECT 查询语句 1>
{UNION | UNION A LL | INTERSECT | MINUS}
```

< SELECT 查询语句 2 >

说明： 在集合查询中，需要遵循的规则如下。

- 在构成复合查询的各个单独的查询中，列数和列的顺序必须匹配，数据类型必须兼容。
- 用户不许在复合查询所包含的任何单独的查询中使用 ORDER BY 子句。
- 用户不许在 BLOB、LONG 等大数据对象上使用集合操作符。
- 用户不许在集合操作符 SELECT 列表中使用嵌套表或者数组集合。

6.2.1 使用 UNION 操作符

UNION 语句将第 1 个查询中的所有行与第 2 个查询的所有行相加，消除重复行并且返回结果。

【例 6.11】 查询性别为女及选修了课程号为 4002 的学生。

```
SELECT sno, sname, ssex
  FROM student
  WHERE ssex = '女'
UNION
SELECT a. sno, a. sname, a. ssex
  FROM student a, score b
  WHERE a. sno = b. sno AND b. cno = '4002';
```

该语句采用 UNION 将两个查询的结果合并成一个结果集，消除重复行。

查询结果：

```
SNO       SNAME      SSEX
------- ---------- ------
121002    李佳慧      女
124001    林琴        女
124002    杨春容      女
124003    徐良成      男
```

【例 6.12】 查询所有女教师和女学生的姓名、性别和出生日期。

```
SELECT tname, tsex, tbirthday
  FROM teacher
  WHERE tsex = '女'
UNION
SELECT sname, ssex, sbirthday
  FROM student
  WHERE ssex = '女';
```

该语句采用 UNION 将两个查询的结果合并成一个结果集，消除重复行。

PL/SQL 高级查询

查询结果：

```
TNAME     TSEX      TBIRTHDAY
-------   --------- ----------------
黄海玲     女        1976 - 04 - 21
李佳慧     女        1993 - 02 - 18
林琴       女        1992 - 03 - 21
刘巧红     女        1972 - 01 - 28
杨春容     女        1992 - 12 - 04
```

6.2.2　使用 UNION ALL 操作符

UNION ALL 语句与标准的 UNION 语句工作方式基本相同，唯一不同的是 UNION ALL 不会从列表中消除重复行。

【例 6.13】　查询性别为女及选修了课程号为 4002 的学生，不消除重复行。

```
SELECT sno, sname, ssex
   FROM student
   WHERE ssex = '女'
UNION ALL
SELECT a. sno, a. sname, a. ssex
   FROM student a, score b
   WHERE a. sno = b. sno AND b. cno = '4002';
```

该语句采用 UNION ALL 将两个查询的结果合并成一个结果集，不消除重复行。

查询结果：

```
SNO        SNAME       SSEX
--------   ----------  ------
121002     李佳慧       女
124001     林琴         女
124002     杨春容       女
124001     林琴         女
124002     杨春容       女
124003     徐良成       男
```

6.2.3　使用 INTERSECT 操作符

INTERSECT 操作会获取两个查询，对值进行汇总，并且返回同时存在于两个结果集中的行。只有第 1 个查询或者第 2 个查询返回的那些行不包含在结果集中。

【例 6.14】　查询既选修了课程号为 8001 又选修了课程号为 4002 的学生的学号、姓名和性别。

```
SELECT a. sno AS 学号, a. sname AS 姓名, a. ssex AS 性别
   FROM student a, score b
   WHERE a. sno = b. sno AND b. cno = '8001'
```

INTERSECT

SELECT a. sno AS 学号, a. sname AS 姓名, a. ssex AS 性别

　　FROM student a, score b

　　WHERE a. sno = b. sno AND b. cno = '4002';

该语句采用 INTERSECT 返回同时存在于两个结果集中的行。

查询结果:

```
学号      姓名      性别
------- --------- ------
124001  林琴      女
124002  杨春容    女
124003  徐良成    男
```

【例 6.15】　查询既选修了课程名含有"数据库"又选修了课程名含有"数学"且性别为"男"的学生的学号、姓名、性别和班号。

SELECT a. sno AS 学号, a. sname AS 姓名, a. ssex AS 性别, a. sclass AS 班号

　　FROM student a, course b, score c

　　WHERE a. sno = c. sno AND b. cno = c. cno AND b. cname like ' % 数据库 % ' AND a. ssex = '男'

INTERSECT

SELECT a. sno AS 学号, a. sname AS 姓名, a. ssex AS 性别, a. sclass AS 班号

　　FROM student a, course b, score c

　　WHERE a. sno = c. sno AND b. cno = c. cno AND b. cname like ' % 数学 % ' AND a. ssex = '男';

该语句采用 INTERSECT 返回同时存在于两个结果集中的行。

查询结果:

```
学号      姓名      性别    班号
------- --------- ------- --------
121001  刘鹏翔    男      201205
121004  周仁超    男      201205
```

6.2.4　使用 MINUS 操作符

MINUS 集合操作会返回所有从第 1 个查询中有但是第 2 个查询中没有的那些行。

【例 6.16】　查询既选修了课程号为 8001 又未选修课程号为 4002 的学生的学号、姓名和性别。

SELECT a. sno AS 学号, a. sname AS 姓名, a. ssex AS 性别

　　FROM student a, score b

　　WHERE a. sno = b. sno AND b. cno = '8001'

MINUS

SELECT a. sno AS 学号, a. sname AS 姓名, a. ssex AS 性别

　　FROM student a, score b

　　WHERE a. sno = b. sno AND b. cno = '4002';

该语句采用 MINUS 返回第 1 个查询中有而在第 2 个查询中没有的那些行。

查询结果：

```
学号      姓名       性别
------- ---------- ------
121001  刘鹏翔     男
121002  李佳慧     女
121004  周仁超     男
```

【例 6.17】　查询既选修了英语又未选修数字电路的学生的姓名、性别、出生日期和班号。

```
SELECT a. sname AS 姓名, a. ssex AS 性别, a. sbirthday AS 出生日期, a. sclass AS 班号
   FROM student a, course b, score c
   WHERE a. sno = c. sno AND b. cno = c. cno AND b. cname = '英语'
MINUS
SELECT a. sname AS 姓名, a. ssex AS 性别, a. sbirthday AS 出生日期, a. sclass AS 班号
   FROM student a, course b, score c
   WHERE a. sno = c. sno AND b. cno = c. cno AND b. cname = '数字电路';
```

该语句采用 MINUS 返回第 1 个查询中有而在第 2 个查询中没有的那些行。

查询结果：

```
姓名     性别    出生日期              班号
------- ------ ------------------- --------
李佳慧   女     1993 - 02 - 18       201205
刘鹏翔   男     1992 - 08 - 25       201205
周仁超   男     1992 - 09 - 26       201205
```

6.3　子　查　询

使用子查询，可以用一系列简单的查询构成复杂的查询，从而增强 SQL 语句的功能。

在 SQL 语言中，一个 SELECT-FROM-WHERE 语句称为一个查询块。在 WHERE 子句或 HAVING 子句所指定条件中，可以使用另一个查询块的查询的结果作为条件的一部分，这种将一个查询块嵌套在另一个查询块的子句指定条件中的查询称为嵌套查询。例如：

```
SELECT *
   FROM student
   WHERE sno IN
     (SELECT sno
        FROM score
        WHERE cno = '1004'
     );
```

在本例中，下层查询块"SELECT stno FROM score WHERE cno='1004'"的查询结果，作为上层查询块"SELECT * FROM student WHERE stno IN"的查询条件，上层查询块称为父查询或外层查询，下层查询块称为子查询（Subquery）或内层查询，嵌套查询的处理过程是由内向外，即由子查询到父查询，子查询的结果作为父查询的查询条件。

PL/SQL 允许 SELECT 多层嵌套使用，即一个子查询可以嵌套其他子查询，以增强查询能力。

子查询通常与 IN、EXIST 谓词和比较运算符结合使用。

6.3.1　IN 子查询

在 IN 子查询中，使用 IN 谓词实现子查询和父查询的连接。

语法格式：

<表达式> [NOT] IN (<子查询>)

说明： 在 IN 子查询中，首先执行括号内的子查询，再执行父查询，子查询的结果作为父查询的查询条件。

当表达式与子查询的结果集中的某个值相等时，IN 谓词返回 TRUE，否则返回 FALSE；若使用了 NOT，则返回的值相反。

【例 6.18】 查询选修了课程号为 8001 的课程的学生情况。

```
SELECT *
FROM student
WHERE sno IN
  (SELECT sno
    FROM score
    WHERE cno = '8001'
  );
```

该语句采用 IN 子查询。

查询结果：

SNO	SNAME	SSEX	SBIRTHDAY	SPECIALITY	SCLASS	TC
121001	刘鹏翔	男	1992-08-25	计算机	201205	52
121002	李佳慧	女	1993-02-18	计算机	201205	50
121004	周仁超	男	1992-09-26	计算机	201205	50
124001	林琴	女	1992-03-21	通信	201236	52
124002	杨春容	女	1992-12-04	通信	201236	48
124003	徐良成	男	1993-05-15	通信	201236	50

【例 6.19】　　查询未选修数字电路课程的学生情况。

```
SELECT *
  FROM student
  WHERE sno NOT IN
    (SELECT sno
      FROM score
      WHERE cno IN
        (SELECT cno
          FROM course
          WHERE cname = '数字电路'
        )
    );
```

该语句采用 IN 子查询。

查询结果:

SNO	SNAME	SSEX	SBIRTHDAY	SPECIALITY	SCLASS	TC
121002	李佳慧	女	1993 - 02 - 18	计算机	201205	50
121001	刘鹏翔	男	1992 - 08 - 25	计算机	201205	52
121004	周仁超	男	1992 - 09 - 26	计算机	201205	50

【例 6.20】　　查询选修某课程的学生人数多于 4 人的教师姓名。

```
SELECT tname AS 教师姓名
  FROM teacher
  WHERE tno IN
    (SELECT a. tno
      FROM course a, score b
      WHERE a. cno = b. cno
      GROUP BY a. tno
      HAVING COUNT(a. tno)> 4
    );
```

该语句采用 IN 子查询,在子查询中使用了谓词连接、GROUP BY 子句和 HAVING 子句。

查询结果:

```
教师姓名
---------
刘巧红
曾杰
```

【例 6.21】　　查询在计算机专业任课的教师情况。

```
SELECT *
```

```
    FROM teacher
    WHERE tno IN
        (SELECT a. tno
            FROM teacher a, course b, score c, student d
            WHERE a. tno = b. tno AND b. cno = c. cno AND c. sno = d. sno AND d. speciality = '计算机'
        );
```

该语句采用 IN 子查询，在子查询中使用了谓词连接、GROUP BY 子句和 HAVING 子句。

查询结果：

```
TNO         TNAME       TSEX    TBIRTHDAY       TITLE       SCHOOL
--------    --------    -----   -----------     ------      -------

100001      张博宇      男      1968 - 05 - 09  教授        计算机学院
800014      曾杰        男      1975 - 03 - 14  副教授      数学学院
120036      刘巧红      女      1972 - 01 - 28  副教授      外国语学院
```

> **注意：** 使用 IN 子查询时，子查询返回的结果和父查询引用列的值在逻辑上应具有可比较性。

6.3.2 比较子查询

比较子查询是指父查询与子查询之间用比较运算符进行关联。

语法格式：

<表达式> { < | <= | = | > | >= | != | <> } { ALL | SOME | ANY } (<子查询>)

说明： 关键字 ALL、SOME 和 ANY 用于对比较运算的限制，ALL 指定表达式要与子查询结果集中每个值都进行比较，当表达式与子查询结果集中每个值都满足比较关系时，才返回 TRUE，否则返回 FALSE；SOME 和 ANY 指定表达式只要与子查询结果集中某个值满足比较关系时，就返回 TRUE，否则返回 FALSE。

【例 6.22】 查询比所有计算机专业学生年龄都小的学生。

```
SELECT *
    FROM student
    WHERE sbirthday > ALL
        (SELECT sbirthday
            FROM student
            WHERE speciality = '计算机'
        );
```

该语句采用比较子查询。

查询结果:

```
SNO      SNAME     SSEX      SBIRTHDAY        SPECIALITY      SCLASS     TC
-------- --------- --------- ---------------- --------------- ---------- ----
124003   徐良成    男         1993－05－15     通信             201236     50
```

【例 6.23】　查询课程号 8001 的成绩高于课程号 4002 成绩的学生。

```
SELECT *
  FROM score
  WHERE cno = '8001' AND grade >= ANY
    (SELECT grade
      FROM score
      WHERE cno = '4002'
    );
```

该语句采用比较子查询。

查询结果:

```
SNO       CNO      GRADE
-------- -------- ------
121001   8001      94
121002   8001      88
121004   8001      81
124001   8001      95
124003   8001      86
```

6.3.3　EXISTS 子查询

在 EXISTS 子查询中，EXISTS 谓词只用于测试子查询是否返回行，若子查询返回一个或多个行，则 EXISTS 返回 TRUE，否则返回 FALSE，如果为 NOT EXISTS，其返回值与 EXISTS 相反。

语法格式:

```
[ NOT ] EXISTS ( <子查询> )
```

说明: 在 EXISTS 子查询中，父查询的 SELECT 语句返回的每一行数据都要由子查询来评价，如果 EXISTS 谓词指定条件为 TRUE，查询结果就包含该行，否则该行被丢弃。

【例 6.24】　查询选修 1004 课程的学生姓名。

```
SELECT sname AS 姓名
  FROM student
  WHERE EXISTS
    (SELECT *
      FROM score
```

```
        WHERE score. sno = student. sno AND cno = '1004'
    );
```

该语句采用 EXISTS 子查询。

查询结果：

```
姓名
-------
刘鹏翔
李佳慧
周仁超
```

> **注意：** 由于 EXISTS 谓词的返回值取决于子查询是否返回行，不取决于返回行的内容，因此子查询输出列表无关紧要，可以使用 * 来代替。

【例 6.25】 查询所有任课教师姓名和学院。

```
SELECT tname AS 教师姓名, school AS 学院
  FROM teacher a
  WHERE EXISTS
    (SELECT *
     FROM course b
     WHERE a. tno = b. tno
    );
```

该语句采用 EXISTS 子查询。

查询结果：

```
教师姓名    学院
--------- ----------
张博宇     计算机学院
黄海玲     通信学院
曾杰       数学学院
刘巧红     外国语学院
```

> **提示：** 子查询和连接往往都要涉及两个表或多个表，其区别是连接可以合并两个表或多个表的数据，而带子查询的 SELECT 语句的结果只能来自一个表。

6.4 综 合 训 练

1. 训练要求

本章介绍 PL/SQL 高级查询，包括涉及多个表的连接查询、集合查询以及子查询等内容，下面结合 stsc 学生成绩数据库进行数据查询的综合训练。

（1）查询选修数据库系统课程的学生的姓名、性别、班级和成绩。

（2）查找选修了 8001 课程且为计算机专业学生的姓名及成绩，查出的成绩按降序排列。

（3）查询既选修了英语又选修了数据库系统的学生的学号、姓名、出生日期和专业；查询既选修了英语又未选修数据库系统的学生的学号、姓名、出生日期和专业。

（4）查找学号为 1005，课程名为"高等数学"的学生成绩。

2. PL/SQL 语句编写

根据题目要求，进行语句编写。

（1）查询选修数据库系统课程的学生的姓名、性别、班级和成绩。

编写 PL/SQL 语句如下：

```
SELECT a. sname AS 姓名, a. ssex AS 性别, a. sclass AS 班级, b. cname AS 课程名, c. grade AS 成绩
  FROM student a, course b, score c
  WHERE a. sno = c. sno AND b. cno = c. cno AND b. cname = '数据库系统';
```

查询结果：

姓名	性别	班级	课程名	成绩
刘鹏翔	男	201205	数据库系统	92
李佳慧	女	201205	数据库系统	85
周仁超	男	201205	数据库系统	82

（2）查找选修了 8001 课程且为计算机专业学生的姓名及成绩，查出的成绩按降序排列。

编写 PL/SQL 语句如下：

```
SELECT a. sname AS 姓名, b. cname AS 课程名, c. grade AS 成绩
  FROM student a, course b, score c
  WHERE b. cno = '8001' AND a. sno = c. sno AND b. cno = c. cno
  ORDER BY grade DESC;
```

该语句采用连接查询和 ORDER 子句进行查询。

查询结果：

姓名	课程名	成绩
林琴	高等数学	95
刘鹏翔	高等数学	94
李佳慧	高等数学	88
徐良成	高等数学	86
周仁超	高等数学	81
杨春容	高等数学	73

（3）查询既选修了英语又选修了数据库系统的学生的学号、姓名、出生日期和专业；查询既选修了英语又未选修数据库系统的学生的学号、姓名、出生日期和专业。

① 查询既选修了英语又选修了数据库系统的学生的学号、姓名、出生日期和专业。

编写 PL/SQL 语句如下：

```
SELECT a. sno AS 学号, a. sname AS 姓名, a. sbirthday AS 出生日期, a. speciality AS 专业
    FROM student a, course b, score c
    WHERE a. sno = c. sno AND b. cno = c. cno AND b. cname = '英语'
INTERSECT
SELECT a. sno AS 学号, a. sname AS 姓名, a. sbirthday AS 出生日期, a. speciality AS 专业
    FROM student a, course b, score c
    WHERE a. sno = c. sno AND b. cno = c. cno AND b. cname = '数据库系统';
```

该语句采用 INTERSECT 操作符进行查询。

查询结果：

学号	姓名	出生日期	专业
121001	刘鹏翔	1992 − 08 − 25	计算机
121002	李佳慧	1993 − 02 − 18	计算机
121004	周仁超	1992 − 09 − 26	计算机

② 查询既选修了英语又未选修数据库系统的学生的学号、姓名、出生日期和专业。

编写 PL/SQL 语句如下：

```
SELECT a. sno AS 学号, a. sname AS 姓名, a. sbirthday AS 出生日期, a. speciality AS 专业
    FROM student a, course b, score c
    WHERE a. sno = c. sno AND b. cno = c. cno AND b. cname = '英语'
MINUS
SELECT a. sno AS 学号, a. sname AS 姓名, a. sbirthday AS 出生日期, a. speciality AS 专业
    FROM student a, course b, score c
    WHERE a. sno = c. sno AND b. cno = c. cno AND b. cname = '数据库系统';
```

该语句采用 MINUS 操作符进行查询。

查询结果：

学号	姓名	出生日期	专业
124001	林琴	1992 − 03 − 21	通信
124002	杨春容	1992 − 12 − 04	通信
124003	徐良成	1993 − 05 − 15	通信

（4）查找学号为 124001，课程名为"高等数学"的学生成绩。

编写 PL/SQL 语句如下：

```
SELECT *
    FROM score
    WHERE sno = '124001' and cno IN
        (SELECT cno
```

```
        FROM course
        WHERE cname = '高等数学'
    );
```

该语句在子查询中，由课程名查出课程号，在外查询中，由课程号（在子查询中查出）和学号查出成绩。

查询结果：

```
SNO     CNO     GRADE
------- ------- --------
124001  8001      95
```

6.5 小 结

本章主要介绍了以下内容。

（1）连接查询可以查询存储在多个表中不同实体的信息，把多个表按照一定的关系连接起来，在用户看来好像是查询一个表一样。连接查询有两大类表示形式：一类是使用连接谓词指定的连接，另一类是使用 JOIN 关键字指定的连接。

在使用连接谓词指定的连接中，连接条件由比较运算符在 WHERE 子句中给出。

在使用 JOIN 关键字指定的连接中，在 FROM 子句中用 JOIN 关键字指定连接的多个表的表名，用 ON 子句指定连接条件。JOIN 关键字指定的连接类型有 3 种：INNER JOIN 表示内连接、OUTER JOIN 表示外连接和 CROSS JOIN 表示交叉连接。

外连接有以下 3 种：左外连接（LEFT OUTER JOIN）、右外连接（RIGHT OUTER JOIN）和完全外连接（FULL OUTER JOIN）。

（2）集合查询将两个或多个 SQL 语句的查询结果集合并起来，利用集合进行查询处理以完成特定的任务，使用 4 个集合操作符（Set Operator）UNION、UNION ALL、INTERSECT 和 MINUS，将两个或多个 SQL 查询语句结合成一个单独 SQL 查询语句。

（3）将一个查询块嵌套在另一个查询块的子句指定条件中的查询称为嵌套查询，在嵌套查询中，上层查询块称为父查询或外层查询，下层查询块称为子查询（Subquery）或内层查询。

子查询通常包括 IN 子查询、比较子查询和 EXISTS 子查询。

习 题 6

一、选择题

1. 需要将 student 表所有行连接 score 表所有行，应创建_____。

    A. 内连接　　　　　B. 外连接　　　　　C. 交叉连接　　　　　D. 自然连接

2. 运算符_____可以用于多行运算。

    A. =　　　　　　　B. IN　　　　　　　C. <>　　　　　　　D. LIKE

3. 使用_____关键字进行子查询时，只注重子查询是否返回行，如果子查询返回一个或多个行，则返回真，否则为假。

    A. EXISTS   B. ANY   C. ALL   D. IN

4. 使用交叉连接查询两个表，一个表有 6 条记录，另一个表有 9 条记录，如果未使用子句，查询结果有_____条记录。

    A. 15   B. 3   C. 9   D. 54

二、填空题

1. SELECT 语句的 WHERE 子句可以使用子查询，_____的结果作为父查询的条件。

2. 使用 IN 操作符实现指定匹配查询时，使用_____操作符实现任意匹配查询，使用_____操作符实现全部匹配查询。

3. JOIN 关键字指定的连接类型有_____、_____和_____3 种，外连接有_____、_____和_____3 种。

4. 集合运算符_____实现了集合的并运算，集合运算符_____实现了集合的交运算，集合运算符_____实现了集合的差运算。

三、应用题

1. 查找选修了"英语"的学生姓名及成绩。

2. 查询选修了"高等数学"且成绩在 80 分以上的学生情况。

3. 查询选修某课程的平均成绩高于 85 分的教师姓名。

4. 查询既选学过'1201'号课程，又选学过'1004'号课程的学生姓名、性别和总学分；查询既选学过 1201'号课程，又未选学'1004'号课程的学生姓名、性别和总学分。

5. 查询每个专业最高分的课程名和分数。

6. 查询通信专业的最高分。

7. 查询数据库系统课程的任课教师。

8. 查询成绩高于平均分的成绩记录。

第7章 视 图

- 创建视图
- 查询视图
- 更新视图
- 修改视图定义
- 删除视图

视图（View）通过 SELECT 查询语句定义，它是从一个或多个表（或视图）导出的，用来导出视图的表称为基表（Base Table），导出的视图称为虚表。在数据库中，只存储视图的定义，不存储视图对应的数据，这些数据仍然存储在原来的基表中。

视图可以由一个基表中选取的某些行和列组成，也可以由多个表中满足一定条件的数据组成，视图就像是基表的窗口，它反映了一个或多个基表的局部数据。

视图有以下优点。

- 方便用户的查询和处理，简化数据操作。
- 简化用户的权限管理，增加安全性。
- 便于数据共享。
- 屏蔽数据库的复杂性。
- 可以重新组织数据。

7.1 创 建 视 图

使用视图前，必须首先创建视图，本节介绍使用 SQL Developer 创建视图和使用 PL/SQL 语句创建视图。

7.1.1 使用 SQL Developer 创建视图

下面举例说明使用 SQL Developer 创建视图。

【例 7.1】 使用 SQL Developer，在 stsys 数据库中创建 vwStudentCourseScore 视图，包括学号、姓名、性别、课程名和成绩，按学号升序排列，且专业为计算机。

操作步骤如下。

（1）启动"SQL Developer"，在"连接"结点下打开数据库连接"sys_stsys"，右击"视图"结点，在弹出的快捷菜单中选择"新建视图"命令，屏幕出现"创建视图"窗口，在"名称"框中，输入 vwStudentCourseScore，在"SQL 查询"选项卡中，输入如下的 SQL 查询语句：

```
SELECT a. sno, a. sname, a. ssex, a. speciality, b. cname, c. grade
    FROM student a, course b, score c
    WHERE a. sno = c. sno AND b. cno = c. cno AND a. speciality = '计算机'
    ORDER BY a. sno
```

输入 SQL 查询语句后的"创建视图"窗口如图 7.1 所示。

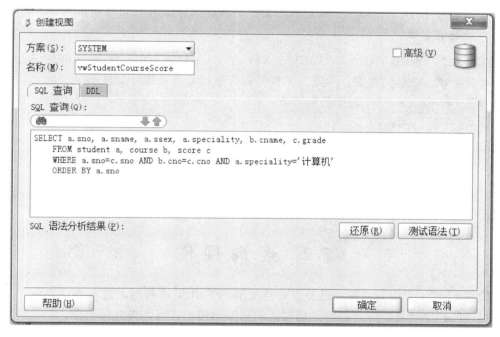

图 7.1 "创建视图"窗口

（2）单击"确定"按钮，完成视图 vwStudentCourseScore 的创建。

7.1.2 使用 PL/SQL 语句创建视图

PL/SQL 语句创建视图的语句是 CREATE OR REPLACE VIEW 语句。

语法格式：

```
CREATE [ OR REPLACE ] [FORCE ｜ NOFORCE] VIEW [<用户方案名>. ]<视图名> [ ( <列名> [ , …n ] ) ]
    AS
    <SELECT 查询语句>
```

```
[WITH CHECK OPTION[CONSTRAINT <约束名>]]
[WITH READ ONLY]
```

说明：

- OR REPLACE：在创建视图时，如果存在同名视图，则要重新创建。
- 用户方案名：默认为当前账号。
- 列名：可以自定义视图中包含的列，若使用源表或视图中相同的列名，可不必给出列名。
- SELECT 查询语句：定义视图的 SELECT 语句，可查询多个表或视图。
- CONSTRAINT：约束名称。
- WITH CHECK OPTION：指出在视图上进行的修改都要符合 SELECT 语句所指定的限制条件。
- WITH READ ONLY：规定在视图中，不能执行插入、删除和修改等操作，只能检索数据。

【例 7.2】 使用 CREATE VIEW 语句，在 stsys 数据库中创建 vwStudentScore 视图，包括学号、姓名、性别、专业、课程号和成绩，且专业为计算机。

创建 vwStudentScore 视图语句如下：

```
CREATE OR REPLACE VIEW vwStudentScore
    AS
    SELECT a. sno, a. sname, a. ssex, a. speciality, b. cno, b. grade
        FROM student a, score b
        WHERE a. sno = b. sno AND a. speciality = '计算机'
        WITH CHECK OPTION;
```

7.2　查　询　视　图

使用 SELECT 语句对视图进行查询与使用 SELECT 语句对表进行查询类似，但可简化用户的程序设计，方便用户，通过指定列限制用户访问，提高安全性。

【例 7.3】 分别查询 vwStudentCourseScore 视图、vwStudentScore 视图。

使用 SELECT 语句对 vwStudentCourseScore 视图进行查询：

```
SELECT *
  FROM vwStudentCourseScore;
```

查询结果：

SNO	SNAME	SSEX	SPECIALITY	CNAME	GRADE
121001	刘鹏翔	男	计算机	英语	93
121001	刘鹏翔	男	计算机	高等数学	94
121001	刘鹏翔	男	计算机	数据库系统	92
121002	李佳慧	女	计算机	数据库系统	85

121002	李佳慧	女	计算机	高等数学	88
121002	李佳慧	女	计算机	英语	87
121004	周仁超	男	计算机	英语	76
121004	周仁超	男	计算机	数据库系统	82
121004	周仁超	男	计算机	高等数学	81

使用 SELECT 语句对 vwStudentScore 视图进行查询:

```
SELECT *
  FROM vwStudentScore;
```

查询结果:

```
SNO        SNAME       SSEX      SPECIALITY      CNO       GRADE
--------   ---------   -------   -----------     -------   -----

121001     刘鹏翔      男        计算机          1004      92
121002     李佳慧      女        计算机          1004      85
121004     周仁超      男        计算机          1004      82
121001     刘鹏翔      男        计算机          8001      94
121002     李佳慧      女        计算机          8001      88
121004     周仁超      男        计算机          8001      81
121001     刘鹏翔      男        计算机          1201      93
121002     李佳慧      女        计算机          1201      87
121004     周仁超      男        计算机          1201      76
```

【例 7.4】 查询计算机专业学生的学号、姓名、性别和课程名。

查询计算机专业学生的学号、姓名、性别和课程名,不使用视图直接使用 SELECT 语句需要连接 student 和 course 两个表,较为复杂,此处使用视图则十分简洁方便。

```
SELECT sno, sname, ssex, cname
  FROM vwStudentCourseScore;
```

该语句对 vwStudentCourseScore 视图进行查询。

查询结果:

```
SNO        SNAME       SSEX      CNAME
--------   ---------   -------   -------------

121001     刘鹏翔      男        数据库系统
121001     刘鹏翔      男        高等数学
121001     刘鹏翔      男        英语
121002     李佳慧      女        数据库系统
121002     李佳慧      女        高等数学
121002     李佳慧      女        英语
121004     周仁超      男        数据库系统
121004     周仁超      男        高等数学
121004     周仁超      男        英语
```

【**例 7.5**】 查询学生平均成绩在 85 分以上的学号和平均成绩。

创建视图 vwAvgGradeScore 语句如下：

```
CREATE OR REPLACE VIEW vwAvgGradeScore (sno, avg_grade)
  AS
  SELECT sno, AVG(grade)
    FROM score
    GROUP BY sno;
```

使用 SELECT 语句对 vwAvgGradeScore 视图进行查询：

```
SELECT *
  FROM vwAvgGradeScore;
```

查询结果：

```
SNO      AVG_GRADE
------------------------------------------------------------
121001   93
121004   79.6666666666666666666666666666666666667
124003   86.3333333333333333333333333333333333333
124001   93.6666666666666666666666666666666666667
121002   86.6666666666666666666666666666666666667
124002   73.5
```

7.3 更 新 视 图

更新视图指通过视图进行插入、删除和修改数据，由于视图是不存储数据的虚表，对视图的更新最终转化为对基表的更新。

7.3.1 可更新视图

通过更新视图数据可更新基表数据，但只有满足可更新条件的视图才能更新。

可更新视图满足以下条件。

- 创建视图没有包含只读属性。
- 没有使用连接函数、集合运算函数和组函数。
- 创建视图的 SELECT 语句中没有聚合函数且没有 GROUP BY、ONNECT BY、START WITH 子句及 DISTINCT 关键字。
- 创建视图的 SELECT 语句中不包含从基表列通过计算所得的列。

【**例 7.6**】 在 stsys 数据库中，以 student 为基表，创建专业为通信的可更新视图 vwCommSpecialityStudent。

创建视图 vwCommSpecialityStudent 语句如下：

```
CREATE OR REPLACE VIEW vwCommSpecialityStudent
  AS
```

```
SELECT *
    FROM student
    WHERE speciality = '通信';
```

使用 SELECT 语句查询 vwCommSpecialityStudent 视图：

```
SELECT *
    FROM vwCommSpecialityStudent
```

查询结果：

SNO	SNAME	SSEX	SBIRTHDAY	SPECIALITY	SCLASS	TC
124001	林琴	女	1992 – 03 – 21	通信	201236	52
124002	杨春容	女	1992 – 12 – 04	通信	201236	48
124003	徐良成	男	1993 – 05 – 15	通信	201236	50

7.3.2 插入数据

使用 INSERT 语句通过视图向基表插入数据，有关 INSERT 语句介绍参见第 4 章。

【例 7.7】 向 vwCommSpecialityStudent 视图中插入一条记录：（'124005','刘启文','男','1992-06-19','通信','201236', 50）。

```
INSERT INTO vwCommSpecialityStudent VALUES ('124005','刘启文','男','1992 – 06 – 19','通信',
'201236',50);
```

使用 SELECT 语句查询 vwCommSpecialityStudent 视图的基表 student：

```
SELECT *
    FROM student;
```

上述语句对基表 student 进行查询，该表已添加记录（'124005','刘启文','男','1992-06-19','通信','201236', 50）。

查询结果：

SNO	SNAME	SSEX	SBIRTHDAY	SPECIALITY	SCLASS	TC
121001	刘鹏翔	男	1992 – 08 – 25	计算机	201205	52
121002	李佳慧	女	1993 – 02 – 18	计算机	201205	50
121004	周仁超	男	1992 – 09 – 26	计算机	201205	50
124001	林琴	女	1992 – 03 – 21	通信	201236	52
124002	杨春容	女	1992 – 12 – 04	通信	201236	48
124003	徐良成	男	1993 – 05 – 15	通信	201236	50
124005	刘启文	男	1992 – 06 – 19	通信	201236	50

注意： 当视图依赖的基表有多个表时，不能向该视图插入数据。

7.3.3 修改数据

使用 UPDATE 语句通过视图修改基表数据，有关 UPDATE 语句介绍参见第 4 章。

【例 7.8】 将 vwCommSpecialityStudent 视图中学号为 124005 的学生的总学分增加 2 分。

```
UPDATE vwCommSpecialityStudent SET tc = tc + 2
   WHERE sno = '124005';
```

使用 SELECT 语句查询 vwCommSpecialityStudent 视图的基表 student：

```
SELECT *
   FROM student;
```

上述语句对基表 student 进行查询，该表已将学号为 124005 的学生的总学分增加了 2 分。

查询结果：

SNO	SNAME	SSEX	SBIRTHDAY	SPECIALITY	SCLASS	TC
121001	刘鹏翔	男	1992 − 08 − 25	计算机	201205	52
121002	李佳慧	女	1993 − 02 − 18	计算机	201205	50
121004	周仁超	男	1992 − 09 − 26	计算机	201205	50
124001	林琴	女	1992 − 03 − 21	通信	201236	52
124002	杨春容	女	1992 − 12 − 04	通信	201236	48
124003	徐良成	男	1993 − 05 − 15	通信	201236	50
124005	刘启文	男	1992 − 06 − 19	通信	201236	52

注意：当视图依赖的基表有多个表时，一次修改视图只能修改一个基表的数据。

7.3.4 删除数据

使用 DELETE 语句通过视图向基表删除数据，有关 DELETE 语句介绍参见第 4 章。

【例 7.9】 删除 vwCommSpecialityStudent 视图中学号为 124005 的记录。

```
DELETE FROM vwCommSpecialityStudent
   WHERE sno = '124005';
```

使用 SELECT 语句查询 vwCommSpecialityStudent 视图的基表 student：

```
SELECT *
   FROM student;
```

上述语句对基表 student 进行查询，该表已删除记录（'124005','刘启文','男', '1992-06-19','通信','201236', 52）。

查询结果:

SNO	SNAME	SSEX	SBIRTHDAY	SPECIALITY	SCLASS	TC
121001	刘鹏翔	男	1992 − 08 − 25	计算机	201205	52
121002	李佳慧	女	1993 − 02 − 18	计算机	201205	50
121004	周仁超	男	1992 − 09 − 26	计算机	201205	50
124001	林琴	女	1992 − 03 − 21	通信	201236	52
124002	杨春容	女	1992 − 12 − 04	通信	201236	48
124003	徐良成	男	1993 − 05 − 15	通信	201236	50

注意: 当视图依赖的基表有多个表时，不能向该视图删除数据。

7.4　修改视图定义

可以使用 SQL Developer 和 PL/SQL 修改视图的定义。

7.4.1　使用 SQL Developer 修改视图定义

使用 SQL Developer 修改视图定义举例如下。

【例 7.10】　使用图形界面方式修改例 7.6 创建的视图 vwCommSpecialityStudent，以降序显示学分。

操作步骤如下。

(1) 启动 SQL Developer，展开 sys_stsys 连接，展开"视图"，右击 vwCommSpecialityStudent，在弹出的快捷菜单中选择"编辑"命令，进入"编辑视图"窗口，可以修改视图定义，其操作和创建视图类似，如图 7.2 所示。

图 7.2　修改前的"编辑视图"窗口

（2）在图 7.2 的 "SQL 查询" 选项卡中，将 SQL 查询语句修改为：

```
SELECT "SNO","SNAME","SSEX","SBIRTHDAY","SPECIALITY","SCLASS","TC"
    FROM student
    WHERE speciality = '通信'
    ORDER BY tc DESC
```

（3）单击 "确定" 按钮，完成 vwCommSpecialityStudent 视图定义的修改。

（4）使用 SELECT 语句查询 vwCommSpecialityStudent 视图。

```
SELECT *
    FROM vwCommSpecialityStudent;
```

查询结果：

```
SNO      SNAME    SSEX    SBIRTHDAY         SPECIALITY      SCLASS     TC
-------  -------  ------  ----------------  --------------  ---------  -----
124001   林琴      女      1992 - 03 - 21    通信             201236     52
124003   徐良成    男      1993 - 05 - 15    通信             201236     50
124002   杨春容    女      1992 - 12 - 04    通信             201236     48
```

7.4.2 使用 PL/SQL 语句修改视图定义

PL/SQL 的 ALTER VIEW 语句，不是用于修改视图的定义，只是用于重新编译和验证视图。PL/SQL 没有单独的修改视图语句，修改视图定义的语句就是创建视图的语句。

下面举例说明使用创建视图的语句修改视图。

【例 7.11】　将例 7.2 定义的视图 vwStudentScore 进行修改，取消专业为计算机的要求。

```
CREATE OR REPLACE VIEW vwStudentScore
    AS
    SELECT a. sno, a. sname, a. ssex, a. speciality, b. cno, b. grade
        FROM student a, score b
        WHERE a. sno = b. sno
        WITH CHECK OPTION;
```

使用 SELECT 语句对修改后的 vwStudentScore 视图进行查询，可看出修改后的 vwStudentScore 视图已取消专业为计算机的要求。

```
SELECT *
    FROM vwStudentScore;
```

查询结果：

```
SNO      SNAME    SSEX    SPECIALITY      CNO     GRADE
-------  -------  ------  --------------  ------  -------
121001   刘鹏翔    男      计算机           1004    92
```

121002	李佳慧	女	计算机	1004	85
121004	周仁超	男	计算机	1004	82
124001	林琴	女	通信	4002	94
124002	杨春容	女	通信	4002	74
124003	徐良成	男	通信	4002	87
121001	刘鹏翔	男	计算机	8001	94
121002	李佳慧	女	计算机	8001	88
121004	周仁超	男	计算机	8001	81
124001	林琴	女	通信	8001	95
124002	杨春容	女	通信	8001	73
124003	徐良成	男	通信	8001	86
121001	刘鹏翔	男	计算机	1201	93
121002	李佳慧	女	计算机	1201	87
121004	周仁超	男	计算机	1201	76
124001	林琴	女	通信	1201	92
124002	杨春容	女	通信	1201	
124003	徐良成	男	通信	1201	86

7.5　删　除　视　图

如果不再需要视图，可以进行删除，删除视图对创建该视图的基表没有任何影响。删除视图有 SQL Developer 和 PL/SQL 语句两种方法。

7.5.1　使用 SQL Developer 删除视图

【例 7.12】　删除视图 vwStudentScore。

启动 SQL Developer，展开 sys_stsys 连接，展开"视图"，选择需要删除的视图，这里，右击 vwStudentScore，在弹出的快捷菜单中选择"删除"命令，在弹出的"删除"窗口中单击"应用"按钮即可。

7.5.2　使用 PL/SQL 语句删除视图

使用 PL/SQL 的 DROP VIEW 语句删除视图。

语法格式：

DROP VIEW <视图名>

【例 7.13】　将视图 vwStudentCourseScore 删除。

DROP VIEW vwStudentCourseScore;

注意： 删除视图时，应将由该视图导出的其他视图删去。删除基表时，应将由该表导出的其他视图删去。

7.6 小 结

本章主要介绍了以下内容。

（1）视图（View）通过 SELECT 查询语句定义，它是从一个或多个表（或视图）导出的，用来导出视图的表称为基表（Base Table），导出的视图称为虚表。在数据库中，只存储视图的定义，不存放视图对应的数据，这些数据仍然存放在原来的基表中。

视图的优点是：方便用户操作，增加安全性，便于数据共享，屏蔽数据库的复杂性，可以重新组织数据。

（2）创建视图可以使用 SQL Developer 图形界面和 PL/SQL 语句两种方式。

（3）使用 SELECT 语句对视图进行查询与使用 SELECT 语句对表进行查询类似，但可简化用户的程序设计，方便用户，通过指定列限制用户访问，提高安全性。

（4）更新视图指通过视图进行插入、删除和修改数据，由于视图是不存储数据的虚表，对视图的更新最终转化为对基表的更新，只有满足可更新条件的视图才能更新。

（5）可以使用 SQL Developer 图形界面和 PL/SQL 语句两种方式修改视图的定义。

（6）删除视图有 SQL Developer 图形界面和 PL/SQL 语句两种方法。

习 题 7

一、选择题

1. 下面语句中，_____用于创建视图。
   - A. ALTER VIEW
   - B. DROP VIEW
   - C. CREAT TABLE
   - D. CREATE VIEW

2. 视图存放在_____。
   - A. 数据库的表中
   - B. FROM 列表的第 1 个表中
   - C. 数据字典中
   - D. FROM 列表的第 2 个表中

3. 以下关于视图的描述中，_____是错误的。
   - A. 视图中保存有数据
   - B. 视图通过 SELECT 查询语句定义
   - C. 可以通过视图操作数据库中表的数据
   - D. 通过视图操作的数据仍然保存在表中

4. _____是不正确的。
   - A. 视图的基表可以是表或视图
   - B. 视图占用实际的存储空间
   - C. 创建视图必须通过 SELECT 查询语句
   - D. 利用视图可以将数据永久地保存

二、填空题

1. 视图的优点是_____、_____。

2. 视图的数据存储在_____中。

3. 可更新视图指_____的视图。

4. 视图存放在_____中。

三、应用题

1. 创建一个视图 vwClassStudentCourseScore，包含学号、姓名、性别、班级、课程号、课程名和成绩等列，班级为 201236，并查询视图的所有记录。

2. 创建一个视图 vwCourseScore，包含学生学号、课程名和成绩等列，然后查询该视图的所有记录。

3. 创建一个视图 vwAvgGradeStudentScore，包含学生学号、姓名和平均分等列，按平均分降序排列，再查询该视图的所有记录。

第8章 | 索引、同义词和序列

 本章要点

- 索引概述
- 创建索引、修改索引和删除索引
- 同义词概述
- 创建同义词、使用同义词和删除同义词
- 序列概述
- 创建序列、使用序列、修改序列和删除序列

索引是与表关联的存储在磁盘上的单独结构，用于快速访问数据；同义词是表、索引、视图或者其他数据库对象的一个别名，用于简化数据库对象的访问，并为数据库对象提供一定的安全性保证；序列是一种数据库对象，用来自动产生一组唯一的序号。

8.1 索引概述

索引与书中的目录类似，就像先找到书的目录章节的页数，然后根据页数找到正文中的章节一样，索引也先找到符合条件的行，再根据 RowID（类似于书中的页码）直接找到数据库行所对应的物理地址，从而找到数据库行。

在关系数据库中，每一行都有一个行唯一标识 RowID，RowID 包括行所在条件、在文件中的块数和块中的行号。在 Oracle 中，索引（Index）是对数据库表中一个或多个列的值进行排序的数据库结构，用于快速查找该表的一行数据，索引包含索引条目，每一个索引条目都有一个键值和一个 RowID，键值由表中的一列或多列生成。

1. 索引的分类

（1）按存储方法分类，索引可分为 B＊树索引和位图索引两类。

① B＊树索引。

B＊树索引用由底向上的顺序来对表中的列数据进行排序，B＊树索引不但存储了相应列的数据，还存储了 RowID。索引以树形结构的形式来存储这些值，在检索时，Oracle 将先检索列数据。B＊树索引的存储结构类似图书的索引结构，有分支和叶两种类型的存储数据块，分支块相当于图书的大目录，叶块相当于索引到的具体的书页。

B＊树索引是 Oracle 中默认的、最常用的索引，也称标准索引。B 树索引可以是唯

一索引或非唯一索引，单列索引或复合索引。

② 位图索引。

位图索引（Bitmap Index）并不重复存取索引列的值，每一个值被看作一个键，相应的行的 ID 置为一个位（BIT）。位图索引适合于仅有几个固定值的列，如学生表中的性别列，性别只有男和女两个固定值。位图索引主要用来节省空间，减少 Oracle 对数据块的访问。

（2）按功能和索引对象分类，索引可分为以下 6 种类型。

① 唯一索引和非唯一索引。

唯一索引是索引值不能重复的索引，非唯一索引是索引列值可以重复的索引。默认情况下，Oracle 创建的索引是非唯一索引。在表中定义 PRIMARY KEY 或 UNIQUE 约束时，Oracle 会自动在相应的约束列上建立唯一索引。

② 单列索引和复合索引。

单列索引是基于单个列创建的索引，复合索引是基于两列或多列所创建的索引。

③ 逆序索引。

保持索引列按顺序排列，但是颠倒已索引的每列的字节。

④ 基于函数的索引。

索引中的一列或多列是一个函数或表达式，索引根据函数或表达式计算索引列的值。

2. 建立索引的原则

1）索引的作用和代价

建立索引的作用如下。

- 提高查询速度。
- 保证列值的唯一性。
- 查询优化依靠索引起作用。
- 提高 ORDER BY、GROUP BY 执行速度。

使用索引可以提高系统的性能，加快数据检索的速度，但是使用索引是要付出一定的代价的。

- 索引需要占用数据表以外的物理存储空间。例如，建立一个聚集索引需要大约 1.2 倍于数据大小的空间。
- 创建和维护索引要花费一定的时间。
- 当对表进行更新操作时，索引需要被重建，这样就降低了数据的维护速度。

2）建立索引的一般原则

（1）根据列的特征合理创建索引。

主键列和唯一键列自动建立索引，外键列可以建立索引，在经常查询的字段上最好建立索引，至于那些查询中很少涉及的列、重复值比较多的列不要建立索引。

（2）根据表的大小来创建索引。

如果经常需要查询的数据不超过 10% 到 15% 的话，由于此时建立索引的开销可能要比性能的改善大得多，那就没有必要建立索引。

（3）限制表中索引的数量。

通常来说，表的索引越多，其查询的速度也就越快，但表的更新速度则会降低。这主要是因为在更新记录的同时需要更新相关的索引信息。为此，在表中创建多少索引合适，就需要在这个更新速度与查询速度之间取得一个均衡点。

（4）在表中插入数据后创建索引。

8.2　创建索引、修改索引和删除索引

8.2.1　创建索引

创建索引，可用 SQL Developer 或 PL/SQL 语句两种方式进行。

1. 使用 SQL Developer 创建索引

使用 SQL Developer 创建索引举例如下。

【例 8.1】　使用 SQL Developer，在 stsys 数据库 student 表的 sbirthday 列，创建一个升序索引 ixBirthday。

操作步骤如下。

（1）启动 SQL Developer，在"连接"结点下打开数据库连接 sys_stsys，右击"索引"结点，在弹出的快捷菜单中选择"新建索引"命令，出现"新建索引"窗口，在"名称"框中输入索引名称，这里输入 ixBirthday，在"表"框中单击下拉按钮，在弹出的下拉菜单中选择 student，选择"类型"为"普通"、"不唯一"，在"列名或表达式"框中单击下拉按钮，在弹出的下拉菜单中选择 sbirthday 列，在"索引"框中单击"＋"按钮可添加列，单击"×"按钮可删除列，"顺序"默认为升序，如图 8.1 所示。

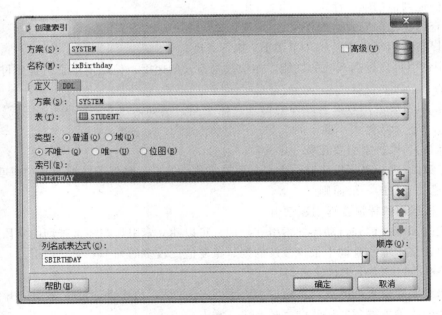

图 8.1　"新建索引"窗口

（2）单击"确定"按钮，完成创建索引工作。

2. 使用 PL/SQL 语句创建索引

在使用 SQL 命令创建索引时，必须满足以下条件之一。

- 索引的表或簇必须在自己的模式中。
- 必须在要索引的表上具有 INDEX 权限。
- 必须具有 CREATE ANY INDEX 权限。

语法格式：

```
CREATE [UNIQUE|BITMAP] INDEX                    /* 索引类型 */
     [<用户方案名>.]<索引名>
  ON <表名>(<列名>|<列名表达式> [ASC|DESC] [,…n])
[LOGGING | NOLOGGING]                           /* 指定是否创建相应的日志记录 */
[COMPUTE STATISTICS]                            /* 生成统计信息 */
[COMPAESS | NOCOMPRESS]                         /* 对复合索引进行压缩 */
[TABLESPACE <表空间名>]                          /* 索引所属表空间 */
[SORT | NOSORT]                                 /* 指定是否对表进行排序 */
[REVERSE]
```

说明：

- UNIQUE：指定所基于的列（或多列）值必须唯一，默认的索引是非唯一的。
- BITMAP：指定创建位图索引。
- ＜用户方案名＞.：包含索引的方案。
- ON：在指定表的列中创建索引。
- ＜列名表达式＞：用指定表的列、常数、SQL 函数和自定义函数的表达式创建基于函数的索引。
- ［LOGGING | NOLOGGING］：LOGGING 选项指规定创建索引时，创建相应的日志。NO LOGGING 选项在创建索引时不产生重做日志信息，默认为 LOGGING。

【例 8.2】 在 stsys 数据库中 score 表的 grade 列上，创建一个索引 ixGrade。

```
CREATE INDEX ixGrade ON score(grade);
```

【例 8.3】 在 stsys 数据库中 student 表的 sname 列和 tc 列，创建一个复合索引 ixNameTc。

```
CREATE INDEX ixNameTc ON student(sname,tc);
```

8.2.2 修改索引

修改索引的方法有两种：使用 SQL Developer 和使用系统存储过程 PL/SQL 语句。

1. 使用 SQL Developer 修改索引

使用 SQL Developer 修改索引举例如下。

【例 8.4】 使用 SQL Developer，将 student 表上建立的索引 ixBirthday 修改为 ixBirthdayStudent。

操作步骤如下。

(1) 启动 SQL Developer，打开数据库连接 sys_stsys，展开"索引"结点，右击 ixBirthday 索引，在弹出的快捷菜单中选择"编辑"命令，出现"编辑索引"窗口，如图 8.2 所示。

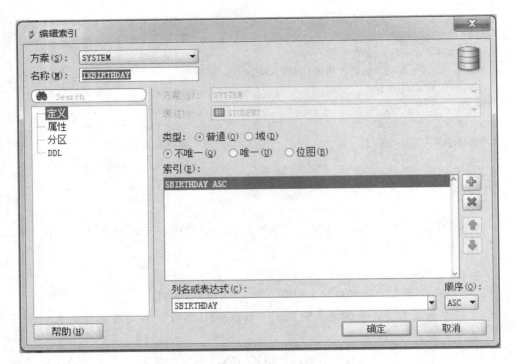

图 8.2 "编辑索引"窗口

(2) 在"名称"框中，将 ixBirthday 修改为 ixBirthdayStudent。

(3) 单击"确定"按钮，完成修改索引属性工作。

2. 使用 PL/SQL 语句修改索引

使用 ALTER INDEX 语句修改索引必须在操作者自己的模式中，或者操作者拥有 ALTER ANY INDEX 系统权限。

语法格式：

```
ALTER INDEX [<用户方案名>.]<索引名>
[LOGGING | NOLOGGING]
[TABLESPACE <表空间名>]
[SORT | NOSORT]
[REVERSE]
[RENAME TO <新索引名>]
```

说明：RENAME TO 子句用于修改索引的名称，其余选项与 CREATE INDEX 语句相同。

【例 8.5】　修改例 8.2 创建的索引 ixGrade。

```
ALTER INDEX ixGrade
   RENAME TO ixGradeScore;
```

8.2.3　删除索引

索引的删除有两种方式：SQL Developer 和 PL/SQL 语句。

1. 使用 SQL Developer 删除索引

使用 SQL Developer 删除索引举例如下。

启动 SQL Developer，在"连接"结点下打开数据库连接 sys_stsys，展开"表"结点，右击 student 表，在弹出的快捷菜单中选择"索引"→"删除"命令，屏幕出现"删除对象"窗口，单击"删除索引"框下拉箭头，在弹出的下拉菜单中选择 ixBirthdayStudent，单击"应用"按钮，完成索引删除工作。

2. 使用 PL/SQL 语句删除索引

使用 PL/SQL 语句中的 DROP INDEX 语句删除索引。

语法格式：

```
DROP INDEX
{ index_name ON table_or_view_name [ , …n ]
   | table_or_view_name. index_name [ , …n ]
}
```

【例 8.6】　删除已建索引 ixGradeScore。

```
DROP INDEX ixGradeScore;
```

8.3　同义词概述

同义词（synonym）是表、索引、视图或者其他数据库对象的一个别名。使用同义词，一方面是简化数据库对象的访问，另一方面也为数据库对象提供一定的安全性保证，另外，当数据库对象改变时，只需修改同义词而不需修改应用程序。Oracle 只在数据字典中保存同义词的定义描述，因此同义词并不占用任何实际的存储空间。

例如，system 用户拥有的 student 表，scott 用户引用该表就必须使用语法：system. student，这就需要另外的用户知道 student 表的拥有者，为了避免这种情况的发生，可以创建一个公共同义词 student 指向 system. student，无论何时引用同义词 student，它都指向 system. student。

在 Oracle 中可以创建两种类型的同义词。

1）公用同义词

公用同义词（public synonym）是由 PUBLIC 用户组所拥有，数据库中所有的用户都可以使用公用同义词。

2）私有同义词

私有同义词（private synonym）是由创建它的用户（或方案）所拥有，用户可以控制其他用户是否有权使用属于自己的方案同义词。

8.4　创建、使用和删除同义词

创建、使用和删除同义词介绍如下。

8.4.1　创建同义词

创建同义词使用 CREATE SYNONYM 语句。

语法格式：

CREATE [PUBLIC] SYNONYM [用户方案名．]<同义词名>
　FOR [用户方案名．]对象名[@<远程数据库同义词>]

说明：PUBLIC：指定创建的同义词是公用还是私有同义词。如果不使用此选项，则默认为创建私有同义词。

同义词名：创建的同义词名称，命名规则与表名和字段名命名规则相同。

【例 8.7】　为 system 用户拥有的 course 表创建公用同义词 course。

CREATE PUBLIC SYNONYM course
　FOR system course;

8.4.2　使用同义词

使用同义词举例如下。

【例 8.8】　scott 用户使用同义词查询 system 用户的 student 表。

（1）system 用户向 scott 用户授予查询 student 表的权限。

启动 SQL＊Plus，使用 system 用户连接数据库，执行以下语句，执行情况如图 8.3 所示。

GRANT SELECT ON student TO scott;

（2）未创建同义词时，scott 用户查询 student 表。

使用 scott 用户连接数据库。

CONNECT scott/tiger

当 scott 用户用以下语句查询 student 表时，由于未指定其所有者出错。

SELECT ＊ FROM student;

此时，scott 用户查询 student 表的需要指定其所有者 system，语句如下。

SELECT ＊ FROM system. student;

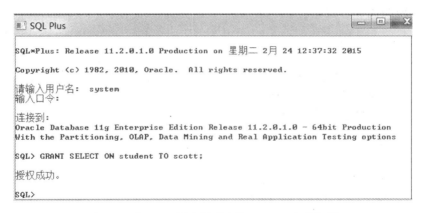

图 8.3　向 scott 用户授予查询 student 表的权限

执行情况如图 8.4 所示。

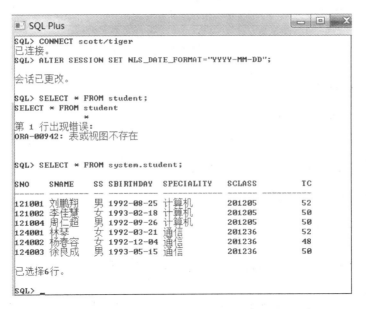

图 8.4　未创建同义词时 scott 用户查询 student 表

（3）创建同义词，scott 用户使用同义词查询 student 表。

使用 system 用户连接数据库，执行以下语句创建同义词 student。

```
CREATE PUBLIC SYNINYM student FOR system. student;
```

使用 scott 用户连接数据库，该用户使用同义词查询 student 表。

```
CONNECT scott/tiger
```

```
SELECT * FROM student;
```

索引、同义词和序列

执行情况如图 8.5 所示。

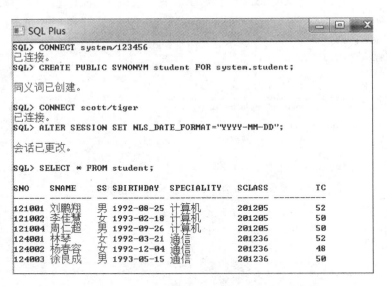

图 8.5　scott 用户使用同义词查询 student 表

8.4.3　删除同义词

使用 DROP SYNONYM 语句删除同义词。

语法格式：

DROP [PUBLIC] SYNONYM [用户名 .]<同义词名>

【例 8.9】　删除公用同义词 system。

DROP PUBLIC SYNONYM system;

8.5　序　列　概　述

序列（sequence）是一种数据库对象，定义在数据字典中，用来自动产生一组唯一的序号。序列是一种共享式的对象，多个用户可以共同使用序列中的序号。

一般序列所生成的整数通常可以用来填充数字类型的主键列，这样当向表中插入数据时，主键列就使用了序列中的序号，从而保证主键的列值不会重复。用这种方法替代在应用程序中产生主键值的方法，可以获得更可靠的主键值。

序列的类型可分为以下两种。

1）升序

序列值由初始值向最大值递增，此为创建序列的默认设置。

2）降序

序列值由初始值向最小值递减。

8.6　创建、使用、修改和删除序列

序列的创建、使用、修改和删除介绍如下。

8.6.1　创建序列

使用 CREATE SEQUENCE 语句创建序列。

语法格式：

```
CREATE SEQUENCE [用户方案名 . ] <序列名>        / * 将要创建的序列名称 * /
    [ INCREMENT BY <数字值>]                    / * 递增或递减值 * /
    [ START WITH <数字值>]                      / * 初始值 * /
    [ MAXVALUE <数字值> ｜ NOMAXVALUE]          / * 最大值 * /
    [ MINVALUE <数字值> ｜ NOMINVALUE]          / * 最小值 * /
    [ CYCLE ｜ NOCYCLE]                         / * 是否循环 * /
    [ CACHE <数字值> ｜ NOCACHE]                / * 高速缓冲区设置 * /
    [ ORDER ｜ NOORDER]                         / * 序列号是序列否,按照顺序生成 * /
```

说明：

• INCREMENT BY

指定该序列每次增加的整数增量。指定为正值则创建升序序列，负值则创建降序序列。

• START WITH

序列的起始值。如果不指定该值，对升序序列使用该序列默认的最小值，对降序序列使用该序列默认的最大值。

• MAXVALUE

序列可允许的最大值。如果指定为 NOMAXVALUE，则对升序序列使用默认值 1.0E27，对降序序列使用默认值－1。

• MINVALUE

序列可允许的最小值。如果指定为 NOMINVALUE，则对升序序列使用默认值1，对降序序列使用默认值－1.0E26。

• CYCLE

指定该序列即使已经达到最大值或最小值也继续生成整数。当升序序列达到最大值时，下一个生成的值是最小值。当降序序列达到最小值时，下一个生成的值是最大值。如果指定为 NOCYCLE，则序列在达到最大值或最小值之后停止生成任何值。

• CACHE

指定要保留在内存中整数的个数。默认要缓存的整数为 20 个，可以缓存的整数最少为两个。

【例 8.10】 创建一个升序序列 seqCustomer。

```
CREATE SEQUENCE seqCustomer
    INCREMENT BY 1
    START WITH 100001
    MAXVALUE 999999
    NOCYCLE
    NOCACHE
    ORDER;
```

8.6.2 使用序列

在使用序列前，先介绍序列中的两个伪列 nextval 和 currval。

（1）nextval：用于获取序列的下一个序号值。

语法格式：

```
<sequence_name>.nextval
```

在使用序列为表中的字段自动生成序列号时，使用此伪列。

（2）currval：用于获取序列的当前序号值。

语法格式：

```
<sequence_name>.currval
```

在使用一次 nextval 之后才能使用此伪列。

【例 8.11】 向 customer 表添加记录时，使用创建的序列 seqCustomer 为表中的主键 customerID 自动赋值。

创建 customer 表语句如下。

```
CREATE TABLE customer
(
customerID number(6) NOT NULL PRIMARY KEY,
cname char(8) NOT NULL,
address char(40) NULL
);
```

向 customer 表插入两条记录，添加记录时使用序列 seqCustomer 为表中的主键 customerID 自动赋值。

```
INSERT INTO customer
    VALUES (seqCustomer.nextval,'李星宇','公司集体宿舍');
INSERT INTO customer
    VALUES (seqCustomer.nextval,'徐培杰','公司集体宿舍');
```

查询该表添加的记录。

```
SELECT * FROM customer;
```

查询结果：

```
CUSTOMERID    CNAME      ADDRESS
-----------  ---------  ---------------
100001        李星宇     公司集体宿舍
100002        徐培杰     公司集体宿舍
```

8.6.3 修改序列

使用 ALTER SEQUENCE 语句修改序列。

语法格式：

```
ALTER SEQUENCE [用户方案名.] <序列名>
    [INCREMENT BY <数字值>]                    /* 递增或递减值 */
    [MAXVALUE <数字值> | NOMAXVALUE]           /* 最大值 */
    [MINVALUE <数字值> | NOMINVALUE]           /* 最小值 */
    [CYCLE | NOCYCLE]                          /* 是否循环 */
    [CACHE <数字值> | NOCACHE]                 /* 高速缓冲区设置 */
    [ORDER | NOORDER]                          /* 序列号是序列否,按照顺序生成 */
```

各个选项的含义参见 CREATE SEQUENCE 语句。

【例 8.12】 修改序列 seqCustomer。

```
ALTER SEQUENCE seqCustomer
    INCREMENT BY 2;
```

8.6.4 删除序列

删除序列使用 DROP SEQUENCE 语句。

语法格式：

```
DROP SEQUENCE <序列名>
```

【例 8.13】 删除序列 seqCustomer。

```
DROP SEQUENCE seqCustomer;
```

8.7 小 结

本章主要介绍了以下内容。

（1）在 Oracle 中，索引（Index）是对数据库表中一个或多个列的值进行排序的数据库结构，用于快速查找该表的一行数据，索引包含索引条目，每一个索引条目都有一个键值和一个 RowID，键值由表中的一列或多列生成。

（2）创建索引、修改索引和删除索引，可用 SQL Developer 或 PL/SQL 语句两种方式进行。

创建索引使用 CREATE INDEX 语句，修改索引使用 ALTER INDEX 语句，删除索引使用 DROP INDEX 语句。

（3）同义词（synonym）是表、索引、视图或者其他数据库对象的一个别名。使用同义词，一方面是简化数据库对象的访问，另一方面也为数据库对象提供一定的安全性保证，另外，当数据库对象改变时，只需修改同义词而不需修改应用程序。Oracle 只在数据字典中保存同义词的定义描述，因此同义词并不占用任何实际的存储空间。

（4）创建同义词使用 CREATE SYNONYM 语句，删除同义词使用 DROP SYNONYM 语句。

（5）序列（sequence）是一种数据库对象，定义在数据字典中，用来自动产生一组唯一的序号。序列是一种共享式的对象，多个用户可以共同使用序列中的序号。一般序列所生成的整数通常可以用来填充数字类型的主键列，这样当向表中插入数据时，主键列就使用了序列中的序号，从而保证主键的列值不会重复。

（6）创建序列使用 CREATE SEQUENCE 语句，修改序列使用 ALTER SEQUENCE 语句，删除序列使用 DROP SEQUENCE 语句。

习 题 8

一、选择题

1. 为 student 表的 3 个列 sno、sname 和 ssex 分别建立索引，应选_____。

   A. 都创建 B 树索引

   B. 分别创建 B 树索引、位图索引和 B 树索引

   C. 都创建位图索引

   D. 分别创建 B 树索引、位图索引和位图索引

2. _____不是 RowID 的作用。

   A. 标识各条记录   B. 保持记录的物理地址

   C. 保持记录的头信息   D. 快速查询指定的记录

3. 关于同义词的描述中，_____是不正确的。

   A. 同义词是数据库对象的一个别名

   B. 同义词分为公用同义词和私有同义词

   C. 公用同义词在数据库中所有的用户都可以使用，私有同义词由创建它的用户所拥有

   D. 在创建同义词时，所替代的模式对象必须存在

4. 要为 teacher 表的 tno 列（主键列）生成唯一连续的整数，应选_____。

   A. 序列   B. 视图   C. 索引   D. 同义词

二、填空题

1. 索引用于_____。

2. 序列定义在_____中。

3. _____是表、索引、视图等数据库对象的一个别名。

4. 使用序列可以用其中的伪列来获取相应的序列值，_____用于获取序列的下

一个序列值，_____用于获取序列的当前序列值。

三、应用题

1. 写出在 course 表上 credit 列建立索引的语句。

2. 写出在 teacher 表上 tname 列和 tbirthday 建立索引的语句。

3. scott 用户使用同义词查询 system 用户的 score 表。

4. 向 employee 表添加记录时，使用创建的序列 seqEmployee 为表中的主键 eid 自动赋值。

第9章 数据完整性

 本章要点

- 数据完整性概述
- 域完整性
- 实体完整性
- 参照完整性

数据完整性指数据库中的数据的正确性、一致性和有效性，数据完整性是衡量数据库质量的标准之一，本章介绍数据完整性的分类，域完整性、实体完整性和参照完整性等内容。

9.1 数据完整性概述

数据完整性规则通过约束来实现，约束是在表上强制执行的一些数据校验规则，在插入、修改或者删除数据时必须符合在相关字段上设置的这些规则，否则报错。

Oracle 使用完整性约束机制以防止无效的数据进入数据库的基表，如果一个 DML 语句执行结果破坏完整性约束，就会回滚语句并返回一个错误。通过完整性约束实现数据完整性规则有以下优点。

- 完整性规则定义在表上，存储在数据字典中，应用程序的任何数据都必须遵守表的完整性约束。
- 当定义或修改完整性约束时，不需要额外编程。
- 用户可指定完整性约束是启用或禁用。
- 当由完整性约束所实施的事务规则改变时，只需改变完整性约束的定义，所有应用自动地遵守所修改的约束。

数据完整性一般包括域完整性、实体完整性、参照完整性和用户定义完整性，下面分别进行介绍。

1. 域完整性

域完整性指列数据输入的有效性，又称列完整性，通过 CHECK 约束、DEFALUT 约束、NOT NULL 约束、数据类型和规则等实现域完整性。

CHECK 约束通过显示输入到列中的值来实现域完整性，例如：对于 stsys 数据库

score 表，grade 规定为 0 分到 100 分之间，可用 CHECK 约束表示。

2. 实体完整性

实体完整性要求表中有一个主键，其值不能为空且能唯一地标识对应的记录，又称为行完整性，通过 PRIMARY KEY 约束、UNIQUE 约束、索引或 IDENTITY 属性等实现数据的实体完整性。

例如，对于 stsys 数据库中 student 表，sno 列作为主键，每一个学生的 sno 列能唯一地标识该学生对应的行记录信息，通过 sno 列建立主键约束实现 student 表的实体完整性。

3. 参照完整性

参照完整性保证主表中的数据与从表中数据的一致性，又称为引用完整性，参照完整性确保键值在所有表中一致，通过定义主键（PRIMARY KEY）与外键（FOREIGN KEY）之间的对应关系实现参照完整性。

主键（PRIMARY KEY）：表中能唯一标识每个数据行的一个或多个列。

外键（FOREIGN KEY）：一个表中的一个或多个列的组合是另一个表的主键。

例如，将 student 表作为主表，表中的 sno 列作为主键，score 表作为从表，表中的 sno 列作为外键，从而建立主表与从表之间的联系实现参照完整性，student 表和 score 表的对应关系如表 9.1 和表 9.2 所示。

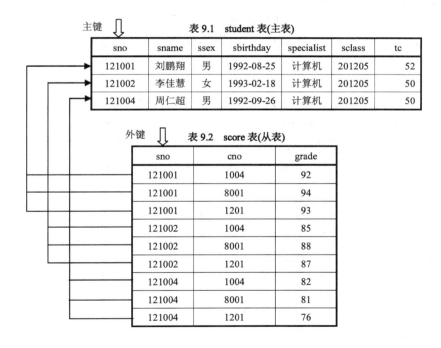

表 9.1　student 表(主表)

sno	sname	ssex	sbirthday	specialist	sclass	tc
121001	刘鹏翔	男	1992-08-25	计算机	201205	52
121002	李佳慧	女	1993-02-18	计算机	201205	50
121004	周仁超	男	1992-09-26	计算机	201205	50

表 9.2　score 表(从表)

sno	cno	grade
121001	1004	92
121001	8001	94
121001	1201	93
121002	1004	85
121002	8001	88
121002	1201	87
121004	1004	82
121004	8001	81
121004	1201	76

如果定义了两个表之间的参照完整性，则要求如下。

- 从表不能引用不存在的键值。
- 如果主表中的键值更改了，那么在整个数据库中，对从表中该键值的所有引用要进行一致的更改。

- 如果要删除主表中的某一记录，应先删除从表中与该记录匹配的相关记录。

概括起来，Oracle 数据库中的数据完整性包括域完整性、实体完整性、参照完整性和实现上述完整性的约束，内容如下。

- CHECK 约束，检查约束，实现域完整性。
- NOT NULL 约束，非空约束，实现域完整性。
- PRIMARY KEY 约束，主键约束，实现实体完整性。
- UNIQUE KEY 约束，唯一性约束，实现实体完整性。
- FOREIGN KEY 约束，外键约束，实现参照完整性。

9.2 域完整性

域完整性通过 CHECK 约束实现，CHECK 约束对输入列或整个表中的值设置检查条件，以限制输入值，保证数据库的数据完整性，下面介绍通过 CHECK 约束实现域完整性。

9.2.1 使用 SQL Developer 实现域完整性

1. 使用 SQL Developer 创建 CHECK 约束

使用 SQL Developer 创建 CHECK 约束举例如下。

【例 9.1】 使用 SQL Developer，在 stsys 数据库 student 表的 ssex 列，创建一个性别为男或女的 CHECK 约束 CK_ssex。

操作步骤如下。

（1）启动 SQL Developer，在"连接"结点下打开数据库连接 sys_stsys，展开"表"结点，右击表 student，在弹出的快捷菜单中选择"约束条件"→"添加检查"命令，出现图 9.1 所示的"添加检查"窗口中，在"约束条件名称"栏输入约束名称 CK _ssex，在"检查条件"栏输入相应的 CHECK 约束表达式为 ssex in ('男','女')。

图 9.1 "添加检查"窗口

（2）单击"应用"按钮，完成"CHECK 约束"的创建。

2. 使用 SQL Developer 修改或删除 CHECK 约束

使用 SQL Developer 修改或删除 CHECK 约束举例如下。

【例 9.2】 使用 SQL Developer，修改或删除创建的 CHECK 约束 CK_ssex。

操作步骤如下。

（1）启动 SQL Developer，在"连接"结点下打开数据库连接 sys_stsys，展开"表"结点，右击表 student，在弹出的快捷菜单中选择"编辑"命令，出现"编辑表"窗口，如图 9.2 所示。

图 9.2 "编辑表"窗口

（2）在"编辑表"窗口中，单击"添加"按钮，可以添加一个检查约束；单击"删除"按钮，可以删除一个检查约束；在选择一个检查约束后，可在"名称"栏中修改名称，在"条件"栏修改相应的检查约束表达式。

（3）单击"确定"按钮，完成上述"CHECK 约束"的添加、删除或修改。

9.2.2 使用 PL/SQL 语句实现域完整性

1. 在创建表时使用 PL/SQL 语句创建 CHECK 约束

在创建表时使用 PL/SQL 语句创建 CHECK 约束有作为列的约束或作为表的约束两种方式。

语法格式：

```
CREATE TABLE <表名>
( <列名> <数据类型> [DEFAULT <默认值>] [NOT NULL | NULL]
   [CONSTRAINT < CHECK 约束名>] CHECK(< CHECK 约束表达式>)        /* 定义为列的约束 */
   [, … n]
   [CONSTRAINT < CHECK 约束名>] CHECK(< CHECK 约束表达式>)        /* 定义为表的约束 */
)
```

其中，CONSTRAINT 关键字为 CHECK 约束定义名称，CHECK 约束表达式为逻辑表达式。

注意： 如果在指定的一个约束中，涉及多个列，该约束必须定义为表的约束。

【例 9.3】 在 stsys 数据库中创建表 goods2，包含以下域完整性定义。

```
CREATE TABLE goods2
(
   gid char(6) NOT NULL PRIMARY KEY,                  /* 商品号 */
   gname char(20) NOT NULL,                           /* 商品名 */
   gclass char(6) NOT NULL,                           /* 类型 */
   price number NOT NULL CHECK(price < = 8000),       /* 价格 */
   tradeprice number NOT NULL,                        /* 批发价格 */
   stockqt number NOT NULL,                           /* 库存量 */
   orderqt number NULL                                /* 订货尚未到货商品数量 */
);
```

在上述语句中，定义 goods2 表 price 列的 CHECK 约束表达式为 CHECK（price< = 8000），即价格小于或等于 8000。

【例 9.4】 在表 goods2 中，插入记录 1005，DELL Inspiron 15R，10，9899，14，7。

```
INSERT INTO goods2 VALUES('1005','DELL Inspiron 15R','10',9899,6930,14,7);
```

在 goods2 表 price 列，由于插入记录中的价格大于 8000，违反 CHECK 约束，系统报错，拒绝插入。

2. 在修改表时使用 PL/SQL 语句创建 CHECK 约束

语法格式：

```
ALTER TABLE <表名>
   ADD( CONSTRAINT < CHECK 约束名> CHECK(< CHECK 约束表达式>))
```

【例 9.5】 通过修改 goods2 表，增加批发价格列的 CHECK 约束。

```
ALTER TABLE goods2
   ADD CONSTRAINT CK_tradeprice CHECK(tradeprice < = 6000);
```

3. 使用 PL/SQL 语句删除 CHECK 约束

语法格式：

```
ALTER TABLE <表名>
    DROP CONSTRAINT < CHECK 约束名>
```

【例 9.6】　删除 stsc 数据库的 goods2 表批发价格列的 CHECK 约束。

```
ALTER TABLE goods2
    DROP CONSTRAINT CK_tradeprice;
```

9.3　实体完整性

实体完整性通过 PRIMARY KEY 约束、UNIQUE 约束等实现。

通过 PRIMARY KEY 约束定义主键，一个表只能有一个 PRIMARY KEY 约束，且 PRIMARY KEY 约束不能取空值，Oracle 为主键自动创建唯一性索引，实现数据的唯一性。

通过 UNIQUE 约束定义唯一性约束，为了保证一个表非主键列不输入重复值，应在该列定义 UNIQUE 约束。

PRIMARY KEY 约束与 UNIQUE 约束主要区别如下。

- 一个表只能创建一个 PRIMARY KEY 约束，但可创建多个 UNIQUE 约束。
- PRIMARY KEY 约束的列值不允许为 NULL，UNIQUE 约束的列值可取 NULL。
- 创建 PRIMARY KEY 约束时，系统自动创建聚集索引，创建 UNIQUE 约束时，系统自动创建非聚集索引。

PRIMARY KEY 约束与 UNIQUE 约束都不允许对应列存在重复值。

9.3.1　使用 SQL Developer 实现实体完整性

1. 使用 SQL Developer 创建和删除 PRIMARY KEY 约束

使用 SQL Developer 创建和删除 PRIMARY KEY 约束参见 4.3.1 节相关操作步骤。

2. 使用 SQL Developer 创建和删除 UNIQUE 约束

使用 SQL Developer 创建与删除 UNIQUE 约束举例如下。

【例 9.7】　使用 SQL Developer，在 course 表的课程名列，创建和删除 UNIQUE 约束。

操作步骤如下。

（1）启动 SQL Developer，展开"表"结点，右击表 student，在弹出的快捷菜单中选择"编辑"命令，出现"编辑表"窗口，单击"唯一约束条件"选项，如图 9.3 所示。

（2）单击"添加"按钮，在右边的"名称"栏中输入 UNIQUE 约束的名称，在

"可用列"栏选择要添加到 UNIQUE 约束的列，这里选择 TNO 列，然后单击">"按钮，将其添加到"所选列"中，如图 9.4 所示。

图 9.3 "编辑表"窗口"唯一约束条件"选项

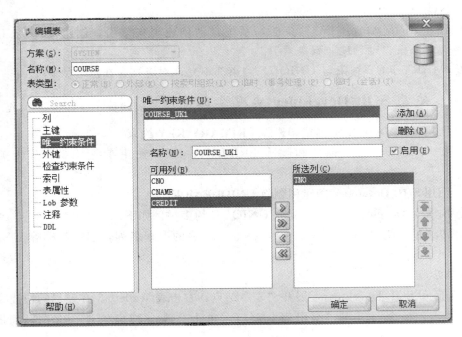

图 9.4 创建唯一键

（3）单击"确定"按钮，完成创建 UNIQUE 约束。

如果要删除 UNIQUE 约束，打开图 9.4 所示的"编辑表"窗口"唯一约束条件"选项，选择要删除的 UNIQUE 约束，单击"删除"按钮，最后单击"确定"按钮即可。

9.3.2 使用 PL/SQL 语句实现实体完整性

1. 在创建表时使用 PL/SQL 语句创建 PRIMARY KEY 约束和 UNIQUE 约束

语法格式：

```
CREATE TABLE <表名>                                    /* 指定表名 */
  (<列名> <数据类型> [NULL | NOT NULL]                  /* 定义字段 */
    {[CONSTRAINT <约束名>]                              /* 定义约束名 */
    PRIMARY KEY | UNIQUE }                              /* 定义约束类型 */
    [, … n]
  [, [CONSTRAINT <约束名>] {PRIMARY KEY | UNIQUE}(<列名>,[, … n]) ]
      /* 在所有列定义完毕后定义约束名和约束类型 */
)
```

说明：

- PRIMARY KEY | UNIQUE：定义约束类型，PRIMARY KEY 为主键，UNIQUE 为唯一键。
- 可以在某一列后面定义 PRIMARY KEY 约束和 UNIQUE 约束，也可以在所有列定义完毕后定义 PRIMARY KEY 约束和 UNIQUE 约束，但要提供要定义约束的列或列的组合。

【例 9.8】 对 stsys 数据库中 goods3 表的商品号列创建 PRIMARY KEY 约束，对商品名称列创建 UNIQUE 约束。

```
CREATE TABLE goods3
(
  gid char(6) NOT NULL CONSTRAINT PK_gid PRIMARY KEY,
  gname char(20) NOT NULL CONSTRAINT UK_gname UNIQUE,
  gclass char(6) NOT NULL,
  price number NOT NULL CONSTRAINT CK_price CHECK(price <= 8000),
  tradeprice number NOT NULL,
  stockqt number NOT NULL,
  orderqt number NULL
);
```

2. 在修改表时使用 PL/SQL 语句创建 PRIMARY KEY 约束或 UNIQUE 约束

语法格式：

```
ALTER TABLE <表名>
  ADD([CONSTRAINT <约束名>] {PRIMARY KEY | UNIQUE} (<列名>[, … n]))
```

说明：ADD CONSTRAINT 对指定表增加一个约束，约束类型为 PRIMARY KEY

数据完整性

约束或 UNIQUE 约束。

【例 9.9】 在 stsys 数据库中首先创建 goods4 表后，通过修改表，对商品号列创建 PRIMARY KEY 约束，对商品名称列创建 UNIQUE 约束。

创建 goods4 表语句如下：

```
CREATE TABLE goods4
(
    gid char(6) NOT NULL,
    gname char(20) NOT NULL,
    gclass char(6) NOT NULL,
    price number NOT NULL,
    tradeprice number NOT NULL,
    stockqt number NOT NULL,
    orderqt number NULL
);
```

通过修改表，对商品号列创建 PRIMARY KEY 约束，对商品名称列创建 UNIQUE 约束的语句如下：

```
ALTER TABLE goods4
    ADD (CONSTRAINT PK_goodsgid PRIMARY KEY (gid));
ALTER TABLE goods4
    ADD (CONSTRAINT UK_goodsgname UNIQUE (gname));
```

3. 使用 PL/SQL 语句删除 PRIMARY KEY 约束、UNIQUE 约束

语法格式：

```
ALTER TABLE <表名>
    DROP CONSTRAINT <约束名>[, … n];
```

【例 9.10】 删除上例创建的 PRIMARY KEY 约束、UNIQUE 约束。

```
ALTER TABLE goods4
    DROP CONSTRAINT PK_goodsgid;
ALTER TABLE goods4
    DROP CONSTRAINT UK_goodsgname;
```

9.4　参照完整性

表的一列或几列的组合的值在表中唯一地指定一行记录，选择这样的一列或多列的组合作为主键可实现表的实体完整性，通过定义 PRIMARY KEY 约束来创建主键。

外键约束定义了表与表之间的关系，通过将一个表中一列或多列添加到另一个表中，创建两个表之间的连接，这个列就成为第 2 个表的外键，通过定义 FOREIGN

KEY 约束来创建外键。

使用 PRIMARY KEY 约束或 UNIQUE 约束来定义主表主键或唯一键，FOREIGN KEY 约束来定义从表外键，可实现主表与从表之间的参照完整性。

定义表间参照关系的步骤是先定义主表主键（或唯一键），再定义从表外键。

9.4.1 使用 SQL Developer 实现参照完整性

使用 SQL Developer 创建和删除表间参照关系举例如下。

【例 9.11】 使用 SQL Developer，在 stsys 数据库中建立 student 表和 score 表的参照关系，再删除表间参照关系。

操作步骤如下。

（1）按照前面介绍的方法定义主表主键，此处已定义 student 表的 sno 列为主键。

（2）启动 SQL Developer，在"连接"结点下打开数据库连接 sys_stsys，展开"表"结点，右击表 score，在弹出的快捷菜单中选择"编辑"命令，出现"编辑表"窗口，单击"外键"选项。

（3）单击"添加"按钮，在右边的"名称"栏中输入外键的名称，这里是 score_student_FK1，在"引用表"栏中输入引用表的名称，这里是 student，在"关联"栏的"本地列"中显示可用于创建外键的列，可以在下拉列表框中选择，这里选择 sno，则在"student 上的引用列"显示 sno，如图 9.5 所示。

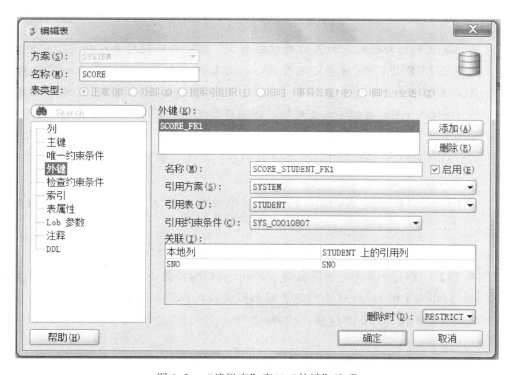

图 9.5 "编辑表"窗口"外键"选项

数据完整性

（4）单击"确定"按钮，完成表间参照关系的创建。

（5）在图 9.5 所示的界面中，选择需要删除的外键，这里是 SCORE_STUDENT_FK1，单击"删除"按钮，之后单击"确定"按钮，即可删除选择的外键。

9.4.2 使用 PL/SQL 语句实现参照完整性

1. 使用 PL/SQL 语句创建表间参照关系

创建主键（PRMARY KEY 约束）及唯一键（UNIQUE 约束）的方法在前面已作介绍，这里介绍通过 PL/SQL 语句创建外键的方法。

1）创建表的同时定义外键

语法格式：

```
CREATE TABLE <从表名>
(       <列定义> [ CONSTRAINT <约束名> ] REFERENCES <主表名>[ ( <列名> [ ,…n ] ) ]
        [ ,…n ]
        [ [ CONSTRAINT <约束名> ] [ FOREIGN KEY ( <列名> [ ,…n ] ) [<参照表达式>]]
)
```

其中：

```
<参照表达式>::=
    REFERENCES <主表名>[ ( <列名> [ ,…n ] ) ]
    [ ON DELETE { CASCADE | SET NULL } ]
```

说明：

- 可以定义列的外键约束和表的外键约束。定义列的外键约束在列定义的后面使用 REFERENCES 关键字定义外键，其对应的主表名的主键或唯一键的列名，在主表名后面的括号中指定。定义表的外键约束在列定义的后面使用 FOREIGN KEY 关键字定义外键，并在后面包含要定义的列。

- 定义外键定义有以下参照动作。

  ON DELETE CASCADE：定义级联删除，从主表删除数据时自动删除从表中匹配的行。

  ON DELETE SET NULL：从主表删除数据时设置从表中对应外键键列为 NULL。

  如果未指定动作，当删除主表数据时，如果违反外键约束，操作会被禁止。

【例 9.12】 创建 stu 表，字段名与 student 表相同，其中 sno 列作为外键，与已建立的以 sno 列作为主键 student 表创建表间参照关系，并插入两条记录：121001，刘鹏翔，1992-08-25 和 121002，李佳慧，1993-02-18。

```
CREATE TABLE stu
(
    sno char(6) NOT NULL REFERENCES student(sno),
```

```
    sname char(8) NOT NULL,
    sbirthday date NULL
);

INSERT INTO stu VALUES('121001','刘鹏翔',TO_DATE('19920825','YYYYMMDD'));
INSERT INTO stu VALUES('121002','李佳慧',TO_DATE('19930218','YYYYMMDD'));
```

> **提示**：建立 student 表和 stu 表的表间参照关系后，在 stu 表中输入数据，要求
> stu 表中所有的学生学号都必须出现在 student 表中，否则数据不能提交。

【例 9.13】　在 stu 表中，插入一条 student 表中不存在学号的记录：121005，王晓燕，1993-10-28；在 student 表中，删除一条 stu 表中已存在学号的记录：121001，刘鹏翔，1992-08-25。

```
INSERT INTO stu VALUES('121005','王晓燕',TO_DATE('19931028','YYYYMMDD'));
```

在 stu 表中插入的一条记录，其学号在 student 表中不存在，违反 FOREIGN KEY 约束，系统报错，拒绝插入。

```
DELETE FROM student
    WHERE sno = '121001';
```

在 student 表中删除一条记录，其学号在 stu 表中已存在，违反 FOREIGN KEY 约束，系统报错，拒绝删除。

【例 9.14】　创建 sco 表，字段名与 score 表相同，以学号、课程号组合作为外键，与已建立的以学号、课程号组合作为主键的 score 表创建表间参照关系，并且当删除 score 表中的记录时同时删除 sco 表中与主键对应的记录。

创建 sco 表，定义了外键和级联删除，其语句如下。

```
CREATE TABLE sco
(
    sno char(6)NOT NULL,
    cno char(4)NOT NULL,
    grade int NULL,
    CONSTRAINT FK_sco FOREIGN KEY(sno,cno) REFERENCES score (sno,cno)
        ON DELETE CASCADE
);
```

在从表 sco 中插入与主表 score 同样的 18 条记录。

由于在建立 score 表和 sco 表的表间参照关系时定义了级联删除，当删除 score 表 cno 为 1004 的记录时自动删除 stu 表中匹配行。

```
DELETE FROM score
    WHERE cno = '1004';
```

对主表执行结果进行查询，可以看出，主表已删除 cno 为 1004 的 3 条记录，剩下

15 条记录。

```
SELECT *
  FROM score;
```

查询结果：

```
SNO       CNO      GRADE
-------- -------- -------

124001    4002      94
124002    4002      74
124003    4002      87
121001    8001      94
121002    8001      88
121004    8001      81
124001    8001      95
124002    8001      73
124003    8001      86
...

15 rows selected
```

对从表执行结果进行查询，此时从表中自动删除 cno 为 1004 的 3 条记录，剩下 15 条记录，实现了级联删除。

```
SELECT *
  FROM sco;
```

查询结果：

```
SNO      CNO       GRADE
------- --------- -------
124001    4002      94
124002    4002      74
124003    4002      87
121001    8001      94
121002    8001      88
121004    8001      81
124001    8001      95
124002    8001      73
124003    8001      86
...

15 rows selected
```

提示：本例在建立 score 表和 sco 表的表间参照关系中，由于使用了 ON DELETE CASCADE 语句，当删除 score 表记录时，自动删除 stu 表中匹配行。

2）通过修改表定义外键

语法格式：

```
ALTER TABLE <表名>
    ADD CONSTRAINT <约束名>
        FOREIGN KEY( <列名>[,…n])
        REFERENCES <主表名>(<列名>[,…n]) <参照表达式>
```

【例 9.15】 修改 stsys 数据库中 score 表的定义，将它的"课程号"列定义为外键，假设 course 表的"课程号"列已定义为主键。

```
ALTER TABLE score
    ADD CONSTRAINT FK_score_course FOREIGN KEY(cno)
    REFERENCES course(cno);
```

2. 使用 PL/SQL 语句删除表间参照关系

语法格式：

```
ALTER TABLE <表名>
    DROP CONSTRAINT <约束名>[,…n];
```

【例 9.16】 删除以上对 score 课程号列定义的 FK_score_course 外键约束。

```
ALTER TABLE score
    DROP CONSTRAINT FK_score_course;
```

9.5　综合训练

1. 训练要求

（1）在 stsys 数据库中建立 3 个表：st、co 和 sc。

（2）将 st 表中 sno 修改为主键。

（3）将 st 表中的 age 列的值应设在 16～25 之间。

（4）将 sc 表中 sno 设置为引用 sc 表中 sno 列的外键。

（5）将 sc 表中 cno 设置为引用 co 表中 cno 列的外键。

（6）删除前面所有的限定。

2. 实现的程序代码

根据题目要求，编写 PL/SQL 语句如下。

（1）在 stsys 数据库中创建 3 个表。

```
CREATE TABLE st                          /* 学生表 */
(   sno char(5),                         /* 学号 */
    sname char(10),                      /* 姓名 */
    age int,                             /* 年龄 */
    sex char(2)                          /* 性别 */
);
```

数据完整性

```
CREATE TABLE co                              /* 课程表 */
(   cno char(5),                             /* 课程号 */
    cname char(10),                          /* 课程名 */
    teacher char(10)                         /* 任课教师 */
);
CREATE TABLE sc                              /* 成绩表 */
(   sno char(5),                             /* 学号 */
    cno char(5),                             /* 课程号 */
    grade int                                /* 分数 */
);
```

（2）先将 st 中 sno 改为非空属性，然后将其设置为主键。

```
ALTER TABLE st
    MODIFY sno NOT NULL;
ALTER TABLE st
    ADD (CONSTRAINT PK_sno PRIMARY KEY(sno));
```

（3）st 表中的 age 列的值应在 16～25 之间。

```
ALTER TABLE st
    ADD (CONSTRAINT CK_age CHECK(age >= 16 AND age <= 25));
```

（4）将 sc 表中 sno 设置为引用 st 表中 sno 列的外键。

```
ALTER TABLE sc
    ADD CONSTRAINT FK_sno
        FOREIGN KEY (sno) REFERENCES st (sno);
```

（5）先将 co 表中 cno 设为主键，然后建立引用关系。

```
ALTER TABLE co
    MODIFY cno NOT NULL;
ALTER TABLE co
    ADD (CONSTRAINT PK_cno PRIMARY KEY(cno));
ALTER TABLE sc
    ADD CONSTRAINT FK_cno
        FOREIGN KEY (cno) REFERENCES co (cno);
```

（6）删除 sc 表中设定的外键、st 表中设定的主键和检查约束和 co 表中设定的主键。

```
ALTER TABLE sc
    DROP CONSTRAINT FK_sno;
ALTER TABLE sc
    DROP CONSTRAINT FK_cno;
ALTER TABLE st
    DROP CONSTRAINT PK_sno;
ALTER TABLE st
    DROP CONSTRAINT CK_age;
```

```
ALTER TABLE co
    DROP CONSTRAINT PK_cno;
```

9.6 小　　结

本章主要介绍了以下内容。

（1）数据完整性指数据库中的数据的正确性、一致性和有效性，数据完整性是衡量数据库质量的标准之一。数据完整性规则通过约束来实现，约束是在表上强制执行的一些数据校验规则，在插入、修改或者删除数据时必须符合在相关字段上设置的这些规则，否则报错。

Oracle 数据库中的数据完整性包括域完整性、实体完整性、参照完整性和实现上述完整性的约束，内容如下。

- CHECK 约束，检查约束，实现域完整性。
- NOT NULL 约束，非空约束，实现域完整性。
- PRIMARY KEY 约束，主键约束，实现实体完整性。
- UNIQUE KEY 约束，唯一性约束，实现实体完整性。
- FOREIGN KEY 约束，外键约束，实现参照完整性。

（2）域完整性指列数据输入的有效性，又称列完整性。

域完整性可通过 CHECK 约束实现，可用 SQL Developer 或 PL/SQL 语句两种方式创建、修改和删除 CHECK 约束。

（3）实体完整性要求表中有一个主键，其值不能为空且能唯一地标识对应的记录，又称为行完整性。

实体完整性可通过 PRIMARY KEY 约束、UNIQUE 约束等实现，可用 SQL Developer 或 PL/SQL 语句两种方式创建、修改和删除 PRIMARY KEY 约束、UNIQUE 约束。

（4）参照完整性保证主表中的数据与从表中数据的一致性，又称为引用完整性，参照完整性确保键值在所有表中一致。

参照完整性通过定义主键（PRIMARY KEY）与外键（FOREIGN KEY）之间的对应关系实现，可用 SQL Developer 或 PL/SQL 语句两种方式创建、修改和删除 PRIMARY KEY 约束、FOREIGN KEY 约束。

习　题　9

一、选择题

1. 唯一性约束与主键约束的区别是_____。

    A. 唯一性约束的字段可以为空值

    B. 唯一性约束的字段不可以为空值

    C. 唯一性约束的字段的值可以不是唯一的

数据完整性

　　D．唯一性约束的字段的值不可以有重复值

2．使字段不接受空值的约束是_____。

　　A．IS EMPTY　　　　　　　　　　B．IS NULL

　　C．NULL　　　　　　　　　　　　D．NOT NULL

3．使字段的输入值小于 100 的约束是_____。

　　A．CHECK　　　　　　　　　　　B．PRIMARY KYE

　　C．UNIQUE KEY　　　　　　　　D．FOREIGN KEY

4．保证一个表非主键列不输入重复值的约束是_____。

　　A．CHECK　　　　　　　　　　　B．PRIMARY KYE

　　C．UNIQUE KEY　　　　　　　　D．FOREIGN KEY

二、填空题

1．数据完整性一般包括_____、_____、_____和_____。

2．完整性约束有_____约束、_____约束、_____约束、_____约束和_____约束。

3．实体完整性可通过_____、_____实现。

4．参照完整性通过_____和_____之间的对应关系实现。

三、应用题

1．在 score 表的 grade 列添加 CHECK 约束，限制 grade 列的值在 0 到 100 之间。

2．删除 student 表的 sno 列的 PRIMARY KEY 约束，然后在该列添加 PRIMARY KEY 约束。

3．在 score 表的 sno 列添加 FOREIGN KEY 约束，与 student 表中主键列创建表间参照关系。

4．在 course 表中 tno 列创建外键，与 teacher 表中主键列创建表间参照关系。

第 10 章 PL/SQL 程序设计

本章要点

- PL/SQL 编程
- PL/SQL 字符集
- 数据类型
- 标识符、常量和变量
- 运算符和表达式
- PL/SQL 基本结构和控制语句
- 异常

PL/SQL（Procedural Language/SQL）是 Oracle 对标准 SQL 的扩展，是一种过程化语言和 SQL 语言的结合，它与 C、C++ 和 Java 类似，可以实现比较复杂的业务逻辑，如逻辑判断、分支、循环以及异常处理等，既具有查询功能，也允许将 DML 语言、DDL 语言和查询语句包含在块结构和代码过程语言中，从而使 PL/SQL 成为一种功能强大的事务处理语言。

10.1　PL/SQL 编程

PL/SQL 是面向过程语言和 SQL 语言的结合，PL/SQL 在 SQL 语言中扩充了面向过程语言的程序结构，例如数据类型和变量，分支、循环等程序控制结构，过程和函数等。

PL/SQL 具有以下优点。

（1）模块化。

能够使一组 SQL 语句的功能更具模块化，便于维护。

（2）可移植性。

PL/SQL 块可以被命名和存储在 Oracle 服务器中，能被其他的 PL/SQL 程序或 SQL 命令调用，具有很好的可移植性。

（3）安全性。

可以使用 Oracle 数据工具来管理存储在服务器中的 PL/SQL 程序的安全性，可以对程序中的错误进行自动处理。

（4）便利性。

集成在数据库中，调用更加方便快捷。

（5）高性能。

PL/SQL 是一种高性能的基于事务处理的语言，能运行在 Oracle 环境中，支持所有的数据处理命令，不占用额外的传输资源，降低了网络拥挤。

10.2　PL/SQL 字符集

PL/SQL 字符集包括用户能从键盘上输入的字符和其他字符。

在使用 PL/SQL 进行程序设计时，可以使用的有效字符包括以下 3 类。

（1）所有的大写和小写英文字母。

（2）数字 0～9。

（3）符号 ()、＋、－、＊、/、<、>、=、!、~、;、:、.、`、@、%、,、"、#、^、&、_、{,}、?、[,]。

PL/SQL 为支持编程，还使用其他一些符号，表 10.1 列出了编程常用的部分其他符号。

表 10.1　部分其他符号

符 号	意　　义	样　　例
()	列表分隔	('Edward'，'Jane')
;	语句结束	Procedure_name (arg1，arg2);
.	项分离（在例子中分离 area 与 table_name）	Select ＊ from ares. table_name
'	字符串界定符	If var1＝ 'x＋1'
:=	赋值	x：＝x＋1
||	并置	Full_name：＝ 'Jane' | | ' ' | | 'Eyre'
--	单行注释符	--Success!
/＊和＊/	多行注释起始符和终止符	/＊Continue loop.＊/

10.3　数　据　类　型

数据类型已在 4.2.2 节作了介绍，这里仅介绍编程中常用数据类型和数据类型转换。

10.3.1　常用数据类型

1. VARCHAR 类型

VARCHAR 与 VARCHAR2 均为可变长的字符数据类型，含义完全相同。

语法格式：

```
variable_name varchar (n);
```

其中，长度值 *n* 是该变量的最大长度且必须是正整数，例如：

```
v_cname varchar (20);
```

可以在定义变量时同时进行初始化，例如：

```
v_cname varchar (20) := 'Computer Network';
```

2. NUMBER 类型

NUMBER 数据类型可用来表示所有的数值类型。

语法格式：

```
variable_name number(precision,scale);
```

其中，precision 表示总的位数；scale 表示小数的位数，scale 默认表示小数位为 0。如果实际数据超出设定精度则出现错误。

例如：

```
v_num number(10,2);
```

3. DATE 类型

DATE 数据类型用来存放日期时间类型数据，用 7 个字节分别描述年、月、日、时、分和秒。

语法格式：

```
variable_name date;
```

4. BOOLEAN 类型

逻辑型（布尔型）变量的值为 true（真）或 false（假），BOOLEAN 类型是 PL/SQL 特有的数据类型，表中的列不能采用该数据类型，一般用于 PL/SQL 的流程控制结构中。

10.3.2 数据类型转换

在 PL/SQL 中，常见的数据类型之间的转换函数如下。

（1）TO_CHAR：将 NUMBER 和 DATE 类型转换成 VARCHAR2 类型。

（2）TO_DATE：将 CHAR 转换成 DATE 类型。

（3）TO_NUMBER：将 CHAR 转换成 NUMBER 类型。

另外，PL/SQL 还会自动地转换各种类型，如下例所示。

【例 10.1】　数据类型自动转换和使用转换函数。

```
DECLARE
  st_num char(6);
BEGIN
  SELECT MAX(sno) INTO st_num FROM student;
END;
```

MAX(sno)是一个 NUMBER 类型，而 st_num 是一个 CHAR 类型，PL/SQL 会自动将数值类型转换成数字类型。

但是使用转换函数增强程序的可读性是一个良好的习惯，使用转换函数 TO_CHAR 将 NUMBER 类型转换成 CHAR 类型的语句如下：

```
DECLARE
    st_num char(6);
BEGIN
    SELECT TO_CHAR(MAX(sno)) INTO st_num FROM student;
END;
```

10.4 标识符、常量和变量

10.4.1 标识符

标识符是用户自己定义的符号串，用于命名常量、变量、游标、子程序和包等。

标识符必须遵守 PL/SQL 标识符命名规则，内容如下。

- 标识符必须由字母开头。
- 标识符可以包含字母、数字、下划线、$ 和 ♯。
- 标识符长度不能超过 30 个字符。
- 标识符不能是 PL/SQL 的关键字。
- 标识符不区分大小写。

10.4.2 常量

常量（Constant）的值在定义时被指定，不能改变，常量的使用格式取决于值的数据类型。

语法格式：

<常量名> CONSTANT <数据类型>：= <值>；

其中，CONSTANT 表示定义常量。

例如，定义一个整型常量 num，其值为 80；定义一个字符串常量 str，其值为"World"。

```
num CONSTANT number(2) := 80;
str CONSTANT char := 'World';
```

10.4.3 变量

变量（Variable）和常量都用于存储数据，但变量的值可以根据程序运行的需要随时改变，而常量的值在程序运行中是不能改变的。

数据在数据库与 PL/SQL 程序之间是通过变量传递的，每个变量都有一个特定的类型。

PL/SQL 变量可以与数据库列具有同样的类型，另外，PL/SQL 还支持用户自定义的数据类型，例如，记录类型、表类型等。

1. 变量的声明

变量使用前，首先要声明变量。

语法格式：

<变量名> <数据类型> [<(宽度)：＝ <初始值>];

例如：定义一个变量 name 为 varchar2 类型，最大长度为 10，初始值为 Smith。

```
name varchar2(10) := 'Smith';
```

变量名必须是一个合法的标识符，变量命名规则如下：

- 变量必须以字母（A～Z）开头；
- 其后跟可选的一个或多个字母、数字或特殊字符 $、# 或_；
- 变量长度不超过 30 个字符；
- 变量名中不能有空格。

2. 变量的属性

变量的属性有名称和数据类型，变量名用于标识该变量，数据类型用于确定该变量存储值的格式和允许的运算。％用作属性提示符。

1）％TYPE

％TYPE 属性提供了变量和数据库列的数据类型，在声明一个包含数据库值的变量时非常有用。例如，在表 student 中包含 sno 列，为了声明一个变量 stuno 与 sno 列具有相同的数据类型，声明时可使用点和％TYPE 属性，格式如下：

```
stuno student. sno%TYPE;
```

【例 10.2】　定义一个记录类型 STUTYPE，其中变量的数据类型与表 student 有关列的数据类型相同。

```
TYPE STUTYPE IS RECORD
(
    stuno student. sno%TYPE,
    stuname student. sname%TYPE,
    stusex student. ssex%TYPE
);
```

使用％TYPE 声明具有以下两个优点：

- 不必知道数据库列的确切的数据类型；
- 数据库列的数据类型定义有改变，变量的数据类型在运行时自动进行相应的修改。

2）％ROWTYPE

％ROWTYPE 属性声明描述表的行数据的记录。

例如，定义一个与表 student 结构类型一致的记录变量 stu。

stu student %ROWTYPE;

3. 变量的作用域

变量的作用域是指可以访问该变量的程序部分。对于 PL/SQL 变量来说，其作用域就是从变量的声明到语句块的结束。当变量超出了作用域时，PL/SQL 解析程序就会自动释放该变量的存储空间。

10.5 运算符和表达式

运算符是一种符号，用来指定在一个或多个表达式中执行的操作，在 PL/SQL 中常用的运算符有算术运算符、关系运算符和逻辑运算符。表达式是由数字、常量、变量和运算符组成的式子，表达式的结果是一个值。

10.5.1 算术运算符

算术运算符在两个表达式间执行数学运算，这两个表达式可以是任何数字数据类型，算术运算符如表 10.2 所示。

表 10.2 算术运算符

运算符	说　　明
+	实现两个数字或表达式相加
−	实现两个数字或表达式相减
*	实现两个数字或表达式相乘
/	实现两个数字或表达式相除
**	实现数字的乘方

【例 10.3】 求学生年龄。

```
SELECT EXTRACT(YEAR FROM SYSDATE) − EXTRACT(YEAR FROM sbirthday) AS 年龄
    FROM student;
```

该语句在 SELECT 子句中采用了两个表达式相减的算术运算符。

运行结果：

```
年龄
-----
22
22
22
22
21
21
```

10.5.2　关系运算符

关系运算符用于测试两个表达式的值是否相同，它的运算结果返回 TRUE、FALSE 或 UNKNOWN 之一，Oracle 11g 关系运算符如表 10.3 和表 10.4 所示。

表 10.3　关系运算符 1

运算符	说明	运算符	说明
=	相等	<=	小于或等于
>	大于	!=	不等于
<	小于	<>	不等于
>=	大于或等于		

表 10.4　关系运算符 2

运算符	说　明
ALL	如果每个操作数值都为 TRUE，运算结果为 TRUE
ANY	在一系列操作数中只要有一个为 TRUE，运算结果为 TRUE
BETWEEN	如果操作数在指定的范围内，运算结果为 TRUE
EXISTS	如果子查询包含一些行，运算结果为 TRUE
IN	如果操作数值等于表达式列表中的一个，运算结果为 TRUE
LIKE	如果操作数与一种模式相匹配，运算结果为 TRUE
SOME	如果在一系列操作数中，有些值为 TRUE，运算结果为 TRUE

【例 10.4】　查询成绩表中成绩在 90 分以上的成绩记录

```
SELECT *
  FROM score
  WHERE grade >= 90;
```

该语句在查询语句的 WHERE 条件中采用了关系运算符（>=）。

运行结果：

```
SNO       CNO       GRADE
------------------------
121001    1004         92
124001    4002         94
121001    8001         94
124001    8001         95
121001    1201         93
124001    1201         92
```

【例 10.5】　查询总学分在 50～52 的学生学号、姓名和性别。

```
SELECT sno, sname, ssex
  FROM student
```

```
WHERE tc BETWEEN 50 AND 52;
```

该语句在查询语句的 WHERE 条件中采用了 BETWEEN 关系运算符。

运行结果：

```
SNO       SNAME     SSEX
------------------------
121001    刘鹏翔     男
121002    李佳慧     女
121004    周仁超     男
124001    林琴       女
124003    徐良成     男
```

【例 10.6】 改用＞＝和＜＝代替 BETWEEN 实现上例功能。

```
SELECT sno, sname, ssex
  FROM student
  WHERE tc > = 50 AND tc < = 52
```

该语句在查询语句的 WHERE 条件中采用了关系运算符（＞＝和＜＝），运行结果和例 10.5 相同。

10.5.3 逻辑运算符

逻辑运算符用于对某个条件进行测试，运算结果为 TRUE 或 FALSE，逻辑运算符如表 10.5 所示。

表 10.5 逻辑运算符

运算符	说　　明
AND	如果两个表达式都为 TRUE，运算结果为 TRUE
OR	如果两个表达式有一个为 TRUE，运算结果为 TRUE
NOT	取相反的逻辑值

【例 10.7】 查询总学分不在 50～52 的学生学号、姓名和性别。

```
SELECT sno, sname, ssex
  FROM student
  WHERE tc NOT BETWEEN 50 AND 52;
```

该语句在查询语句的 WHERE 条件中采用了 NOT 逻辑运算符。

运行结果：

```
SNO       SNAME     SSEX
------------------------
124002    杨春容     女
```

【例 10.8】 查询总学分大于 50 的通信专业学生。

```
SELECT sno, sname, ssex
    FROM student
    WHERE tc > 50 AND speciality = '通信';
```

该语句在查询语句的 WHERE 条件中采用了 AND 逻辑运算符。

运行结果：

```
SNO        SNAME      SSEX
-----------------------
124001     林琴        女
```

【例 10.9】 查询出生日期在 1992 年且成绩在 80～95 分之间的学生情况。

```
SELECT a. sno, a. sname, a. sbirthday, b. sno, b. grade
    FROM student a, score b
    WHERE a. sno = b. sno AND a. sbirthday LIKE '1992 % ' AND b. grade BETWEEN 85 AND 95
    ORDER BY a. sno;
```

该语句在查询语句中采用了 LIKE 运算符进行模式匹配，使用的通配符％代表多个字符。

运行结果：

```
SNO        SNAME      SBIRTHDAY        SNO        GRADE
------------------------------------------------------
121001     刘鹏翔      1992 - 08 - 25   121001       92
121001     刘鹏翔      1992 - 08 - 25   121001       94
121001     刘鹏翔      1992 - 08 - 25   121001       93
124001     林琴        1992 - 03 - 21   124001       94
124001     林琴        1992 - 03 - 21   124001       95
124001     林琴        1992 - 03 - 21   124001       92
```

10.5.4　表达式

在 Oracle 11g 中表达式可分为赋值表达式、数字表达式、关系表达式和逻辑表达式。

1. 赋值表达式

赋值表达式是由赋值符号"∶＝"连接起来的表达式。

语法格式：

<变量> ∶= <表达式>

赋值表达式举例如下：

```
var_number := 200;
```

2. 数值表达式

数值表达式是由数值类型的变量、常量、函数或算术运算符连接的表达式构成的。

数值表达式举例如下：

6 * (var_number + 2) - 5

3. 关系表达式

关系表达式是由关系运算符连接起来的表达式。

关系表达式举例如下：

var_number < 500

4. 逻辑表达式

逻辑表达式是由逻辑运算符连接起来的表达式。

逻辑表达式举例如下：

(var_number > = 150) AND (var_number < = 500)

10.6　PL/SQL 基本结构和控制语句

PL/SQL 的基本逻辑结构包括顺序结构、条件结构和循环结构。PL/SQL 主要通过条件语句和循环语句来控制程序执行的逻辑顺序，这被称为控制结构，控制结构是程序设计语言的核心。控制语句通过对程序流程的组织和控制，提高编程语言的处理能力，满足程序设计的需要。PL/SQL 提供的控制语句如表 10.6 所示。

表 10.6　PL/SQL 控制语句

序号	流程控制语句	说　明
1	IF-THEN	IF 后条件表达式为 TRUE，则执行 THEN 后的语句
2	IF-THEN-ELSE	IF 后条件表达式为 TRUE，则执行 THEN 后的语句；否则执行 ELSE 后的语句
3	IF-THEN-ELSIF-THEN-ELSE	IF-THEN-ELSE 语句嵌套
4	LOOP-EXIT-END	在 LOOP 和 END LOOP 中，IF 后条件表达式为 TRUE，执行 EXIT 退出循环；否则继续循环
5	LOOP-EXIT-WHEN-END	在 LOOP 和 END LOOP 中，WHEN 后条件表达式为 TRUE，执行 EXIT 退出循环；否则继续循环
6	WHILE-LOOP-END	WHILE 后条件表达式为 TRUE，继续循环；否则退出循环
7	FOR-IN-LOOP-END	FOR 后循环变量的值小于终值，继续循环；否则退出循环
8	CASE	通过多分支结构作出选择
9	GOTO	将流程转移到标号指定的位置

10.6.1　PL/SQL 程序块

PL/SQL 是一种结构化程序设计语言，PL/SQL 程序块（Block）是程序中最基本的结构。一个 PL/SQL 程序块可以划分为 3 个部分：声明部分、执行部分和异常处理部分。声明部分由 DECLARE 关键字开始，包含变量和常量的数据类型和初始值。由关键字 BEGIN 开始的执行部分，储存所有可执行语句。异常处理部分由 EXCEPTION 关键字开始，处理异常和错误，这一部分是可选的。程序块最终由关键字 END 结束，PL/SQL 块的基本结构如下所示。

语法格式：

```
[ DECLARE ]
--声明部分
BEGIN
--执行部分
[EXCEPTION]
--异常处理部分
END
```

1. 简单的 PL/SQL 程序

简单的 PL/SQL 程序举例如下。

【例 10.10】 计算 8 和 9 的乘积。

```
SET SERVEROUTPUT ON;
DECLARE
    m number := 8;
BEGIN
    m := m * 9;
    DBMS_OUTPUT.PUT_LINE('乘积为:'||TO_CHAR(m));
END;
```

该语句采用 PL/SQL 程序块计算 8 和 9 的乘积。

运行结果：

乘积为:72

语句 SET SERVEROUTPUT ON 的功能是打开 Oracle 自带的输出方法 DBMS_OUTPUT，ON 为打开，OFF 为关闭。打开 SET SERVEROUTPUT ON 后，可用 DBMS_OUTPUT 方法输出信息。

也可采用图形界面方式打开输出缓冲，在 SQL Developer 中选择"DBMS 输出"选项卡，单击"启用 DBMS 输出"按钮 📝 打开输出缓冲，选中语句后单击"执行语句"按钮 ▷ 执行 PL/SQL 语句，在"DBMS 输出"选项卡窗口查看输出结果，如图 10.1 所示。

注意： DBMS_OUTPUT.PUT_LINE 方法，表示输出一个字符串并换行。如果不换行，可以使用 DBMS_OUTPUT.PUT 方法。

PL/SQL 程序设计

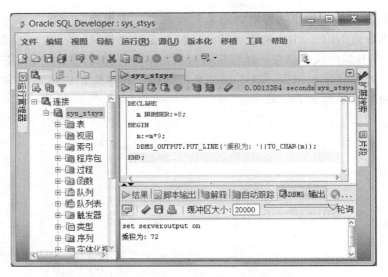

图 10.1　执行 PL/SQL 语句

2. 将 SQL 语言查询结果存入变量

PL/SQL 不是普通的程序语言，而是面向过程语言和 SQL 语言的结合，可使用
SELECT-INTO 语句将 SQL 语言查询结果存储到变量中。

语法格式：

```
SELECT <列名列表> INTO <变量列表>
    FROM <表名>
    WHERE <条件表达式>;
```

> **注意：** 在 SELECT-INTO 语句中，对于简单变量，该语句运行结果必须并且只
> 能返回一行，如果返回多行或没有返回任何结果，则报错。

下面举例说明使用 SELECT-INTO 语句将 SQL 语言查询结果存储到变量。

【例 10.11】　将学生数存入变量 v_count，将学号为 124003 学生姓名和性别分别
存储到变量 v_name 和 v_sex 中。

```
DECLARE
    v_count number;
    v_name student. sname % TYPE;
    v_sex student. ssex % TYPE;
BEGIN
    SELECT COUNT( * ) INTO v_count                 /* 一次存储一个变量 */
        FROM student;
    SELECT sname, ssex INTO v_name, v_sex          /* 一次存储两个变量 */
        FROM student
        WHERE sno = '124003';
```

```
DBMS_OUTPUT.PUT_LINE('学生数为:' || v_count);
DBMS_OUTPUT.PUT_LINE('124003 学生姓名为:' || v_name);
DBMS_OUTPUT.PUT_LINE('124003 学生性别为:' || v_sex);
END;
```

该语句在 PL/SQL 程序块执行部分，一次采用 SELECT-INTO 语句将 SQL 语言查询结果存储到一个变量，另一次采用 SELECT-INTO 语句将 SQL 语言查询结果存储到两个变量中。

运行结果：

```
学生数为:6
124003 学生姓名为:徐良成
124003 学生性别为:男
```

注意： 在 PL/SQL 程序块中，不允许 SELECT 语句单独运行，系统会认为缺少 INTO 子句报错。

10.6.2 条件结构

条件结构用于条件判断，有以下 3 种结构。

1. IF-THEN 结构

语法格式：

```
IF <条件表达式> THEN                        /* 条件表达式 */
  <PL/SQL 语句>;                            /* 条件表达式为真时执行 */
END IF;
```

这个结构用于测试一个简单条件。如果条件表达式为 TRUE，则执行语句块中的操作。IF-THEN 语句的流程图如图 10.2 所示。

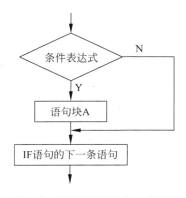

图 10.2　IF-THEN 语句的流程图

【例 10.12】　查询总学分大于和等于 50 分的学生人数。

```
DECLARE
  p_no number (2);
BEGIN
  SELECT COUNT( * ) INTO p_no
    FROM student
    WHERE tc > = 50;
  IF p_no < > 0 THEN
    DBMS_OUTPUT. PUT_LINE ('总学分 > = 50 的人数为:' || TO_CHAR(p_no));
  END IF;
END;
```

该语句采用了 IF-THEN 结构，输出总学分大于和等于 50 分的学生人数。

运行结果：

总学分 > = 50 的人数为:5

- -
注意：执行语句前需要使用 SET SERVEROUTPUT ON 打开输出缓冲。
- -

2. IF-THEN-ELSE 结构
语法格式：

```
IF <条件表达式> THEN                          /* 条件表达式 */
  <PL/SQL 语句>;                             /* 条件表达式为真时执行 */
ELSE
  <PL/SQL 语句>;                             /* 条件表达式为假时执行 */
END IF;
```

当条件表达式为 TRUE 时，执行 THEN 后的语句块中的操作；当条件表达式为 FALSE 时，执行 ELSE 后的语句块中的操作。

IF-THEN-ELSE 语句可以用流程图 10.3 所示。

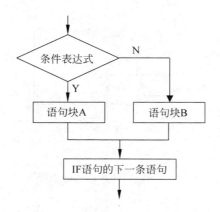

图 10.3　IF-THEN-ELSE 语句的流程图

【例 10.13】 如果"高等数学"课程的平均成绩大于 80 分，则显示"高等数学平均成绩高于 80"，否则显示"高等数学平均成绩低于 80"。

```
DECLARE
   g_avg number(4,2);
BEGIN
   SELECT AVG(grade) INTO g_avg
     FROM student a, course b, score c
     WHERE a. sno = c. sno
       AND b. cno = c. cno
       AND b. cname = '高等数学';
   IF g_avg > 80 THEN
     DBMS_OUTPUT. PUT_LINE ('高等数学平均成绩高于 80');
   ELSE
     DBMS_OUTPUT. PUT_LINE ('高等数学平均成绩低于 80');
   END IF;
END;
```

该语句采用了 IF-THEN-ELSE 结构，在 THEN 和 ELSE 后面分别使用了 PL/SQL 语句。

运行结果：

高等数学平均成绩高于 80

3. IF-THEN-ELSIF-THEN-ELSE 结构

语法格式：

```
IF <条件表达式 1> THEN
  <PL/SQL 语句 1>;
ELSIF <条件表达式 2> THEN
  <PL/SQL 语句 2>;
ELSE
  <PL/SQL 语句 3>;
END IF;
```

- -

注意： ELSIF 不能写成 ELSEIF 或 ELSE IF。

- -

当 IF 后的条件表达式 1 为 TRUE 时，执行 THEN 后的语句，否则判断 ELSIF 后的条件表达式 2，为 TRUE 时，执行第 2 个 THEN 后的语句，否则执行 ELSE 后的语句。

IF-THEN-ELSIF-THEN-ELSE 语句的流程图如图 10.4 所示。

10.6.3 CASE 语句

CASE 语句描述了多分支语句结构，使逻辑结构变得更为简单有效，它包括简单

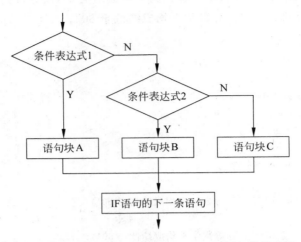

图 10.4　IF-THEN-ELSIF-THEN-ELSE 语句的流程图

CASE 语句和搜索 CASE 语句。

1. 简单 CASE 语句

简单 CASE 语句设定一个变量的值，然后顺序比较 WHEN 关键字后给定值，如果遇到第 1 个相等的给定值，则执行 THEN 关键字后的赋值语句，并结束 CASE 语句。

语法格式：

```
CASE <变量名>
  WHEN <值 1> THEN <语句 1>
  WHEN <值 2> THEN <语句 2>
  …
  WHEN <值 n> THEN <语句 n>
  [ELSE <语句>]
END CASE;
```

简单 CASE 语句举例如下。

【例 10.14】　将教师职称转变为职称类型。

```
DECLARE
  t_title char(12);
  t_op varchar2(8);
BEGIN
  SELECT title INTO t_title
    FROM teacher
    WHERE tname = '张博宇';
  CASE t_title
    WHEN '教授' THEN t_op := '高级职称';
    WHEN '副教授' THEN t_op := '高级职称';
    WHEN '讲师' THEN t_op := '中级职称';
```

```
        WHEN '助教' THEN t_op := '初级职称';
        ELSE t_op := 'Nothing';
     END CASE;
DBMS_OUTPUT.PUT_LINE('张博宇的职称是:'||t_op);
END;
```

该语句采用简单 CASE 语句，将教师职称转变为职称类型。

运行结果：

张博宇的职称是:高级职称

2. 搜索 CASE 语句

搜索 CASE 语句在 WHEN 关键字后设置布尔表达式，选择第 1 个为 TRUE 的布尔表达式，执行 THEN 关键字后的语句，并结束 CASE 语句。

语法格式：

```
CASE
    WHEN <布尔表达式 1> THEN <语句 1>
    WHEN <布尔表达式 2> THEN <语句 2>
    …
    WHEN <布尔表达式 n> THEN <语句 n>
    [ELSE <语句>]
END CASE;
```

搜索 CASE 语句举例如下。

【例 10.15】 将学生成绩转变为成绩等级。

```
DECLARE
    v_grade number;
    v_result varchar2(16);
BEGIN
    SELECT AVG(grade) INTO v_grade
        FROM score
        WHERE sno = '124001';
    CASE
        WHEN v_grade >= 90 AND v_grade <= 100 THEN v_result := '优秀';
        WHEN v_grade >= 80 AND v_grade < 90 THEN v_result := '良好';
        WHEN v_grade >= 70 AND v_grade < 80 THEN v_result := '中等';
        WHEN v_grade >= 60 AND v_grade < 70 THEN v_result := '及格';
        WHEN v_grade >= 0 AND v_grade < 60 THEN v_result := '不及格';
        ELSE v_result := 'Nothing';
    END CASE;
DBMS_OUTPUT.PUT_LINE('学号为 124001 的平均成绩:'||v_result);
END;
```

该语句采用搜索 CASE 语句，将学生成绩转变为成绩等级。

运行结果：

学号为 124001 的平均成绩:优秀

10.6.4　循环结构

循环结构的功能是重复执行循环体中的语句，直至满足退出条件退出循环，下面分别介绍 LOOP-EXIT-END 循环、LOOP-EXIT-WHEN-END 循环、WHILE-LOOP-END 循环和 FOR-IN-LOOP-END 循环。

1. LOOP-EXIT-END 循环

语法格式：

```
LOOP
    <循环体>                          /* 执行循环体 */
    IF <条件表达式> THEN              /* 测试条件表达式是否符合退出条件 */
        EXIT;                        /* 满足退出条件,退出循环 */
    END IF;
END LOOP;
```

说明：<循环体>中包含需要重复执行的语句，IF 后条件表达式值为 TRUE，执行 EXIT 退出循环；否则继续循环，直到满足条件表达式的条件退出循环。

LOOP-EXIT-END 循环的流程图如图 10.5 所示。

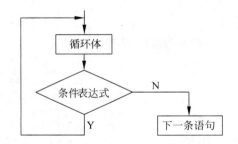

图 10.5　LOOP-EXIT-END 循环的流程图

【例 10.16】　计算 1～100 的整数和。

```
DECLARE
    v_n number := 1;
    v_s number := 0;
BEGIN
    LOOP
        v_s := v_s + v_n;
        v_n := v_n + 1;
        IF v_n > 100 THEN
            EXIT;
        END IF;
```

```
  END LOOP;
    DBMS_OUTPUT.PUT_LINE('1～100 的和为:'||v_s);
END;
```

该语句采用 LOOP-EXIT-END 循环，计算 1～100 的整数和。

运行结果：

```
1～100 的和为:5050
```

2. LOOP-EXIT-WHEN-END 循环

语法格式：

```
LOOP
  <循环体>                              /*执行循环体*/
    EXIT WHEN <条件表达式>             /*测试是否符合退出条件*/
END LOOP;
```

此结构与前一个循环结构比较，除退出条件检测为 EXIT WHEN <条件表达式>外，与前一个循环结构基本类似。

【例 10.17】 计算 1～100 的整数和。

```
DECLARE
  v_n number := 1;
  v_s number := 0;
BEGIN
  LOOP
    v_s := v_s + v_n;
    v_n := v_n + 1;
    EXIT WHEN v_n = 101;
  END LOOP;
    DBMS_OUTPUT.PUT_LINE('1～100 的和为:'||v_s);
END;
```

该语句采用 LOOP-EXIT-WHEN-END 循环，计算 1～100 的整数和。

运行结果：

```
1～100 的和为:5050
```

3. WHILE-LOOP-END 循环

语法格式：

```
WHILE <条件表达式>                     /*测试是否符合循环条件*/
  LOOP
    <循环体>                          /*执行循环体*/
  END LOOP;
```

说明：首先在 WHILE 部分测试是否符合循环条件，当条件表达式值为 TRUE 时，执行循环体，否则，退出循环体，执行下一条语句。

PL/SQL 程序设计

这种循环结构与前两种的不同，它先测试条件，然后执行循环体，前两种是先执行了一次循环体，再测试条件，这样，至少执行一次循环体内的语句。

WHILE-LOOP-END 循环语句的执行流程如图 10.6 所示。

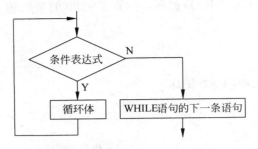

图 10.6　WHILE-LOOP-END 循环的流程图

【例 10.18】　计算 1～100 的奇数和。

```
DECLARE
  v_n number := 1;
  v_s number := 0;
BEGIN
  WHILE v_n <= 100
    LOOP
      IF MOD(v_n, 2)<>0 THEN
        v_s := v_s + v_n;
      END IF;
      v_n := v_n + 1;
    END LOOP;
  DBMS_OUTPUT.PUT_LINE('1～100 的奇数和为:'||v_s);
END;
```

该语句采用 WHILE-LOOP-END 循环，计算 1～100 的奇数和。

运行结果：

1～100 的奇数和为:2500

4. FOR-IN-LOOP-END 循环

语法格式：

```
FOR <循环变量名> IN <变量初值>..<变量终值>        / * 定义跟踪循环的变量 * /
  LOOP
    <循环体>                                    / * 执行循环体 * /
  END LOOP;
```

说明： FOR 关键字后指定一个循环变量，IN 确定循环变量的初值和终值，初值和终值之间是两个点".."。如果循环变量的值小于终值，执行循环体中语句，否则退出循环。每循环一次，循环变量自动增加一个步长的值，直至循环变量的值超过终值，退出循环，执行循环体后的语句。

【例 10.19】 计算 10 的阶乘。

```
DECLARE
  v_n number;
  v_s number := 1;
BEGIN
  FOR v_n IN 1..10
    LOOP
      v_s := v_s * v_n;
    END LOOP;
  DBMS_OUTPUT.PUT_LINE('10!= '||v_s);
END;
```

该语句采用 FOR-IN-LOOP-END 循环，计算 10 的阶乘。

运行结果：

```
10!= 3628800
```

10.6.5 GOTO 语句

GOTO 语句用于实现无条件的跳转，将执行流程转移到标号指定的位置。

语法格式：

```
GOTO <标号>
```

GOTO 关键字后面的语句标号必须符合标识符规则。
标号的定义形式如下：

```
<<标号>>语句
```

【例 10.20】 计算 1～100 的整数和。

```
DECLARE
  v_n number := 1;
  v_s number := 0;
BEGIN
  <<ls>>
  v_s := v_s + v_n;
  v_n := v_n + 1;
  IF v_n <= 100 THEN
    GOTO ls;
  END IF;
  DBMS_OUTPUT.PUT_LINE('1～100 的整数和为:'|| v_s);
END;
```

该语句采用 GOTO 语句，计算 1～100 的整数和。

第10章

PL/SQL 程序设计

运行结果：

1～100 的整数和为：5050

注意： 由于 GOTO 跳转对于代码的理解和维护都会带来很大的困难，因此尽量不要使用 GOTO 语句。

10.6.6 异常

异常是在 Oracle 数据库中运行时出现的错误，使语句不能正常运行，并可能造成更大的错误甚至整个系统崩溃。PL/SQL 提供了异常（Exception）这一处理错误情况的方法。当 PL/SQL 代码部分执行过程中，无论何时发生错误，PL/SQL 控制程序都会自动转向执行异常处理部分。

1. 预定义异常

预定义异常是 PL/SQL 已经预先定义好的名称异常，例如出现被 0 除，PL/SQL 就会产生一个预定义的 ZERO_DIVIDE 异常，PL/SQL 常见标准异常如表 10.7 所示。

表 10.7 PL/SQL 常见标准异常

异　　常	说　　明
NO_DATA_FOUND	如果一个 SELECT 语句试图基于其条件检索数据，此异常表示不存在满足条件的数据行
TOO_MANY_ROWS	检测到有多行数据存在
ZERO_DIVIDE	试图被零除
DUP_VAL_ON_INDEX	如果某索引中已有某键列值，若还要在该索引中创建该键码值的索引项时，出现此异常
VALUE_ERROR	指定目标域的长度小于待放入其中的数据的长度
CASE_NOT_FOUND	在 CASE 语句中发现不匹配的 WHEN 语句

异常处理代码在 EXCEPTION 部分实现，当遇到预先定义的错误时，错误被相应的 WHEN-THEN 语句捕捉，THEN 后的语句代码将执行，对错误进行处理。

【例 10.21】 处理 ZERO_DIVIDE 异常。

```
DECLARE
    v_zero number := 0;
    v_result number;
BEGIN
    v_result := 100/v_zero;              /* 100 除以 v_zero,即 100/0,产生除数为零异常 */
    EXCEPTION                            /* 异常处理部分 */
        WHEN ZERO_DIVIDE THEN
            DBMS_OUTPUT.PUT_LINE('除数为 0 异常');
END;
```

该语句通过 WHEN-THEN 语句对标准异常 ZERO_DIVIDE 进行处理。

运行结果：

除数为 0 异常

2. 用户定义异常

用户可以通过自定义异常来处理错误的发生，调用异常处理需要使用 RAISE 语句。

语法格式：

```
EXCEPTION
  WHEN exception_name THEN
    sequence_of_statements1;
  WHEN THEN
    sequence_of_statements2;
  [WHEN OTHERS THEN
    sequence_of_statements3;]
END;
```

每个异常处理都由 WHEN-THEN 语句和其后的代码执行。

【例 10.22】   对超出允许的学生数进行异常处理。

```
DECLARE
  e_overnum EXCEPTION;                    /*定义异常处理变量*/
  v_num number;
  max_num number := 5;                    /*定义最大允许学生数变量*/
BEGIN
  SELECT COUNT( * ) INTO v_num
  FROM student;
  IF max_num < v_num THEN
    RAISE e_overnum;                      /*使用 RAISE 语句抛出用户定义异常*/
  END IF;
  EXCEPTION                               /*异常处理部分*/
    WHEN e_overnum THEN
      DBMS_OUTPUT.PUT_LINE('现在学生数是:'|| v_num||'而最大允许数是:'||max_num );
END;
```

该语句使用 RAISE 语句抛出用户定义异常，对超出允许的学生数进行异常处理。

运行结果：

现在学生数是:6 而最大允许数是:5

10.7　应用举例

本章重点讲解了 PL/SQL 程序块、条件结构、循环结构和异常等内容。为进一步掌握循环结构和异常处理等编程技术，下面结合阶乘的累加和输出九九乘法表等应用问题介绍例 10.23、例 10.24，结合指定学号和课程号查询学生成绩问题介绍例 10.25。

【例 10.23】   计算 1!＋2!＋3!＋…＋10!的值。

PL/SQL 程序设计

题目分析:

使用循环,首先累乘计算各个阶乘项,再累加求和。

编写程序:

```
   DECLARE
 v_i number;
 v_m number := 1;
 v_s number := 0;
BEGIN
 FOR v_i IN 1..10
   LOOP
     v_m := v_m * v_i;                    /* 求 v_m 阶乘 */
     v_s := v_s + v_m;                    /* 将各项累加 */
   END LOOP;
 DBMS_OUTPUT.PUT_LINE('1! + 2! + 3! + … + 10!= '||v_s);
END;
```

程序分析:

该语句采用 FOR-IN-LOOP-END 循环,共循环 10 次,每次循环,先用 v_m 计算阶乘,再用 v_s 计算各项累加。

运行结果:

1! + 2! + 3! + … + 10!= 4037913

【例 10.24】 打印输出九九乘法表。

题目分析:

采用二重循环输出九九乘法表,外循环用于限定内循环次数和该乘法表换行,内循环输出当前行的各个乘积等式项。

编写程序:

```
DECLARE
 v_i number := 1;                    /* 设置被乘数 */
 v_j number := 1;                    /* 设置乘数 */
BEGIN
 WHILE v_i <= 9                      /* 外循环 9 次 */
   LOOP
     v_j := 1;
     WHILE v_j <= v_i                /* 内循环输出当前行的各个乘积等式项 */
       LOOP
         DBMS_OUTPUT.PUT(v_i||' * '||v_j||' = '||v_i * v_j||' ');   /* 输出当前行的各个乘
                                                                       积等式项时,留 1 个
                                                                       空字符间距 */

         v_j := v_j + 1;
```

```
        END LOOP;
      DBMS_OUTPUT. PUT_LINE('');              /*内循环结束后,换行,共换 9 行*/
      v_i := v_i + 1;
    END LOOP;
END;
```

程序分析:

该语句采用二重循环输出九九乘法表,外循环使用条件表达式 v_i≤9 循环 9 次,限定内循环次数,并使用 DBMS_OUTPUT. PUT_LINE（''）语句待每次内循环结束后换行。内循环使用条件表达式 v_j≤v_i 限定输出乘积等式项的个数,内循环输出当前行的各个乘积等式项时,留有 1 个空字符间距。

运行结果:

```
1 * 1 = 1
2 * 1 = 2 2 * 2 = 4
3 * 1 = 3 3 * 2 = 6 3 * 3 = 9
4 * 1 = 4 4 * 2 = 8 4 * 3 = 12 4 * 4 = 16
5 * 1 = 5 5 * 2 = 10 5 * 3 = 15 5 * 4 = 20 5 * 5 = 25
6 * 1 = 6 6 * 2 = 12 6 * 3 = 18 6 * 4 = 24 6 * 5 = 30 6 * 6 = 36
7 * 1 = 7 7 * 2 = 14 7 * 3 = 21 7 * 4 = 28 7 * 5 = 35 7 * 6 = 42 7 * 7 = 49
8 * 1 = 8 8 * 2 = 16 8 * 3 = 24 8 * 4 = 32 8 * 5 = 40 8 * 6 = 48 8 * 7 = 56 8 * 8 = 64
9 * 1 = 9 9 * 2 = 18 9 * 3 = 27 9 * 4 = 36 9 * 5 = 45 9 * 6 = 54 9 * 7 = 63 9 * 8 = 72 9 * 9 = 81
```

【例 10.25】 指定学号和课程号查询学生成绩时,有成绩为负数或超过 100 分、返回多行记录、没有满足条件的记录和情况不明等错误发生,试编写程序对以上异常情况进行处理。

题目分析:

对题目中 4 项错误,使用 RAISE 语句抛出用户定义异常后,分别进行异常处理。

编写程序:

```
DECLARE
  s_grade EXCEPTION;                      /*定义异常处理变量*/
  v_gd number;                            /*定义学生成绩变量*/
BEGIN
  SELECT grade INTO v_gd
  FROM score
  WHERE sno = '121002' AND cno = '4006';
  IF v_gd < 0 OR v_gd > 100 THEN
    RAISE s_grade;                        /*使用 RAISE 语句抛出用户定义异常*/
  END IF;
  DBMS_OUTPUT. PUT('学号为 121002 的学生选修课程号为 4006 课程的成绩:'||v_gd);
EXCEPTION                                 /*异常处理部分*/
    WHEN s_grade THEN
```

```
        DBMS_OUTPUT. PUT_LINE('成绩为负数或超过 100 分!');
      WHEN TOO_MANY_ROWS THEN
        DBMS_OUTPUT. PUT_LINE('对应记录过多!');
      WHEN NO_DATA_FOUND THEN
        DBMS_OUTPUT. PUT_LINE('没有对应记录!');
      WHEN OTHERS THEN
        DBMS_OUTPUT. PUT_LINE('错误情况不明!');
    END;
```

程序分析：

该语句对查询中出现错误时，采用 RAISE 语句抛出用户定义异常，当成绩为负数或超过 100 分时，异常处理为屏幕输出"成绩为负数或超过 100 分!"，当返回多行记录时，异常处理为屏幕输出"对应记录过多!"，当没有满足条件的记录时，异常处理为屏幕输出"没有对应记录!"，当情况不明时，异常处理为屏幕输出"错误情况不明!"。在本例查询条件中，由于 score 表的 cno 列值无"4006"，抛出异常后的异常处理为屏幕输出"没有对应记录!"。

运行结果：

没有对应记录!

10.8   小　　结

本章主要介绍了以下内容。

(1) PL/SQL 是面向过程语言和 SQL 语言的结合，PL/SQL 在 SQL 语言中扩充了面向过程语言的程序结构，例如数据类型和变量，分支、循环等程序控制结构，过程和函数等。

(2) PL/SQL 常用数据类型有 VARCHAR 类型、NUMBER 类型、DATE 类型和 BOOLEAN 类型。

(3) PL/SQL 变量可以与数据库列具有同样的类型，另外，PL/SQL 还支持用户自定义的数据类型，例如，记录类型、表类型等。

(4) 在 PL/SQL 中常用的运算符有算术运算符、关系运算符和逻辑运算符。

(5) PL/SQL 程序块是程序中最基本的结构。一个 PL/SQL 程序块可以划分为 3 个部分：声明部分、执行部分和异常处理部分。

(6) 条件结构有 3 种：IF-THEN 结构、IF-THEN-ELSE 结构和 IF-THEN -ELSIF-THEN-ELSE 结构。

(7) CASE 语句描述了多分支语句结构，它包括简单 CASE 语句和搜索 CASE 语句。

(8) 循环结构有 LOOP-EXIT-END 循环、LOOP-EXIT-WHEN-END 循环、WHILE-LOOP-END 循环和 FOR-IN-LOOP-END 循环。

(9) PL/SQL 提供了异常这一处理错误情况的方法，异常有预定义异常和用户自定义异常。

习　题　10

一、选择题

1. 下面属于 Oracle PL/SQL 的数据类型是_____。

    A. DATE
                B. TIME

    C. DATETIME
          D. SMALLDATETIME

2. 在循环体中，退出循环的关键字是_____。

    A. BREAK
        B. EXIT
        C. UNLOAD
     D. GO

3. 执行以下 PL/SQL 语句：

```
DECLARE
  v_low number := 4;
  v_high number := 4;
BEGIN
  FOR i IN v_low..v_high LOOP
  END LOOP;
END;
```

执行完后循环次数是_____。

    A. 0
             B. 1 次
          C. 4 次
        D. 8 次

4. 执行以下 PL/SQL 语句：

```
DECLARE
  v_value number := 250;
  v_newvalue number;
BEGIN
  IF v_value > 100 THEN
    v_newvalue := v_value * 2;
  END IF;
  IF v_value > 200 THEN
    v_newvalue := v_value * 3;
  END IF;
  IF v_value > 300 THEN
    v_newvalue := v_value * 4;
  END IF;
  DBMS_OUTPUT.PUT_LINE(v_newvalue);
END;
```

执行结果 v_newvalue 的值是_____。

    A. 250
          B. 500
          C. 750
         D. 1000

5. 执行以下语句后，v_x 的值是_____。

```
DECLARE
```

```
    v_x number := 0;
BEGIN
  FOR i IN 1..15 LOOP
    v_x := 1;
  END LOOP;
END;
```

    A. 0   B. 1   C. 15   D. NULL

二、填空题

1. _____数据类型用来存放日期时间类型数据。

2. _____语句可将 SQL 语言查询结果存储到变量中。

3. 异常处理代码在 _____ 部分实现，当遇到预定义错误时，错误被相应的_____语句捕捉，_____后的语句代码将执行，对错误进行处理。

三、应用题

1. 计算 1～100 的偶数和。

2. 编写一个程序，输出曾杰老师所讲课程的平均分。

3. 打印 1～100 各个整数的平方，每 10 个打印一行。

4. 由教师表编号的前两位查询教师姓名时，有以下情况发生：

（1）返回 1 行数据，符合查询要求；

（2）返回 0 行数据，跳转到异常处理；

（3）返回多行数据，跳转到异常处理。

试编写程序对以上情况进行处理。

第11章　函数和游标

本章要点

- 系统内置函数
- 用户定义函数
- 游标
- 包

Oracle 中的函数是具有特定的功能并能返回处理结果的 PL/SQL 块，它包括系统内置函数和用户定义函数两种类型，游标用于处理结果集的每一条记录，包用于将逻辑相关的 PL/SQL 块或元素（过程、函数、游标、类型和变量）组织在一起，是对块或元素的封装，便于用户引用。

11.1　系统内置函数

Oracle 11g 提供了丰富的系统内置函数，常用的系统内置函数有数学函数、字符串函数、日期和时间函数和统计函数。

11.1.1　数学函数

数学函数用于对数字表达式进行数学运算并返回运算结果，常用的数学函数如表 11.1 所示。

表 11.1　数学函数表

函　　　数	描　　　述
Abs（＜数值＞）	返回参数数值的绝对值
Ceil（＜数值＞）	返回大于或等于参数数值的最接近的整数
Cos（＜数值＞）	返回参数数值的余弦值
Floor（＜数值＞）	返回等于或小于参数的最大的整数
Mod（＜被除数＞，＜除数＞）	返回两数相除的余数。如果除数等于 0，则返回被除数
Power（＜数值＞，n）	返回指定数值的 n 次幂

续表

函　　数	描　　述
Round（<数值>，n)	结果近似到数值小数点右侧的 n 位
Sign（<数值>）	返回一个数值，指出参数数值是正还是负。如果大于 0，返回 1；如果小于 0，返回－1；如果等于 0，则返回 0
Sqrt（<数值>）	返回参数数值的平方根
Trunc（<数值>，n)	返回舍入到指定的 n 位的参数数值。如果 n 为正，就截取到小数右侧的该数值处；如果 n 为负，就截取到小数点左侧的该数值处；如果没有指定 n 就假定为 0，截取到小数点处

下面举例说明数学函数的使用。

1. ABS 函数

语法格式：

ABS(<数值>)

返回给定数字表达式的绝对值，参数为数值型表达式。

【例 11.1】　　ABS 函数对不同数字的处理结果。

（1）求负数的绝对值。

SELECT ABS(－ 8. 2) FROM dual;

该语句采用了 ABS 函数求－8.2 的绝对值。

运行结果：

ABS(－ 8. 2)

8.2

（2）求零的绝对值。

SELECT ABS(0. 0) FROM dual;

该语句采用了 ABS 函数求 0.0 的绝对值。

运行结果：

ABS(0. 0)

0

（3）求正数的绝对值。

SELECT ABS(＋ 4. 5) FROM dual;

该语句采用了 ABS 函数求＋4.5 的绝对值。

运行结果：

```
ABS( + 4.5)
------------
4.5
```

2．ROUND 函数

语法格式：

ROUND(<数值>, n)

求一个数值的近似值，四舍五入到小数点右侧的 n 位。

【例 11.2】 使用 ROUND 函数求近似值。

（1）求一个数值的近似值，四舍五入到小数点右侧的两位。

SELECT ROUND(7.3826,2) FROM dual;

该语句采用了 ROUND 函数求 7.3826 的近似值，四舍五入到小数点右侧的两位。

运行结果：

```
ROUND(7.3826,2)
---------------
7.38
```

（2）求一个数值的近似值，四舍五入到小数点右侧的 3 位。

SELECT ROUND(7.3826,3) FROM dual;

该语句采用了 ROUND 函数求 7.3826 的近似值，四舍五入到小数点右侧的 3 位。

运行结果：

```
ROUND(7.3826,3)
---------------
7.383
```

11.1.2 字符串函数

字符串函数用于对字符串进行处理，常用的字符串函数如表 11.2 所示。

表 11.2　字符串函数表

函　　　数	描　　　述
Length（<值>）	返回字符串、数字或表达式的长度
Lower（<字符串>）	把给定字符串中的字符变成小写
Upper（<字符串>）	把给定字符串中的字符变成大写
Lpad（<字符串>，<长度>[，<填充字符串>]）	在字符串左侧使用指定的填充字符串填充该字符串直到达到指定的长度，若未指定填充字符串，则默认为空格

202

函　　数	描　　述
Rpad（＜字符串＞，＜长度＞〔，＜填充字符串＞〕）	在字符串右侧使用指定的填充字符串填充该字符串直到达到指定的长度，若未指定填充字符串，则默认为空格
Ltrim（＜字符串＞，〔，＜匹配字符串＞〕）	从字符串左侧删除匹配字符串中出现的任何字符，直到匹配字符串中没有字符为止
Rtrim（＜字符串＞，〔，＜匹配字符串＞〕）	从字符串右侧删除匹配字符串中出现的任何字符，直到匹配字符串中没有字符为止
＜字符串 1＞‖＜字符串 2＞	合并两个字符串
Initcap（＜字符串＞）	将每个字符串的首字母大写
Instr（＜源字符串＞，＜目标字符串＞〔，＜起始位置＞〔，＜匹配次数＞〕〕）	判断目标字符串是否存在于源字符串，并根据匹配次数显示目标字符串的位置，返回数值
Replace（＜源字符串＞，＜目标字符串＞，＜替代字符串＞）	在源字符串中查找目标字符串，并用替代字符串来替换所有的目标字符串
Soundex（＜字符串＞）	查找与字符串发音相似的单词，该单词的首字母要与字符串的首字母相同
Substr（＜字符串＞，＜截取开始位置＞，＜截取长度＞）	从字符串中截取从指定开始位置起的指定长度的字符

1. LPAD 函数

LPAD 函数用于返回字符串中从左边开始指定个数的字符，它的语法格式如下。

语法格式：

```
LPAD(<字符串>,<长度>[,<填充字符串>])
```

【例 11.3】　　返回学院名最左边的两个字符。

```
SELECT DISTINCT LPAD (school,4)
    FROM teacher;
```

该语句采用了 LPAD 函数求学院名最左边的两个字符。

运行结果：

```
LPAD(SCHOOL,4)
--------------
计算
数学
外国
通信
```

2. LENGTH 函数

LENGTH 函数用于返回参数值的长度，返回值为整数。参数值可以是字符串、数字或者表达式。

语法格式：

LENGTH(<值>)

【例 11.4】 查询字符串"计算机网络"的长度。

SELECT LENGTH('计算机网络') FROM dual;

该语句采用了 LENGTH 函数求"计算机网络"的长度。

运行结果：

LENGTH('计算机网络')

5

3. REPLACE 函数

REPLACE 函数用第 3 个字符串表达式替换第 1 个字符串表达式中包含的第 2 个字符串表达式，并返回替换后的表达式。

语法格式：

Replace(<源字符串>,<目标字符串>,<替代字符串>)

【例 11.5】 将"数据库原理"中的"原理"替换为"技术"。

SELECT REPLACE ('数据库原理','原理','技术') FROM dual;

该语句采用了 REPLACE 函数实现字符串的替换。

运行结果：

REPLACE('数据库原理','原理','技术')

数据库技术

4. SUBSTR 函数

SUBSTR 函数用于返回截取的字符串。

语法格式：

SUBSTR (<字符串>,<截取开始位置>,<截取长度>)

【例 11.6】 在一列中返回学生表中的姓，在另一列中返回表中学生的名。

SELECT SUBSTR(sname,1,1) AS 姓, SUBSTR(sname,2,LENGTH(sname) − 1) AS 名
  FROM student
  ORDER BY sno;

该语句采用了 SUBSTRING 函数分别求"姓名"字符串中的子串"姓"和子串"名"。

运行结果:

```
姓    名
---  ----
刘   鹏翔
李   佳慧
周   仁超
林   琴
杨   春容
徐   良成
```

11.1.3 日期函数

日期函数用于处理 DATE 和 TIMSTAMP 日期数据类型,常用的日期函数如表 11.3 所示。

表 11.3 日期函数表

函 数	描 述
Add_months（<日期值>，<月份数>）	把一些月份加到日期上,并返回结果
Last_day（<日期值>）	返回指定日期所在月份的最后一天
Months_between（<日期值1>，<日期值2>）	返回日期值1减去日期值2得到的月数
New_time（<当前日期>，<当前时区>，<指定时区>）	根据当前日期和当前时区,返回在指定时区中的日期。其中当前时区和指定时区的值为时区的3个字母缩写
Next_day（<日期值>，'day'）	给出指定日期后的 day 所在的日期;day 是全拼的星期名称
Round（<日期值>，'format'）	把日期值四舍五入到由 format 指定的格式
To_char（<日期值>，'format'）	将日期型数据转换成以 format 指定形式的字符型数据
To_date（<字符串>，'format'）	将字符串转换成以 format 指定形式的日期型数据型返回
Trunc（<日期值>，'format'）	把任何日期的时间设置为 00:00:00
Sysdate	返回当前系统日期

1. SYSDATE 函数

SYSDATE 函数用于返回当前系统日期。

【例 11.7】

(1) 显示当前系统日期。

```
SELECT SYSDATE
    FROM dual;
```

该语句采用了 SYSDATE 函数显示当前系统日期。

运行结果：

```
SYSDATE
- - - - - - - - - - - -
2014 - 05 - 08
```

（2）计算教师张博宇从出生日期起到现在为止的天数。

```
SELECT SYSDATE - tbirthday
FROM teacher
WHERE tname = '张博宇';
```

该语句采用了两个日期相减，得到两个日期之间相差的天数。

运行结果：

```
SYSDATE - TBIRTHDAY
- - - - - - - - - - - - - - - - - - - - - - - - - - - - - - - - - - - - -
16800.85458333333333333333333333333333333
```

> **注意：** 日期可以减去另一个日期，得到两个日期之间相差的天数，但日期不能加另外一个日期。日期可以加减一个数字得到一个新的日期，但日期不支持乘除运算。

2. MONTHS_BETWEEN 函数

MONTHS_BETWEEN 函数用于取得两个日期之间相差的月份。

语法格式：

```
MONTHS_BETWEEN(<日期值 1>,<日期值 2>)
```

返回日期值 1 减去日期值 2 得到的月份。

【例 11.8】 计算教师张博宇从出生日期起到现在为止的月份数。

```
SELECT MONTHS_BETWEEN(SYSDATE,tbirthday)
   FROM teacher
   WHERE tname = '张博宇';
```

该语句通过 MONTHS_BETWEEN 函数获取当前系统日期和出生日期之间的月份数。

运行结果：

```
MONTHS_BETWEEN(SYSDATE,TBIRTHDAY)
- - - - - - - - - - - - - - - - - - - - - - - - - - - - - - - - - - - - -
551.996635678016726403823178016726403823
```

11.1.4 统计函数

统计函数用于处理数值型数据，常用的统计函数如表 11.4 所示。

表 11.4　统计函数表

函　　数	描　　述
Avg（［distinct］＜列名＞）	计算列名中所有值的平均值，若使用 distinct 选项则只使用不同的非空数值
Count（［distinct］＜值表达式＞）	统计选择行的数目，并忽略参数值中的空值。若使用 distinct 选项则只统计不同的非空数值，参数值可以是字段名也可以是表达式
Max（＜value＞）	从选定的 value 中选取数值/字符的最大值，忽略空值
Min（＜value＞）	从选定的 value 中选取数值/字符的最小值，忽略空值
Stddev（＜value＞）	返回所选择的 value 的标准偏差
Sum（＜value＞）	返回 value 的和，Value 可以是字段名也可以是表达式
Variance（［distinct］＜value＞）	返回所选行的所有数值的方差，忽略 value 的空值

1. AVG 函数

AVG 函数用于求所有数值型列中所有值的平均值，若使用 DISTINCT 选项则只统计不同的非空数值。

语法格式：

AVG（[DISTINCT]<列名>）

【例 11.9】　　求 4002 课程的平均成绩。

```
SELECT AVG(grade)
  FROM score
  WHERE cno = '4002';
```

该语句通过 AVG 函数获取 4002 课程的平均成绩。

运行结果：

```
AVG(GRADE)
----------
85
```

2. COUNT 函数

COUNT 函数用于统计选择行的数目，并忽略参数值中的空值。若使用 DISTINCT 选项则只统计不同的非空数值。

语法格式：

COUNT（[DISTINCT]<值>）

【例 11.10】　　统计课程表中的课程数。

```
SELECT COUNT( * )
    FROM course;
```

该语句通过 COUNT 函数获取课程表中的课程数。

运行结果：

```
COUNT( * )
--------
5
```

11.2　用户定义函数

用户定义函数是存储在数据库中并编译过的 PL/SQL 块，调用用户定义函数要用表达式，并将返回值返回到调用程序。

下面介绍创建用户定义函数、调用用户定义函数和删除用户定义函数。

11.2.1　创建用户定义函数

创建用户定义函数有两种方式：使用 PL/SQL 语句创建和使用 SQL Developer 创建。

1. 使用 PL/SQL 语句创建用户定义函数

在 Oracle 中，创建用户定义函数使用 CREATE FUNCTION 语句。

语法格式：

```
CREATE [OR REPLACE] FUNCTION <函数名>          /*函数名称*/
(
    <参数名1><参数类型><数据类型>,              /*参数定义部分*/
    <参数名2><参数类型><数据类型>,
    <参数名3><参数类型><数据类型>,
    …
)
RETURN <返回值类型>                            /*定义返回值类型*/
    {IS | AS}
    [声明变量]
    BEGIN
       <函数体>;                              /*函数体部分*/
       [RETURN (<返回表达式>);]                /*返回语句*/
    END [<函数名>];
```

说明：

- 函数名：定义函数的函数名必须符合标识符的规则，且名称在数据库中是唯一的。

- 形参和实参：在函数中，在函数名称后面的括号中定义的参数称为形参（形式参数）。在调用函数的程序中，在表达式中函数名称后面的括号中的参数称为实参（实际参数）。

- 参数类型：参数类型有 IN、OUT、IN OUT 3 种模式，默认为 IN 模式。
  - IN 模式：表示传递给 IN 模式的形参，只能将实参的值传递给形参，对应 IN 模式的实参可以是常量或变量。
  - OUT 模式：表示 OUT 模式的形参将在函数中被赋值，可以将形参的值传给实参，对应 OUT 模式的实参必须是变量。
  - IN OUT 模式：IN OUT 模式的形参既可以传值也可以被赋值，对应 IN OUT 模式的实参必须是变量。
- 数据类型：定义参数的数据类型，不需要指定数据类型的长度。
- RETURN ＜返回值类型＞：指定返回值的数据类型。
- 函数体：由 PL/SQL 语句组成，它是实现函数功能的主要部分。
- RETURN 语句：将返回表达式的值返回给函数调用程序。

【**例 11. 11**】 创建选修某门课程的学生人数的函数。

```
CREATE OR REPLACE FUNCTION funNumber(p_cname IN char)
    /*创建用户定义函数 funNumber,p_cname 为形参,IN 模式*/
  RETURN number
AS
  result number;                        /*定义返回值变量*/
BEGIN
  SELECT COUNT(sno) INTO result
    FROM course a, score b
    WHERE a. cno = b. cno AND cname = p_cname;
  RETURN(result);                       /*返回语句*/
END funNumber;
```

注意：如果函数内部有程序错误，创建后会在相应的函数上打叉，因此，在创建函数后，应当查看函数是否创建成功。

------

2. 使用 SQL Developer 创建用户定义函数

启动 SQL Developer，在"连接"结点下打开数据库连接 sys_stsys，右击"函数"结点，在弹出的快捷菜单中选择"新建函数"命令，屏幕出现"创建 PL/SQL 函数"窗口，在"名称"栏中，输入 funNumber，在"参数"栏第 1 行，选择返回值的类型，单击 ➕ 按钮增加一个参数，设置参数名称、数据类型和模式，如图 11.1 所示，单击"确定"按钮，在主界面的函数 funNumber 窗口中完成函数的程序设计工作，单击"编译"按钮 🔨，再单击"运行"按钮 ▷，完成函数 funNumber 的创建。

图 11.1 "创建 PL/SQL 函数"对话框

11.2.2 调用用户定义函数

在调用用户定义函数的程序中，在表达式中通过函数名称直接调用。

语法格式：

<变量名>:=<函数名>[(<实参 1>,<实参 2>,…)]

【例 11.12】 调用函数 funNumber 查询选修某门课程的学生人数。

```
DECLARE
  v_num number;
BEGIN
  v_num := funNumber ('数据库系统');
                              /* 调用用户定义函数 funNumber,'数据库系统'为实参 */
  DBMS_OUTPUT.PUT_LINE('选修数据库系统的人数是:'||v_num);
END;
```

该语句通过调用函数 count_num 查询选修数据库系统的学生人数。

运行结果：

选修数据库系统的人数是:3

11.2.3 删除用户定义函数

不再使用用户定义函数时，用 DROP 命令将其删除。

语法格式：

DROP FUNCTION [<用户方案名>.]<函数名>

【例 11. 13】 删除函数 funNumber。

```
DROP FUNCTION funNumber;
```

11. 3 游 标

由 SELECT 语句返回的完整行集称为结果集，使用 SELECT 语句进行查询时可以得到这个结果集，但有时用户需要对结果集中的某一行或部分行进行单独处理，这在 SELECT 的结果集中无法实现，游标（Cursor）就是提供这种机制的对结果集的一种扩展，PL/SQL 通过游标提供了对一个结果集进行逐行处理的能力。

游标包括以下两部分的内容。

- 游标结果集：定义游标的 SELECT 语句返回的结果集的集合。
- 游标当前行指针：指向该结果集中某一行的指针。

游标具有下列优点。

- 允许定位在结果集的特定行。
- 从结果集的当前位置检索一行或一部分行。
- 支持对结果集中当前位置的行进行数据修改。
- 为由其他用户对显示在结果集中的数据库数据所做的更改提供不同级别的可见性支持。

游标包括显式游标（Explicit Cursor）和隐式游标（Implicit Cursor），显式游标的操作要遵循声明游标、打开游标、读取数据和关闭游标等步骤，而使用隐式游标不需执行以上步骤，只需让 PL/SQL 处理游标并简单地编写 SELECT 语句。

11. 3. 1 显式游标

使用显式游标遵循的操作步骤为：首先要声明游标（Declare Cursor），使用前要打开游标（Open Cursor），然后读取（Fetch）数据，使用完毕要关闭游标（Close Cursor）。

1. 声明游标

声明游标需要定义游标名称和 SELECT 语句。

语法格式：

```
DECLARE CURSOR <游标名>
  IS
  <SELECT 语句>
```

例如，下面是一个游标定义实例。

```
DECLARE CURSOR curStudent1
  IS
  SELECT sno,sname,tc
    FROM student
    WHERE speciality = '计算机';
```

注意：在声明游标中的 SELECT 语句不包含 INTO 子句，INTO 子句是 FETCH 语句的一部分。

2. 打开游标

该步骤执行声明游标时定义的 SELECT 语句，并将查询到的结果集存储于内存中等待读取。

语法格式：

OPEN <游标名>

【例 11.14】 使用游标，输出当前行的序列号。

打开游标后，可以使用游标属性％ROWCOUNT 返回最近一次提取到数据行的序列号。

```
DECLARE CURSOR curStudent2                    /* 声明游标 */
    IS
    SELECT sno, sname, tc
        FROM student
        WHERE speciality = '计算机';
    BEGIN
        OPEN curStudent2;                     /* 打开游标 */
        DBMS_OUTPUT. PUT_LINE( curStudent2%ROWCOUNT);
    END;
```

该语句打开游标 cur_stu2 之后，在提取数据之前访问游标属性％ROWCOUNT，输出提取的序列号为 0。

运行结果：

0

3. 读取数据

使用 FETCH 语句从结果集中读取游标所指向的行，并将结果存入 INTO 子句的变量列表中。

语法格式：

FETCH <游标名> [INTO <变量名>, … n]

FETCH 语句每执行一次，游标向下移动一行，直至结束。

注意：游标只能逐行向后移动，不能向前或跳跃移动。

【例 11.15】 使用游标，输出计算机专业的学生情况。

DECLARE

```
    v_sno char(6);                              /* 设置 3 个变量,注意变量的数据类型 */
    v_sname char(8);
    v_tc number (2);
    CURSOR curStudent3                          /* 声明游标 */
    IS
    SELECT sno,sname,tc
      FROM student
      WHERE speciality = '计算机';
    BEGIN
      OPEN curStudent3;                         /* 打开游标 */
      FETCH curStudent3 INTO v_sno, v_sname, v_tc;  /* 读取的游标数据存储到指定的变量中 */
      WHILE curStudent3%FOUND LOOP   /* 如果当前游标指向有效的一行,则进行循环,否则退出循环 */
        DBMS_OUTPUT. PUT_LINE('学号:'||v_sno||' 姓名:'||v_sname||'总学分:'||TO_char(v_tc));
        FETCH curStudent3 INTO v_sno, v_sname, v_tc;
      END LOOP;
      CLOSE curStudent3;                        /* 关闭游标 */
    END;
```

该语句使用游标并采用 WHILE-LOOP-END 循环，输出计算机专业的学生情况。

运行结果：

学号:121001 姓名:刘鹏翔　总学分:52
学号:121002 姓名:李佳慧　总学分:50
学号:121004 姓名:周仁超　总学分:50

4. 关闭游标

游标使用完以后，应该及时关闭，它将释放结果集所占的内存空间。

语法格式：

CLOSE <游标名>;

例如关闭上例中的游标：

CLOSE curStudent3

为了取出结果集中所有数据，可以借助循环语句从显式游标中每次只取出一行数据，循环多次，直至取出结果集中所有数据。由于不知道结果集中有多少条记录，为了确定游标是否已经移到了最后一条记录，可以通过游标属性来实现，常见游标属性有%ISOPFN、%FOUND、%NOTFOUND 和%ROWCOUNT，如表 11.5 所示。

调用以上游标属性时，可以使用显式游标的名称作为属性前缀。在例 11.15 中，判断游标 cur_stu3 是否还能找到记录，可以使用 cur_stu3%FOUND 来判断。

提示：通常 WHILE 循环与%FOUND 属性配合使用，LOOP 循环与%NOTFOUND 属性配合使用。

表 11.5　游标属性

属　　性	类　　型	描　　述
%ISOPFN	BOOLEAN	如果游标为打开状态，则为 TRUE
%FOUND	BOOLEAN	如果能找到记录，则为 TRUE
%NOTFOUND	BOOLEAN	如果找不到记录，则为 TRUE
%ROWCOUNT	NUMBER	已经提取数据的总行数，也可理解为当前行的序列号

在使用显式游标时，必须编写以下 4 部分代码。

（1）声明游标：在 PL/SQL 块的 DECLARE 段中声明游标。

（2）打开游标：在 PL/SQL 块中初始 BEGIN 后打开游标。

（3）读取数据：在 FETCH 语句中，取游标到一个或多个变量中，接收变量的数目必须与游标的 SELECT 列表中的表列数目一致。

（4）关闭游标：使用完毕要关闭游标。

11.3.2　隐式游标

如果在 PL/SQL 程序段中使用 SELECT 语句进行操作，PL/SQL 会隐含地使用游标，称为隐式游标，这种游标不需要像显式游标那样声明、打开和关闭游标，举例如下。

【例 11.16】　使用隐式游标，输出当前行计算机专业的学生情况。

```
DECLARE
  v_sno char(6);
  v_sname char(8);
  v_tc number(2);
BEGIN
  SELECT sno,sname,tc INTO v_sno, v_sname,v_tc      /*隐式游标必须使用 INTO 子句*/
    FROM student
    WHERE speciality = '计算机' AND ROWNUM = 1;/*限定行数为 1*/
  DBMS_OUTPUT. PUT_LINE('学号:'||v_sno||' 姓名:'||v_sname||'总学分:'||TO_char(v_tc));
END;
```

该语句使用隐式游标并限定行数为 1，输出了当前行计算机专业的学生情况。

运行结果：

学号:121001　姓名:刘鹏翔　总学分:52

使用隐式游标注意如下。

（1）隐式游标必须使用 INTO 子句。

（2）各个变量的数据类型要与表的对应列的数据类型一致。

（3）隐式游标一次只能返回一行数据，使用时必须检查异常，常见的异常有 NO_DATA_FOUND 和 TOO_MANY_ROWS。

显示游标与隐式游标相比，它的有效性如下。

函数和游标

- 显式游标可以通过检查游标属性"%FOUND"或"%NOTFOUND"确认显式游标成功或失败。
- 显式游标是在 DECLARE 段中由用户定义的，因此 PL/SQL 块的结构化程度更高（定义和使用分离）。

11.3.3 游标 FOR 循环

在使用游标 FOR 循环时，不需要打开游标（OPEN）、读取数据（FETCH）和关闭游标（CLOSE）。在游标 FOR 循环开始时，游标被自动打开；每循环一次，系统将自动读取下一行游标数据；当循环结束时，游标被自动关闭。

使用游标的 FOR 循环可以简化游标的控制，减少代码的数量。

语法格式：

```
FOR <记录变量名> IN <游标名>[(<参数 1> [,<参数 2>]…)] LOOP
    语句段
END LOOP;
```

说明：

- 记录变量名：FOR 循环隐含声明的记录变量，其结构与游标查询语句返回的结果集相同。
- 游标名：必须是已经声明的游标。
- 参数：应用程序传递给游标的参数。

【例 11.17】 使用游标 FOR 循环列出 201236 班学生成绩。

```
DECLARE
  v_sname char(8);
  v_cname char(16);
  v_grade number;
  CURSOR curGrade                          /*声明游标*/
  IS
  SELECT sname,cname,grade
    FROM student a,course b,score c
    WHERE a. sno = c. sno AND b. cno = c. cno AND sclass = '201236'
    ORDER BY sname;
BEGIN
  FOR v_rec IN curGrade LOOP               /*设置游标 FOR 循环*/
    v_sname := v_rec. sname;
    v_cname := v_rec. cname;
    v_grade := v_rec. grade;
    DBMS_OUTPUT. PUT_LINE('姓名:'||v_sname||'课程名:'||v_cname||'成绩:'||TO_char(v_grade));
  END LOOP;
END;
```

该语句使用游标 FOR 循环列出 201236 班学生成绩。

运行结果：

姓名:林琴	课程名:数字电路	成绩:94
姓名:林琴	课程名:英语	成绩:92
姓名:林琴	课程名:高等数学	成绩:95
姓名:徐良成	课程名:数字电路	成绩:87
姓名:徐良成	课程名:英语	成绩:86
姓名:徐良成	课程名:高等数学	成绩:86
姓名:杨春容	课程名:英语	成绩:
姓名:杨春容	课程名:数字电路	成绩:74
姓名:杨春容	课程名:高等数学	成绩:73

11.3.4 游标变量

游标变量被用于处理多行的查询结果集，可以在运行时与不同的 SQL 语句关联，是动态的。前节介绍的游标都是与一个 SQL 语句相关联的，并且在编译该块的时候此语句已经是可知的、是静态的。游标变量不同于特定的查询绑定，而是在打开游标时才确定所对应的查询。因此，游标变量可以依次对应多个查询。

游标变量是 REF 类型的变量，类似于高级语言中的指针。

使用游标变量之前，必须先声明，然后在运行时必须为其分配存储空间。

1. 声明游标变量

游标变量是一种引用类型，首先要定义的引用类型的名字，然后相应的存储单元必须要被分配。

语法格式：

```
TYPE < REF CURSOR 类型名>
    IS
    REF CURSOR [RETURN <返回类型>];
```

说明： <REF CURSOR 类型名>：定义的引用类型的名字。

[RETURN <返回类型>]：返回类型表示一个记录或者是数据库表的一行，强 REF CURSOR 类型有返回类型，弱 REF CURSOR 类型没有返回类型。

例如，声明游标变量 refcurStud。

```
DECLARE
TYPE refcurStud
    IS
    REF CURSOR RETURN student%ROWTYPE;
```

又如，声明游标变量 refcurGrade，其返回类型是记录类型。

```
DECLARE
    TYPE cou IS RECORD(
```

```
       cnum number(4),
       cname char(16),
       cgrade number(4,2));
    TYPE refcurGrade IS REF CURSOR RETURN cou;
```

此外，还可以声明游标变量作为函数和过程的参数。

```
DECLARE
   TYPE refcurStudent IS REF CURSOR RETURN student%ROWTYPE;
   PRCEDURE spStudent(rs IN OUT refcurStudent) IS …
```

2. 使用游标变量

使用游标变量，首先使用 OPEN 语句打开游标变量，然后使用 FETCH 语句从结果集中提取行，当所有行处理完毕时，使用 CLOSE 语句关闭游标变量。

OPEN 语句与多行查询的游标相关联，它执行查询，标志结果集。

语法格式：

```
OPEN {<弱游标变量名>|:<强游标变量名>}
   FOR
   <SELECT 语句>
```

例如，要打开游标变量 refcurStudent，使用如下语句：

```
IF NOT refcurStudent t%ISOPEN THEN
   OPEN refcurStudent FOR SELECT * FROM student;
END IF;
```

游标变量同样可以使用游标属性％ISOPFN、％FOUND、％NOTFOUND 和％ROWCOUNT。

11.4　包

包（Package）用于将逻辑相关的 PL/SQL 块或元素（过程、函数、游标、变量和常量等）组织在一起，作为一个完整的单元存储在数据库中，用名称来标识程序包。

包有两个独立的部分：包头（Specification）和包体（Body）。包头（包说明、规范）是包与应用程序的接口，它是过程、函数和游标等的名称或首部。包体是过程、函数和游标等的具体实现。包头和包体这两个部分独立的存储在数据字典中。

使用了包组织过程、函数和游标后，可以使程序设计模块化，提高程序的编写和执行效率。

1. 包的创建

包的创建分为包头的创建和包体的创建两部分。

1）创建包头

包头是包的说明部分，它对包的所有部件进行简要的说明。

语法格式：

CREATE [OR REPLACE] PACKAGE [<用户方案名>]<包名>   /＊包头名称＊/

   IS|AS < PL/SQL 程序序列>   /＊定义过程、函数等＊/

说明：<PL/SQL 程序序列>：过程、函数的定义和参数列表返回类型等，游标、变量和常量等的定义。

2）创建包体

包体是一个独立于包头的数据字典对象，包体只有在包头完成编译后才能进行编译。

语法格式：

CREATE [OR REPLACE] PACKAGE BODY [<用户方案名>]<包名>

   IS|AS < PL/SQL 程序序列>

说明：<PL/SQL 程序序列>：过程、函数和游标等的具体实现。

2. 包的调用

包可在其外部，使用包名作为前缀对其进行调用。

语法格式：

包名．函数名(过程名)

包名．游标名

包名．变量名(常量名)

3. 删除包

删除包体，使用以下命令：

DROP PACKAGE BODY <包名>;

需要同时删除包说明和包体，使用以下命令：

DROP PACKAGE <包名>;

【例 11.18】 创建包 pkgScore，求 1201 课程的平均成绩。

（1）创建包头和包体。

```
CREATE OR REPLACE PACKAGE pkgScore          /＊创建包头＊/
  IS
  FUNCTION funAverage(p_cno IN char)          /＊定义函数 funAverage 及其参数和返回类型＊/
    RETURN number;
END;
```

```
CREATE OR REPLACE PACKAGE BODY pkgScore      /＊创建包体＊/
  IS
  FUNCTION funAverage(p_cno IN char)          /＊实现函数 funAverage ＊/
```

```
        RETURN number
        AS
          v_grade number;                          /*定义返回值变量*/
      BEGIN
        SELECT AVG(grade) INTO v_grade
          FROM score
          WHERE cno = p_cno
          GROUP BY cno;
        RETURN(v_grade);                           /*返回语句*/
      END funAverage;
    END;
```

（2）包的调用。

```
DECLARE
  v_num number;
BEGIN
  v_num := pkgScore. funAverage('1201');   /*使用包名 pkgScore 作为前缀,调用函数 funAverage */
  DBMS_OUTPUT. PUT_LINE('1201 课程的平均成绩:'||TO_char(v_num));
END;
```

该语句使用包名 pkgScore 作为前缀，调用函数 fncAverage，求出 1201 课程的平均成绩。

运行结果：

1201 课程的平均成绩:86.8

11.5 应用举例

本章讲解了系统内置函数、用户定义函数、游标和包等内容。为进一步掌握系统内置函数、用户定义函数和游标等编程技术，对于系统内置函数，结合计算学生年龄应用问题介绍例 11.19；对于用户定义函数，通过学生的姓名和课程名查询学生的成绩应用问题介绍例 11.20，通过教师编号查询教师的姓名和职称应用问题介绍例 11.21；另外，结合使用游标计算学生的成绩等级应用问题介绍例 11.22。

【例 11.19】   计算学生徐良成的年龄。

题目分析：

由当前系统日期和出生日期之间的差的月份数，再除以 12 得到年龄。

编写程序：

```
DECLARE
  v_age int;
BEGIN
  SELECT MONTHS_BETWEEN(SYSDATE,sbirthday) INTO v_age
```

```
/* 通过系统内置函数 MONTHS_BETWEEN 和 SYSDATE 获取当前系统日期和出生日期之间的月份数 */
    FROM student
    WHERE sname = '徐良成';
  v_age := v_age/12;
  DBMS_OUTPUT. PUT_LINE('徐良成的年龄是:'||v_age);
END;
```

程序分析:

该语句通过 SYSDATE 函数获取当前系统日期,通过 MONTHS_BETWEEN 函数获取当前系统日期和出生日期之间的月份数,再除以 12 得到年龄。

运行结果:

徐良成的年龄是:22

【例 11.20】 输入学生的姓名和课程名查询学生的成绩。
(1) 创建用户定义函数 funGrade。

题目分析:

将学生的姓名和课程名设置为函数的参数,在函数体中设置查询语句和返回语句。

编写程序:

```
CREATE OR REPLACE FUNCTION funGrade(p_sname IN char, p_cname IN char)
    /* 创建用户定义函数 funGrade,设置姓名参数和课程名参数 */
  RETURN number
AS
  result number;                          /* 定义返回值变量 */
BEGIN
  SELECT grade INTO result
    FROM student a, course b, score c
    WHERE a. sno = c. sno AND b. cno = c. cno AND sname = p_sname AND cname = p_cname;
  RETURN(result);                         /* 返回语句 */
END funGrade;
```

程序分析:

设置姓名参数 p_sname 和课程名参数 p_cname,定义返回值变量 result。

在函数体中通过 SELECT-INTO 语句,将查询结果存入返回值变量 result 中,通过返回语句 RETURN (result) 返回该函数的查询结果。

(2) 调用用户定义函数 funGrade。

```
DECLARE
  v_gd number;
BEGIN
  v_gd := funGrade ('李佳慧','高等数学'); /* 调用用户定义函数 funGrade,'李佳慧','高等数学'为
实参 */
```

函数和游标

```
    DBMS_OUTPUT. PUT_LINE('李佳慧高等数学的成绩是:'||v_gd);
END;
```

该语句通过调用函数 funGrade 查询李佳慧高等数学的成绩。

运行结果：

李佳慧高等数学的成绩是:88

【例 11.21】 通过教师编号，查询教师的姓名和职称。

（1）创建用户定义函数 funTitle。

题目分析：

将教师编号设置为函数的参数，在函数体中设置查询语句和返回语句。

编写程序：

```
CREATE OR REPLACE FUNCTION funTitle(p_tno IN char)
    /*创建用户定义函数 funTitle,设置教师编号参数*/
  RETURN char
AS
  result char (200);                        /*定义返回值变量*/
  v_tname char (8);
  v_title char (12);
BEGIN
  SELECT tname INTO v_tname
    FROM teacher
    WHERE tno = p_tno;
  SELECT title INTO v_title
    FROM teacher
    WHERE tno = p_tno;
  result := '姓名:'||v_tname||'职称:'||v_title;
  RETURN(result);                          /*返回语句*/
END funTitle;
```

程序分析：

设置姓名参数 p_tno，定义返回值变量 result、教师姓名变量 v_tname 和职称变量 v_title。

在函数体中通过第 1 个 SELECT-INTO 语句，将查询结果存入变量 v_tname 中，通过第 2 个 SELECT-INTO 语句，将查询结果存入变量 v_title 中，通过返回语句 RETURN（result）返回该函数的查询结果。

（2）使用 SELECT 语句调用函数 funTitle 查询所有教师的姓名和职称。

```
SELECT tno AS 编号, funTitle(tno) AS 姓名和职称      /*调用用户定义函数 funTitle,tno 为实参*/
  FROM teacher;
```

该语句调用函数 funTitle，通过教师编号查询所有教师的姓名和职称。

运行结果：

```
编号      姓名和职称
-------   --------------------------
100001    姓名:张博宇    职称:教授
100021    姓名:谢伟业    职称:讲师
120036    姓名:刘巧红    职称:副教授
400007    姓名:黄海玲    职称:教授
800014    姓名:曾杰      职称:副教授
```

【例 11.22】　新建 sco 表，表结构与数据和原有的 score 表相同，在 sco 表上增加成绩等级一列：gd char（1），使用游标 curLevel 计算学生的成绩等级，并更新 sco 表。

题目分析：

使用游标将读取的成绩分数存储到指定的变量中，再用搜索型 CASE 函数将成绩分数转换为成绩等级。

编写程序：

```
DECLARE
    v_deg number;                                    /*设置两个变量,注意变量的数据类型*/
    v_lev char(1);
    CURSOR curLevel                        /*声明游标*/
    IS
    SELECT grade FROM sco WHERE grade IS NOT NULL FOR UPDATE;           /*加行共享锁*/
    BEGIN
        OPEN curLevel;                          /*打开游标*/
        FETCH curLevel INTO v_deg;              /*读取的游标数据存储到指定的变量中*/
        WHILE curLevel%FOUND LOOP  /* 如果当前游标指向有效的一行,则进行循环,否则退出循环*/
            CASE                                /*使用搜索型CASE函数将成绩转换为等级*/
                WHEN v_deg >= 90 THEN v_lev := 'A';
                WHEN v_deg >= 80 THEN v_lev := 'B';
                WHEN v_deg >= 70 THEN v_lev := 'C';
                WHEN v_deg >= 60 THEN v_lev := 'D';
                WHEN v_deg >= 0 AND v_deg <= 60 THEN v_lev := 'E';
                ELSE v_lev := 'Nothing';
            END CASE;
            UPDATE sco                          /*使用游标进行数据更新*/
                SET gd = v_lev
                WHERE CURRENT OF curLevel;
            FETCH curLevel INTO v_deg;
        END LOOP;
    CLOSE curLevel;                             /*关闭游标*/
END;
```

程序分析：

设置成绩分数变量为 v_deg、成绩等级变量为 v_lev，声明游标 curLevel，由

SELECT 语句查询产生与游标 curLevel 相关联的成绩分数结果集。设置循环，在循环体中每一行，将读取游标结果集的数据存储到变量 v_deg 中，用搜索型 CASE 函数将成绩分数变量 v_deg 转换为成绩等级变量 v_lev，用 UPDATE 语句将 sco 表 gd 的值更新为 v_lev 的值。

对更新后的 sco 表进行查询：

```
SELECT  *
    FROM sco;
```

运行结果：

```
SNO         CNO         GRADE       GD
-------------------------------------------------
121001      1004        92          A
121002      1004        85          B
121004      1004        82          B
124001      4002        94          A
124002      4002        74          C
124003      4002        87          B
121001      8001        94          A
121002      8001        88          B
121004      8001        81          B
124001      8001        95          A
124002      8001        73          C
124003      8001        86          B
121001      1201        93          A
121002      1201        87          B
121004      1201        76          C
124001      1201        92          A
124002      1201
124003      1201        86          B
```

11.6 小   结

本章主要介绍了以下内容。

(1) Oracle 11g 提供了丰富的系统内置函数，常用的系统内置函数有数学函数、字符串函数、日期和时间函数和统计函数。

(2) 用户定义函数是存储在数据库中并编译过的 PL/SQL 块，调用用户定义函数要用表达式，并将返回值返回到调用程序。

(3) 用户定义函数参数类型有 IN、OUT 和 IN OUT 3 种模式，默认为 IN 模式。

(4) 游标提供了对一个结果集进行逐行处理的能力，它包括以下两部分的内容：游标结果集和游标当前行指针。

(5) 显式游标的操作要遵循声明游标、打开游标、读取数据和关闭游标等步骤，而使用隐式游标不需执行以上步骤，只需让 PL/SQL 处理游标并简单地编写 SELECT 语句，隐式游标必须使用 INTO 子句，一次只能返回一行数据。

（6）使用游标的 FOR 循环可以简化游标的控制，减少代码的数量。

（7）使用游标变量可以处理多行的查询结果集。

（8）包有包头和包体两个独立的部分，包体只有在包头完成编译后才能进行编译，这两个部分独立地存储在数据字典中。使用了包组织过程、函数和游标后，可以使程序设计模块化，提高程序的编写和执行效率。

习　题　11

一、选择题

1. 执行语句"SELECT POWER（2，3）FROM DUAL;"，查询结果是_____。

    A. 9　　　　　　　　B. 6　　　　　　　　C. 8　　　　　　　　D. 以上都不对

2. 在 SELECT-INTO 语句中，可能出现的异常是_____。

    A. CURSOR_ALREDAY_OPEN　　　　　B. NO_DATA_FOUND

    C. ACCESS_INTO+NULL　　　　　　　D. COLLECTION_IS _NULL

3. 下面不属于用户定义函数的参数类型是_____。

    A. IN　　　　　　　B. OUT　　　　　　C. NULL　　　　　　D. IN OUT

4. 执行以下 PL/SQL 语句：

```
DECLARE
  v_rows number(2);
BEGIN
  DELETE FROM table_name WHERE col_name IN (X,Y,Z);
  v_rows := SQL % ROWCOUNT
END;
```

如果行没有被删除，那么 v_rows 的值是_____。

    A. NULL　　　　　B. 3　　　　　　　C. FALSE　　　　　D. 0

5. 下列属性用来检查 FETCH 操作是否成功的是_____。

    A. %ISOPFN　　　　　　　　　　　B. %FOUND

    C. %NOTFOUND　　　　　　　　　D. %ROWCOUNT

二、填空题

1. 显式游标处理包括_____、_____、_____和_____4 个步骤。

2. 打开游标的语句是_____。

3. 包有两个独立部分：_____和_____。

三、应用题

1. 查询每个学生的平均分，保留整数，丢弃小数部分。

2. 使用用户定义函数查询不同班级的课程平均成绩。

3. 采用游标方式输出各专业各课程的平均分。

第12章　　存　储　过　程

- 存储过程
- 存储过程的创建
- 存储过程的调用
- 存储过程的删除
- 存储过程的参数

存储过程（Stored Procedure）是一组完成特定功能的 PL/SQL 语句集合，预编译后放在数据库服务器端，用户通过指定存储过程的名称并给出参数（如果该存储过程带有参数）来执行存储过程。本章介绍存储过程的特点和类型，存储过程的创建和调用，存储过程的参数等内容。

12.1　存储过程概述

存储过程是一种命名 PL/SQL 程序块，它将一些相关的 SQL 语句和流程控制语句组合在一起，用于执行某些特定的操作或者任务。将经常需要执行的特定的操作写成过程，通过过程名，就可以多次调用过程，从而实现程序的模块化设计，这种方式提高了程序的效率，节省了用户的时间。

存储过程具有以下特点。

- 存储过程在服务器端运行，执行速度快。
- 存储过程增强了数据库的安全性。
- 存储过程允许模块化程序设计。
- 存储过程可以提高系统性能。

12.2　存储过程的创建和调用

存储过程的创建可采用 PL/SQL 语句，也可采用 SQL Developer 图形界面方式。

12.2.1 创建存储过程

1. 通过 PL/SQL 语句创建存储过程

PL/SQL 创建存储过程使用的语句是 CREATE PROCEDURE。

语法格式：

```
CREATE [OR REPLACE] PROCEDURE <过程名>              /* 定义过程名 */
  [ (<参数名> <参数类型> <数据类型> [ DEFAULT <默认值>] [, …n])]
                                                    /* 定义参数类型及属性 */
{ IS | AS }
  [<变量声明>]                                      /* 变量声明部分 */
  BEGIN
    <过程体>                                        /* PL/SQL 过程体 */
  END [<过程名>][;]
```

说明：

（1）OR REPLACE：如果指定的过程已存在，则覆盖同名的存储过程。

（2）过程名：定义的存储过程的名称。

（3）参数名：存储过程的参数名必须符合有关标识符的规则，存储过程中的参数称为形式参数（简称形参），可以声明一个或多个形参，调用带参数的存储过程则应提供相应的实际参数（简称实参）。

（4）参数类型：存储过程的参数类型有 IN、OUT 和 IN OUT 3 种模式，默认的模式是 IN 模式。

- IN：向存储过程传递参数，只能将实参的值传递给形参，在存储过程内部只能读不能写，对应 IN 模式的实参可以是常量或变量。
- OUT：从存储过程输出参数，存储过程结束时形参的值会赋给实参，在存储过程内部可以读或写，对应 OUT 模式的实参必须是变量。
- IN OUT：具有前面两种模式的特性，调用时，实参的值传递给形参，结束时，形参的值传递给实参，对应 IN OUT 模式的实参必须是变量。

（5）DEFAULT：指定 IN 参数的默认值，默认值必须是常量。

（6）过程体：包含在过程中的 PL/SQL 语句。

存储过程可以带参数，也可以不带参数，下面两个实例分别介绍不带参数的存储过程和带参数的存储过程的创建。

【例 12.1】 创建一个不带参数的存储过程 spTest，输出 Hello Oracle。

```
CREATE OR REPLACE PROCEDURE spTest            /* 创建不带参数的存储过程 */
AS
BEGIN
  DBMS_OUTPUT.PUT_LINE('Hello Oracle');
END;
```

【**例 12.2**】 创建一个带参数的存储过程 spTc，查询指定学号学生的总学分。

```
CREATE OR REPLACE PROCEDURE spTc(p_sno IN CHAR)
    /*创建带参数的存储过程，p_sno 参数为 IN 模式 */
AS
    credit number;
BEGIN
    SELECT tc INTO credit
        FROM student
        WHERE sno = p_sno;
    DBMS_OUTPUT. PUT_LINE(credit);
END;
```

2. 通过 SQL Developer 图形界面方式创建存储过程

通过 SQL Developer 图形界面方式创建存储过程举例如下。

【**例 12.3**】 通过图形界面方式创建存储过程 spTc，用于求 102 课程的平均分。

操作步骤如下。

（1）启动 SQL Developer，在"连接"结点下打开数据库连接 sys_stsys，选择并展开"过程"结点，右击该结点，在弹出的快捷菜单中选择"创建过程"命令，出现"创建 PL/SQL 过程"对话框，如图 12.1 所示。

图 12.1 "创建 PL/SQL 过程"对话框

（2）在"名称"文本框中输入存储过程的名称，这里是 spTc，单击 按钮添加一个参数，在 Name 栏输入参数名称 p_sno，在 Type 栏选择参数的类型 CHAR，在 Mode 栏选择参数的模式 IN。

（3）单击"确定"按钮，在 spTc 过程的编辑框中编写 PL/SQL 语句，完成后单击"编译"按钮 🔩 完成过程的创建。

12.2.2　存储过程的调用

存储过程的调用可采用 PL/SQL 语句，通过 EXECUTE（或 EXEC）语句可以调用一个已定义的存储过程。

语法格式：

```
[ { EXEC | EXECUTE } ] <过程名>
  [ ( [<参数名> =>] <实参> | @<实参变量> [,…n]) ] [;]
```

说明：

（1）可以使用 EXECUTE（或 EXEC）语句调用已定义的存储过程。但在 PL/SQL 块中，可以直接使用过程名调用。

（2）对于带参数的存储过程，有以下 3 种调用方式。

名称表示法：调用时按形参的名称和实参的名称对应调用。

位置表示法：调用时按形参的排列顺序调用。

混合表示法：将名称表示法和位置表示法混合使用。

1. 使用 EXECUTE 语句调用和使用 PL/SQL 语句块调用存储过程

【例 12.4】　调用存储过程 spTest。

（1）使用 EXECUTE 语句调用。

```
EXECUTE spTest;
```

运行结果：

```
Hello Oracle
```

（2）使用 PL/SQL 语句块调用。

```
BEGIN
  sptest;
END;
```

运行结果：

```
Hello Oracle
```

2. 在带参数的存储过程中，使用位置表示法调用和使用名称表示法调用

【例 12.5】　调用带参数的存储过程 sptc。

（1）使用位置表示法调用带参数的存储过程。

```
EXECUTE spTc('121001');
```

该语句使用位置表示法调用带参数的存储过程 spTc，省略了"<参数名>＝＞"格式，但后面的实参顺序必须和过程定义时的形参顺序一致。

运行结果：

52

（2）使用名称表示法调用带参数的存储过程。

EXECUTE spTc(p_sno =>'121001');

该语句使用名称表示法调用带参数的存储过程 spTc，使用了"<参数名>=><实参>"格式。

运行结果：

52

12.2.3 存储过程的删除

当某个存储过程不再需要时，为释放它占用的内存资源，应将其删除。

语法格式：

DROP PROCEDURE [<用户方案名>.] <过程名>;

【例 12.6】 删除存储过程 spTc。

DROP PROCEDURE spTc;

12.3 存储过程的参数

存储过程的参数类型有 IN、OUT 和 IN OUT 3 种模式，分别介绍如下。

12.3.1 带输入参数存储过程的使用

输入参数用于向存储过程传递参数值，其参数类型为 IN 模式，只能将实参的值传递给形参（输入参数），在存储过程内部输入参数只能读不能写，对应 IN 模式的实参可以是常量或变量。

带输入参数存储过程举例如下。

【例 12.7】 创建一个带输入参数存储过程 spCourseMax，输出指定学号学生的所有课程中的最高分。

（1）创建存储过程。

```
CREATE OR REPLACE PROCEDURE spCourseMax (p_sno IN CHAR)
  /*创建存储过程 spCourseMax,参数 p_sno 是输入参数*/
AS
  v_max number;
BEGIN
  SELECT MAX(c.grade) INTO v_max
    FROM student a, course b, score c
    WHERE a.sno = c.sno AND b.cno = c.cno AND a.sno = p_sno
```

```
        GROUP BY a. sno;
        DBMS_OUTPUT. PUT_LINE(p_sno||'学生的最高分是'||v_max);
    END;
```

（2）调用存储过程。

```
EXECUTE spCourseMax ('121001');
```

在调用存储过程时，采用按位置传递参数，将实参值"121001"传递给输入参数 p_sno 并输出该学号学生的所有课程中的最高分。

运行结果：

121001 学生的最高分是 94

在创建存储过程时，可为输入参数设置默认值，默认值必须为常量或 NULL，在调用存储过程时，如果未指定对应的实参值，则自动用对应的默认值代替，参见以下例题。

【例 12.8】 设 st2 表结构已创建，含有 4 列分别是 stno、stname、stage 和 stsex，创建一个带输入参数存储过程 spInsert，为输入参数设置默认值，在 st2 表中添加学号 1001～1008。

（1）创建存储过程。

```
CREATE OR REPLACE PROCEDURE spInsert(p_low IN INT := 1001,p_high IN INT := 1008)
    /*创建存储过程 spInsert,输入参数 p_low 设置默认值为 1001,输入参数 p_ high 设置默认值
    为 1008*/
AS
    v_n int;
BEGIN
    v_n := p_low;
    WHILE v_n < = p_high
    LOOP
        INSERT INTO st2(stno) VALUES(v_n);
        v_n := v_n + 1;
    END LOOP;
    COMMIT;
END;
```

（2）调用存储过程。

```
EXECUTE spInsert;
```

在调用存储过程时未指定实参值，自动用输入参数 p_low、p_ high 对应的默认值代替，并在 st2 表中添加学号 1001～1008。

使用 SELECT 语句进行测试：

```
SELECT  *
    FROM st2;
```

存储过程

运行结果:

```
STNO   STNAME   STAGE   STSEX
----   -------   -----   -----
1001
1002
1003
1004
1005
1006
1007
1008
```

12.3.2　带输出参数存储过程的使用

输出参数用于从存储过程输出参数值,其参数类型为 OUT 模式,存储过程结束时形参(输出参数)的值会赋给实参,在存储过程内部输出参数可以读或写,对应 OUT 模式的实参必须是变量。

带输出参数存储过程的使用通过以下实例说明。

【例 12.9】　创建一个带输出参数的存储过程 spNumber,查找指定专业的学生人数。

(1)创建存储过程。

```
CREATE OR REPLACE PROCEDURE spNumber(p_speciality IN char, p_num OUT number)
  /* 创建存储过程 spNumber,参数 p_speciality 是输入参数,参数 p_num 是输出参数 */
AS
BEGIN
  SELECT COUNT(speciality) INTO p_num
    FROM student
    WHERE speciality = p_speciality;
END;
```

(2)调用存储过程。

```
DECLARE
  v_num number;
BEGIN
  spnumber('计算机', v_num);
  DBMS_OUTPUT.PUT_LINE('计算机专业的学生人数是:'||v_num);
END;
```

在调用存储过程时,将实参值"计算机"传递给输入参数 p_speciality;在过程体中,使用 SELECT-INTO 语句将查询结果存入输出参数 p_num;结束时,将输出参数 p_num 的值传递给实参 v_num 并输出计算机专业的学生人数。

运行结果:

计算机专业的学生人数是:3

注意：在创建或使用输出参数时，都必须对输出参数进行定义。

12.3.3　带输入输出参数存储过程的使用

输入输出参数的参数类型为 IN OUT 模式，调用时，实参的值传递给形参（输入输出参数），结束时，形参的值传递给实参，对应 IN OUT 模式的实参必须是变量。

带输入输出参数存储过程的使用通过以下实例说明。

【例 12.10】　创建一个存储过程 spSwap，交换两个变量的值。

（1）创建存储过程。

```
CREATE OR REPLACE PROCEDURE spSwap(p_t1 IN OUT NUMBER, p_t2 IN OUT NUMBER)
  /* 创建存储过程 spSwap，参数 p_t1 和 p_t2 都是输入输出参数 */
AS
  v_temp number;
BEGIN
  v_temp := p_t1;
  p_t1 := p_t2;
  p_t2 := v_temp;
END;
```

（2）调用存储过程。

```
DECLARE
  v_1 number := 70;
  v_2 number := 90;
BEGIN
  spSwap(v_1,v_2);
  DBMS_OUTPUT.PUT_LINE('v_1 = '||v_1);
  DBMS_OUTPUT.PUT_LINE('v_2 = '||v_2);
END;
```

在调用存储过程时，将实参的值传递给输入输出参数 p_t1 和 p_t2。在过程体中，p_t1 的值和 p_t2 的值进行了交换。结束时，已交换值的输入输出参数 p_t1 和 p_t2，分别将它们的值传递给实参，完成两个变量（实参）的值的交换。

运行结果：

```
v_1 = 90
v_2 = 70
```

12.4　应用举例

本章讲解了存储过程的概念、存储过程的创建、存储过程的调用、存储过程的删除和存储过程的参数等内容。为进一步掌握存储过程的创建、存储过程的调用和存储过程的参数等编程技术，分别结合用学生姓名查询平均分数应用问题（例 12.14）、用学号查询所选课程的数量和平均分应用问题（例 12.15）和用学号查询姓名和最高分应用问题（例 12.16），介绍带参数存储过程的创建和调用中 PL/SQL 语句的编写。

【例 12.11】 创建一个存储过程 spAvgGrade，输入学生姓名后，将查询出的平均分存储到输出参数内。

（1）创建存储过程。

题目分析：

将学生姓名设置为输入参数，平均分设置为输出参数，在过程体中设置 SELECT-INTO 语句。

编写程序：

```
CREATE OR REPLACE PROCEDURE spAvgGrade (p_sname IN CHAR, p_avg OUT NUMBER)
  / * 创建存储过程 spAvgGrade, 参数 p_sname 是输入参数, 参数 p_avg 是输出参数 * /
AS
BEGIN
  SELECT AVG(grade) INTO p_avg
    FROM student a, score b
    WHERE a. sno = b. sno AND a. sname = p_sname;
END;
```

程序分析：

姓名设置为输入参数 p_sname，平均分设置为输出参数 p_avg。

在过程体中通过 SELECT-INTO 语句，将查询结果存入输出参数 p_avg。

（2）调用存储过程。

```
DECLARE
  v_avg number;
BEGIN
  spAvgGrade ('徐良成', v_avg);
  DBMS_OUTPUT. PUT_LINE('徐良成的平均分是:'||v_avg);
END;
```

调用存储过程时，将实参值'徐良成'传递给输入参数 p_sname；在过程体中，通过 SELECT-INTO 语句将查询结果存储到输出参数 p_avg；调用结束时，将输出参数 p_avg 的值传递给实参 v_avg 并输出徐良成的平均分。

运行结果：

徐良成的平均分是:86. 33333333333333333333333333333333333333

【例 12.12】 创建一个存储过程 spNumberAvg，输入学号后，将该生所选课程数和平均分存储到输出参数内。

（1）创建存储过程。

题目分析：

将学号设置为输入参数，所选课程数和平均分分别设置为输出参数，在过程体中设置两个 SELECT-INTO 语句。

编写程序：

```
CREATE OR REPLACE PROCEDURE spNumberAvg(p_sno IN CHAR, p_num OUT NUMBER, p_avg OUT NUMBER)
  /＊创建存储过程 spNumberAvg，参数 p_sno 是输入参数，参数 p_num 和 p_avg 是输出参数 ＊/
  AS
BEGIN
  SELECT COUNT(cno) INTO p_num
    FROM score
    WHERE sno = p_sno;
  SELECT AVG(grade) INTO p_avg
    FROM score
    WHERE sno = p_sno;
END;
```

程序分析：

学号设置为输入参数 p_sno，所选课程数和平均分分别设置为输出参数 p_num 和 p_avg。

在过程体中通过第 1 个 SELECT-INTO 语句，将查询结果存入输出参数 p_num，通过第 2 个 SELECT-INTO 语句，将查询结果存入输出参数 p_avg。

（2）调用存储过程。

```
DECLARE
  v_num number;
  v_avg number;
BEGIN
  spNumberAvg('121002', v_num, v_avg);
  DBMS_OUTPUT. PUT_LINE('学号 121002 的学生的选课数是：'||v_num||'，平均分是：'||v_avg);
END;
```

调用存储过程时，将实参'121002'传递给输入参数 p_sno；在过程体中，使用两条 SELECT-INTO 语句分别将查询结果存入输出参数 p_num 和 p_avg；调用结束时，将 p_num 和 p_avg 的值分别传递给实参 v_num 和 v_avg 并输出结果。

运行结果：

学号 121002 的学生的选课数是：3，平均分是：86.666666666666666666666666666666666667

【例 12.13】 创建一个存储过程 spNumMax，输入学号后，将该生姓名、最高分存入输出参数内。

（1）创建存储过程。

题目分析：

将学号设置为输入参数、姓名和最高分分别设置为输出参数，在过程体中设置两个 SELECT-INTO 语句。

编写程序：

```
CREATE OR REPLACE PROCEDURE spNumberMax(p_sno IN student. sno%TYPE, p_sname OUT
student. sname%TYPE, p_max OUT NUMBER)
    /* 创建存储过程 spNumberMax, 参数 p_sno 是输入参数, 参数 p_sname 和 p_max 是输出参数 */
AS
BEGIN
    SELECT sname INTO p_sname
      FROM student
      WHERE sno = p_sno;
    SELECT MAX(grade) INTO p_max
      FROM student a, score b
      WHERE a. sno = b. sno AND a. sno = p_sno;
END;
```

程序分析：

学号设置为输入参数 p_sno、姓名和最高分分别设置为输出参数 p_sname 和 p_max。

在过程体中通过第 1 个 SELECT-INTO 语句，将查询结果存入输出参数 p_sname，通过第 2 个 SELECT-INTO 语句，将查询结果存入输出参数 p_max。

（2）调用存储过程。

```
DECLARE
    v_sname student. sname%TYPE;
    v_max number;
BEGIN
    spNumberMax('121002', v_sname, v_max);
    DBMS_OUTPUT. PUT_LINE('学号 124001 的学生姓名是:'||v_sname||' 最高分是:'||v_max);
END;
```

调用存储过程时，将实参'121002'传递给输入参数 p_sno；在过程体中，使用两条 SELECT-INTO 语句分别将查询结果存入输出参数 p_sname 和 p_max；调用结束时，将输出参数 p_sname 和 p_max 的值分别传递给实参 v_sname 和 v_max 并输出结果。

运行结果：

学号 124001 的学生姓名是:李佳慧 最高分是:88

12.5 小　　结

本章主要介绍了以下内容。

（1）存储过程是一种命名 PL/SQL 程序块，它将一些相关的 SQL 语句，流程控制语句组合在一起，用于执行某些特定的操作或者任务。存储过程可以带参数，也可以不带参数。

（2）存储过程的创建可采用 PL/SQL 语句，也可采用 SQL Developer 图形界面方式。

（3）可以使用 EXECUTE（或 EXEC）语句调用已定义的存储过程，也可以在 PL/SQL 块中直接使用过程名调用。对于带参数的存储过程，有以下 3 种调用方式：名称表示法、位置表示法和混合表示法。

（4）存储过程的参数类型有 IN、OUT 和 IN OUT 3 种模式，默认的模式是 IN 模式。

习　题　12

一、选择题

1. 创建存储过程的用处主要是_____。
   A. 实现复杂的业务规则　　　　　　B. 维护数据的一致性
   C. 提高数据操作效率　　　　　　　D. 增强引用完整性

2. 下列关于存储过程的描述中，不正确的是_____。
   A. 存储过程独立于数据库而存在
   B. 存储过程实际上是一组 PL/SQL 语句
   C. 存储过程预先被编译存放在服务器端
   D. 存储过程可以完成某一特定的业务逻辑

3. 下列关于存储过程的说法中，正确的是_____。
   A. 用户可以向存储过程传递参数，但不能输出存储过程产生的结果
   B. 存储过程的执行是在客户端完成的
   C. 在定义存储过程的代码中可以包括数据的增、删、改和查语句
   D. 存储过程是存储在是客户端的可执行代码

4. 关于存储过程的参数，正确的说法是_____。
   A. 存储过程的输出参数可以是标量类型，也可以是表类型
   B. 可以指定字符参数的字符长度
   C. 存储过程的输入参数可以不输入信息而调用过程
   D. 以上说法都不对

5. 设创建一个包含一个输入参数和两个输出参数的存储过程，各参数都是字符型，下列创建存储过程的语句中，正确的是_____。
   A. CREATE OR REPLACE PROCEDURE prc1（x1 IN, x2 OUT，x3 OUT）AS…
   B. CREATE OR REPLACE PROCEDURE prc1（x1 CHAR, x2 CHAR，x3 CHAR）AS…
   C. CREATE OR REPLACE PROCEDURE prc1（x1 CHAR, x2 OUT CHAR，

      x3 OUT) AS…

   D. CREATE OR REPLACE PROCEDURE prc1（x1 IN CHAR，x2 OUT CHAR，x3 OUT CHAR）AS…

   6. 设有创建存储过程语句 CREATE OR REPLACE PROCEDURE prc2（x IN CHAR，y OUT CHAR，z OUT NUMBER）AS…，下列调用存储过程的语句中，正确的是_____。

A. DECLARE
```
    u CHAR;
    v NUMBER;
BEGIN
    Prc2 ('100001', u, v);
END;
```

B. DECLARE
```
    u OUT CHAR;
    v NUMBER;
BEGIN
    Prc2 ('100001', u, v);
END;
```

C. DECLARE
```
    u CHAR;
    v OUT NUMBER;
BEGIN
    Prc2 ('100001', u, v);
END;
```

D. DECLARE
```
    u OUT CHAR;
    v OUT NUMBER;
BEGIN
    Prc2 ('100001' u, v);
END;
```

二、填空题

1. 在 PL/SQL 中，创建存储过程的语句是_____。

2. 在创建存储过程时，可以为_____设置默认值，在调用存储过程时，如果未指定对应的实参值，则自动用对应的_____代替。

3. 存储过程的参数类型有_____、_____和_____ 3 种模式。

三、应用题

1. 创建一个存储过程 spSpecialityCnameAvg，求指定专业和课程的平均分。

2. 创建一个存储过程 spCnameMax，求指定课程号的课程名和最高分。

3. 创建一个存储过程 spNameSchoolTitle，求指定教师编号的姓名、学院和职称。

第13章　触　发　器

本章要点

- 触发器概述
- 创建 DML 触发器
- 创建 INSTEAD OF 触发器
- 创建系统触发器
- 触发器的管理

触发器（Trigger）是一组 PL/SQL 语句，编译后存储在数据库中，它在插入、删除或修改指定表中的数据时自动触发执行。

13.1　触发器概述

触发器是一种特殊的存储过程，与表的关系密切，其特殊性主要体现在不需要用户调用，而是在对特定表（或列）进行特定类型的数据修改时激发。

触发器与存储过程的差别如下。

- 触发器是自动执行，而存储过程需要显式调用才能执行。
- 触发器是建立在表或视图之上的，而存储过程是建立在数据库之上的。

触发器用于实现数据库的完整性，触发器具有以下优点：

- 可以提供比 CHECK 约束、FOREIGN KEY 约束更灵活、更复杂和更强大的约束。
- 可对数据库中的相关表实现级联更改。
- 可以评估数据修改前后表的状态，并根据该差异采取措施。
- 强制表的修改要合乎业务规则。

触发器的缺点是增加决策和维护的复杂程度。

Oracle 的触发器有 3 类：DML 触发器、INSTEAD OF 触发器和系统触发器。

1. DML 触发器

当数据库中发生数据操纵语言（DML）事件时将调用 DML 触发器。DML 事件包括在指定表或视图中修改数据的 INSERT 语句、UPDATE 语句和 DELETE 语句，DML 触发器可分为 INSERT 触发器、UPDATE 触发器和 DELETE 触发器 3 类。

2. INSTEAD OF 触发器

Oracle 专门为进行视图操作的一种处理方法。

3. 系统触发器

系统触发器由数据定义语言（DDL）事件（如 CREATE 语句、ALTER 语句和 DROP 语句）、数据库系统事件（如系统启动或退出、异常操作）、用户事件（如用户登录或退出数据库）触发。

13.2　使用 PL/SQL 语句创建触发器

下面介绍使用 PL/SQL 语句创建 DML 触发器、INSTEAD OF 触发器和系统触发器。

13.2.1　使用 PL/SQL 语句创建 DML 触发器

DML 触发器是当发生数据操纵语言（DML）事件时要执行的操作。DML 触发器用于在数据被修改时强制执行业务规则，以及扩展 CHECK 约束、FOREIGN KEY 约束的完整性检查逻辑。

语法格式：

```
CREATE [OR REPLACE] TRIGGER [<用户方案名>.]<触发器名>        /*触发器定义*/
    { BEFORE|AFTER|INSTEAD OF }                          /*指定触发时间*/
    { DELETE | INSERT | UPDATE [ OF <列名>[,…n] ]}       /*指定触发事件*/
      [OR { DELETE | INSERT | UPDATE [ OF <列名>[,…n] ]}] 
    ON {<表名>|<视图名>}                                  /*指定表触发对象*/
    [ FOR EACH ROW [ WHEN(<条件表达式>) ] ]               /*指定触发级别*/
    <PL/SQL 语句块>                                      /*触发体*/
```

说明：

- 触发器名：指定触发器名称。
- BEFORE：执行 DML 操作之前触发。
- AFTER：执行 DML 操作之后触发。
- INSTEAD OF：替代触发器，触发时触发器指定的事件不执行，而执行触发器本身的操作。
- DELETE、INSERT 和 UPDATE：指定一个或多个触发事件，多个触发事件之间用 OR 连接。
- FOR EACH ROW：由于 DML 语句可能作用于多行，因此触发器的 PL/SQL 语句可能为作用的每一行运行一次，这样的触发器称为行级触发器（row-level trigger）；也可能为所有行只运行一次，这样的触发器称为语句级触发器（statement-level trigger）。如果未使用 FOR EACH ROW 子句，指定为语句级触发器，触发器激活后只执行一次。如果使用 FOR EACH ROW 子句，指定为行级触发器，触发器将针对每一行执行一次。WHEN 子句用于指定触发条件。

在行级触发器执行过程中，PL/SQL 语句可以访问受触发器语句影响的每行的列值。"：OLD. 列名"表示变化前的值，"：NEW. 列名"表示变化后的值。

有关 DML 触发器的语法说明，补充以下两点。

1）创建触发器的限制

- 代码大小：触发器代码大小必须小于 32KB。
- 触发器中有效语句可以包括 DML 语句，但不能包括 DDL 语句。ROLLBACK、COMMIT 和 SAVEPOINT 也不能使用。

2）触发器触发次序

- 执行 BEFORE 语句级触发器。
- 对于受语句影响的每一行，执行顺序为：执行 BEFORE 行级触发器—执行 DML 语句—执行 AFTER 行级触发器。
- 执行 AFTER 语句级触发器。

综上所述，可得创建 DML 触发器的语法结构包括触发器定义和触发体两部分。触发器定义包含指定触发器名称、指定触发时间、指定触发事件、指定触发对象和指定触发级别等。触发体由 PL/SQL 语句块组成，它是触发器的执行部分。

【例 13.1】 在 stsys 数据库的 score 表上创建一个触发器 trigInsertScore，在 score 表插入记录时，显示"正在插入记录"。

（1）创建触发器。

```
CREATE OR REPLACE TRIGGER trigInsertScore
    AFTER INSERT ON score
DECLARE
    v_str varchar(20) := '正在插入记录';
BEGIN
    DBMS_OUTPUT.PUT_LINE(v_str);
END;
```

在创建触发器 trigInsertScore 的定义部分，指定触发时间为 AFTER，触发事件为 INSERT 语句，触发对象为 score 表，触发级别为语句级触发器。由触发体部分中的 PL/SQL 语句块，当每次向表中插入一条记录后，就会激活该触发器，执行该触发器操作。

（2）测试触发器。

下面的 INSERT 语句向 score 表插入一条记录。

```
INSERT INTO score VALUES('121001','4002',91);
```

运行结果：

正在插入记录

【例 13.2】 在 stsys 数据库的 score 表上创建一个 INSERT 触发器 trigInsertCourse-Name，向 score 表插入数据时，如果课程为英语，则显示"该课程已经考试结束，不能添加成绩"。

（1）创建触发器。

```
CREATE OR REPLACE TRIGGER trigInsertCourseName
    BEFORE INSERT ON score FOR EACH ROW
DECLARE
    CourseName course. cname%TYPE;
BEGIN
    SELECT cname INTO CourseName
        FROM course
        WHERE cno = :NEW. cno;
    IF CourseName = '英语' THEN
        RAISE_APPLICATION_ERROR( - 20001, '该课程已经考试结束,不能添加成绩');
    END IF;
END;
```

在创建触发器 trigInsertCourseName 的定义部分，指定触发时间为 BEFORE，触发事件为 INSERT 语句，触发对象为 score 表，由于使用了 FOR EACH ROW 子句，触发级别为行级触发器。

在触发体中，：NEW. cno 表示即将插入的记录中的课程号，SELECT 语句通过查询得到该课程号对应的课程名，如果课程名为英语，通过 RAISE 语句中止 INSERT 操作，在触发器中生成一个错误，系统得到该错误后，将本次操作回滚，并返回用户错误号和错误信息，错误号是一个 -20999~20000 的整数，错误信息是一个字符串。

（2）测试触发器。

向 score 表通过 INSERT 语句插入一条记录，该记录的课程号对应的课程名为英语。

```
INSERT INTO score(cno)
    VALUES( ( SELECT cno
                FROM course
                WHERE cname = '英语'));
```

运行结果：

在行 1 上开始执行命令时出错:

```
INSERT INTO score(cno)
    VALUES( ( SELECT cno
                FROM course
                WHERE cname = '英语'))
```

错误报告:
SQL 错误: ORA - 20001: 该课程已经考试结束,不能添加成绩
ORA - 06512: 在 "SYSTEM. TRIGINSERTCOURSENAME", line 8
ORA - 04088: 触发器 'SYSTEM. TRIGINSERTCOURSENAME' 执行过程中出错

【例 13.3】 在 stsys 数据库的 teacher 表上创建一个 DELETE 触发器 trigDelete-Record,禁止删除已任课教师的记录。

（1）创建触发器。

```
CREATE OR REPLACE TRIGGER trigDeleteRecord
   BEFORE DELETE ON teacher FOR EACH ROW
DECLARE
   CourseCoucount NUMBER;
BEGIN
    SELECT COUNT( * ) INTO CourseCoucount
    FROM course
    WHERE tno = :OLD. tno;
    IF CourseCoucount > = 1 THEN
       RAISE_APPLICATION_ERROR( - 20003,'不能删除该教师');
     END IF;
END;
```

在创建触发器 trigDeleteRecord 的定义部分，指定触发时间为 BEFORE，触发事件为 DELETE 语句，触发对象为 teacher 表，触发级别为行级触发器。

在触发体中，:OLD. tno 表示删除前记录中的教师号，SELECT 语句通过连接查询得到该教师号对应教师的任课数，如果任课数大于 1 时，通过 RAISE 语句中止 DELETE 操作，将本次操作回滚，并返回用户错误号和错误信息。

（2）测试触发器。

在 teacher 表中通过 DELETE 语句删除一条教师记录。

```
DELETE FROM teacher
   WHERE tname = '曾杰';
```

运行结果：

在行 1 上开始执行命令时出错：

```
DELETE FROM teacher
   WHERE tname = '曾杰'
```

错误报告：

SQL 错误：ORA - 20003：不能删除该教师

ORA - 06512：在 "SYSTEM. TRIGDELETERECORD", line 8

ORA - 04088：触发器 'SYSTEM. TRIGDELETERECORD' 执行过程中出错

【**例 13.4**】　规定 8:00～18:00 为工作时间，要求任何人不能在非工作时间对成绩表进行操作，在 stsys 数据库上创建一个用户事件触发器 trigOperationScore。

（1）创建触发器。

```
CREATE OR REPLACE TRIGGER trigOperationScore
   BEFORE INSERT OR UPDATE OR DELETE ON score
BEGIN
  IF (TO_CHAR(SYSDATE,'HH24:MI') NOT BETWEEN '08:00' AND '18:00') THEN
    RAISE_APPLICATION_ERROR( - 20004, '不能在非工作时间对 score 表进行操作');
   END IF;
```

```
END;
```

在创建触发器 trigOperationScore 的定义部分，指定触发时间为 BEFORE，触发事件为多个触发事件 INSERT 语句、UPDATE 语句或 DELETE 语句，触发对象为 Score 表，触发级别为行级触发器。

在触发体中，如果系统时间不在 8:00～18:00 之间，通过 RAISE 语句中止 INSERT、UPDATE 或 DELETE 操作，将本次操作回滚，并返回用户错误号和错误信息。

（2）测试触发器。

在 8:00～18:00 工作时间外，通过 UPDATE 语句更新成绩表中学号为 121004 和课程号为 1004 的成绩。

```
UPDATE score
    SET grade = 90
    WHERE sno = '121004' AND cno = '1004';
```

运行结果：

```
在行 1 上开始执行命令时出错：
UPDATE score
    SET grade = 90
    WHERE sno = '121004' AND cno = '1004'
错误报告：
SQL 错误：ORA - 20004：不能在非工作时间对 score 表进行操作
ORA - 06512：在 "SYSTEM. TRIGOPERATIONSCORE"，line 3
ORA - 04088：触发器 'SYSTEM. TRIGOPERATIONSCORE' 执行过程中出错
```

13.2.2 创建 INSTEAD OF 触发器

INSTEAD OF 触发器（替代触发器），一般用于对视图的 DML 触发。当视图由多个基表连接而成，则该视图不允许进行 INSERT、UPDATE 和 DELETE 等 DML 操作。在视图上编写 INSTEAD OF 触发器后，INSTEAD OF 触发器只执行触发体中的 PL/SQL 语句，而不执行 DML 语句，这样就可以通过在 INSTEAD OF 触发器中编写适当的代码，对组成视图的各个基表的操作。

【例 13.5】 在 stsys 数据库中创建视图 viewStudentScore，包含学生学号、班号、课程号和成绩，创建一个 INSTEAD OF 触发器 trigInstead，当用户向 Student 表或 Score 表插入数据时，不执行激活触发器的插入语句，只执行触发器内部的插入语句。

（1）创建触发器。

```
CREATE VIEW viewStudentScore
AS
SELECT a. sno, sclass, cno, grade
    FROM student a, score b
    WHERE a. sno = b. sno;
```

```
CREATE TRIGGER trigInstead
    INSTEAD OF INSERT ON viewStudentScore FOR EACH ROW
DECLARE
    v_name char(8);
    v_sex char(2);
    v_birthday date;
BEGIN
    v_name := 'Name';
    v_sex := '男';
    v_birthday := '01 - 1 月 - 93';
    INSERT INTO student(sno, sname, ssex, sbirthday, sclass)
        VALUES(:NEW. sno, v_name, v_sex, v_birthday, :NEW. sclass);
    INSERT INTO score VALUES(:NEW. sno, :NEW. cno, :NEW. grade);
END;
```

首先创建视图 viewStudentScore。

在创建触发器 trigInstead 的定义部分，指定为 INSTEAD OF 触发器，触发事件为 INSERT 语句，触发对象为 viewStudentScore 视图，触发级别为行级触发器。

在触发体中，:NEW. sno、:NEW. sclass 和 :NEW. cno、:NEW. grade 分别表示即将插入的记录中的学号、班号、课程号和成绩，3 个变量 v_name、v_sex 和 v_birthday 分别赋值为 Name、:男和 01-1 月-93，通过 INSERT 语句分别向 student 表和 score 表插入数据。

（2）测试触发器。

通过 INSERT 语句向视图 viewStudentScore 插入一条记录。

```
INSERT INTO viewStudentScore VALUES('121006', '201205', '1004', 92);
```

运行结果：

1 行 已插入

向视图插入数据的 INSERT 语句实际并未执行，实际执行插入操作的语句是 INSTEAD OF 触发器中触发体的 PL/SQL 语句，分别向该视图的两个基表 student 表和 score 表插入数据。

查看基表 student 表的情况。

```
SELECT * FROM student WHERE sno = '121006';
```

显示结果：

```
SNO      SNAME   SSEX   SBIRTHDAY      SPECIALITY   SCLASS   TC
-------  ------  ----   ------------   ----------   ------   ---
121006   Name    男     1993 - 01 - 01              201205
```

查看基表 score 表的情况。

```
SELECT * FROM score WHERE sno = '121006';
```

显示结果：

```
SNO      CNO     GRADE
-------  ----    -----
121006   1004       92
```

13.2.3 创建系统触发器

Oracle 提供的系统触发器可以被数据定义语句 DDL 事件或数据库系统事件触发。DDL 事件指 CREATE、ALTER 和 DROP 等。而数据库系统事件包括数据库服务器的启动（STARTUP）或关闭（SHUTDOWN），数据库服务器出错（SERVERERROR）等。

语法格式：

```
CREATE OR REPLACE TRIGGER [<用户方案名>.] <触发器名>      /* 触发器定义 */
{ BEFORE | AFTER }                                      /* 指定触发时间 */
{ <DDL 事件> | <数据库事件> }                           /* 指定触发事件 */
ON { DATABASE | [用户方案名 .] SCHEMA }[when_clause]    /* 指定触发对象 */
< PL/SQL 语句块>                                        /* 触发体 */
```

说明：

- DDL 事件：可以是一个或多个 DDL 事件，多个 DDL 事件之间用 OR 连接。DDL 事件包括 CREATE、ALTER、DROP、TRUNCATE、GRANT、REVOKE、LOGON、RENAME 和 COMMENT 等。
- 数据库事件：可以是一个或多个数据库事件，多个数据库事件之间用 OR 连接。数据库事件包括 STARTUP、SHUTDOWN 和 SERVERERROR 等。
- DATABASE：数据库触发器，由数据库事件激发。
- SCHEMA：用户触发器，由 DDL 事件激发。

其他选项与创建 DML 触发器语法格式相同。

由上述语法格式和说明，可得创建系统触发器的语法结构与 DML 触发器的语法结构基本相同，也由触发器定义和触发体两部分组成。触发器定义包含指定触发器名称、指定触发时间、指定触发事件和指定触发对象等。触发体由 PL/SQL 语句块组成。

【例 13.6】 在 stsys 数据库上创建一个用户事件触发器 trigDropTable，记录用户 SYSTEM 所删除的对象。

（1）创建触发器。

```
CREATE TABLE DropObjects
(
  ObjectName varchar2(30),
  ObjectType varchar2(20),
  DroppedDate date
);
```

```
CREATE OR REPLACE TRIGGER trigDropObjects
    BEFORE DROP ON SYSTEM. SCHEMA
BEGIN
    INSERT INTO DropObjects
    VALUES(ora_dict_obj_name, ora_dict_obj_type, SYSDATE);
END;
```

首先创建 DropObjects 表，包括对象名、对象类型和删除时间等列，用于记录用户删除信息。

在创建触发器 trigDropObjects 的定义部分，指定触发时间为 BEFORE，触发事件为 DROP 语句，触发对象为 SYSTEM 用户。

在触发体中，通过 INSERT 语句向 DropObjects 表插入 SYSTEM 用户删除信息。

（2）测试触发器。

SYSTEM 用户通过 DROP 语句删除 score 表。

```
DROP TABLE score
```

运行结果：

```
DROP TABLE score 成功.
```

查看 DropObjects 表记录的信息。

```
SELECT * FROM DropObjects;
```

显示结果：

```
OBJECTNAME   OBJECTTYPE   DROPPEDDATE
-----------  ----------   --------------
SCORE        TABLE        2014 - 10 - 09
```

13.3　使用图形界面创建触发器

使用 SQL Developer 创建触发器举例如下。

【例 13.7】　使用 SQL Developer 在 course 表上创建触发器 trigInsertCourse。

（1）启动 SQL Developer，在"连接"结点下打开数据库连接 sys_stsys，展开"触发器"选项，右击，在弹出的快捷菜单中选择"新建触发器"命令，出现"创建触发器"窗口，如图 13.1 所示。

（2）在"名称"栏输入触发器名称 trigInsertCourse，在"表名"栏选择 SCORE，勾选"插入"复选框，选择"晚于"单选框和"语句级别"单选框，单击"确定"按钮。

（3）在触发器的代码编辑窗口中编写触发体中的 PL/SQL 语句，完成后单击 ![icon] 按钮。

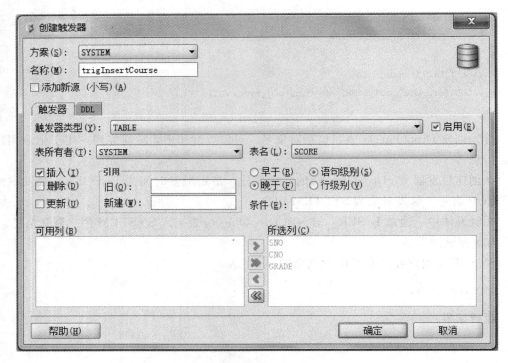

图 13.1 "创建触发器"窗口

13.4 触发器的管理

触发器的管理包括查看和编辑触发器、删除触发器、启用或禁用触发器等内容。

13.4.1 查看和编辑触发器

使用 SQL Developer 查看触发器举例如下。

【例 13.8】 使用 SQL Developer 查看和编辑触发器 trigInsertCourseName。

操作步骤如下。

(1) 启动 SQL Developer,在"连接"结点下打开数据库连接 sys_stsys,展开"触发器"选项,右击触发器 trigInsertCourseName,在弹出的快捷菜单中选择"编辑"命令,出现触发器编辑器窗口。

(2) 在触发器编辑器窗口中,出现 trigInsertCourseName 触发器的源代码,用户可进行查看和编辑。

13.4.2 删除触发器

删除触发器可使用 PL/SQL 语句或 SQL Developer。

1. 使用 PL/SQL 语句删除触发器

删除触发器使用 DROP TRIGGER 语句。

语法格式：

```
DROP TRIGGER [<用户方案名>.] <触发器名>
```

【例 13.9】　删除 DML 触发器 trigInsertScore。

```
DROP TRIGGER trigInsertScore;
```

2. 使用 SQL Developer 删除触发器

下面举例说明使用 SQL Developer 删除触发器。

【例 13.10】　使用 SQL Developer 删除触发器 trigInsertCourse。

操作步骤如下。

（1）启动 SQL Developer，在"连接"结点下打开数据库连接 sys_stsys，展开"触发器"选项，右击触发器 trigInsertCourse，在弹出的快捷菜单中选择"删除触发器"命令。

（2）出现"删除触发器"窗口，单击"应用"按钮即可删除触发器 trigInsertCourse。

13.4.3　启用或禁用触发器

触发器可以启用和禁用，如果有大量数据要处理，可以禁用有关触发器，使其暂时失效。禁用的触发器仍然存储在数据库中，可以重新启用使该触发器重新工作。

启用或禁用触发器可以使用 PL/SQL 语句或 SQL Developer。

1. 使用 PL/SQL 语句禁用和启用触发器

使用 ALTER TRIGGER 语句禁用和启用触发器。

语法格式：

```
ALTER TRIGGER [<用户方案名>.]<触发器名>
    DISABLE | ENABLE;
```

其中，DISABLE 表示禁用触发器，ENABLE 表示启用触发器。

【例 13.11】　使用 ALTER TRIGGER 语句禁用触发器 trigDeleteRecord。

```
ALTER TRIGGER trigDeleteRecord DISABLE;
```

【例 13.12】　使用 ALTER TRIGGER 语句启用触发器 trigDeleteRecord。

```
ALTER TRIGGER trigDeleteRecord ENABLE;
```

2. 使用 SQL Developer 禁用和启用触发器

使用 SQL Developer 禁用触发器举例如下。

【例 13.13】　使用 SQL Developer 禁用触发器 trigOperationScore。

操作步骤如下。

（1）启动 SQL Developer，在"连接"结点下打开数据库连接 sys_stsys，展开"触发器"选项，右击触发器 trigOperationScore，在弹出的快捷菜单中选择"禁用"命令，在弹出的"禁用"对话框中，单击"应用"按钮即可禁用触发器 trigInsertStudent。

（2）如果该触发器已禁用，选用"启用"命令即可启用该触发器。

13.5 应 用 举 例

通过前面的实例已分析了触发器的语法结构和实现方法，有了初步创建触发器的能力，下面通过两个实例进一步掌握触发器的创建和应用。

【例 13.14】 创建一个触发器 trigInsertStudentScore，当学生表中添加一条记录时，自动为此学生添加成绩表中高等数学的记录。

(1) 创建触发器。

题目分析：

根据创建触发器 trigInsertStudentScore 的要求，设定触发对象为 student 表，触发事件为 INSERT 语句，在触发体中，设定 INSERT 语句向 score 表插入记录，以自动添加成绩表中相应记录。

编写程序：

```
CREATE OR REPLACE TRIGGER trigInsertStudentScore
    AFTER INSERT ON student FOR EACH ROW
BEGIN
    INSERT INTO score
    VALUES(:NEW. sno, (SELECT cno FROM course WHERE cname = '高等数学'), NULL);
END;
```

程序分析：

在创建触发器 trigInsertCourseName 的定义部分，指定触发时间为 AFTER，触发事件为 INSERT 语句，触发对象为 student 表，触发级别为行级触发器。

在触发体中，通过 INSERT 语句向 score 表插入记录，其中，:NEW. sno 表示即将插入的记录中的学号，SELECT 语句通过查询得到高等数学对应的课程号，实现级联操作。

(2) 测试触发器。

通过 INSERT 语句向 student 表插入一条记录。

```
INSERT INTO student VALUES('124005', '付雪梅', '女', '16 - 3 月 - 92', '通信', '201236', 52);
```

运行结果：

1 行 已插入

查看 student 表记录的信息。

```
SELECT * FROM student WHERE sno = '124005';
```

显示结果：

```
SNO      SNAME     SSEX     SBIRTHDAY        SPECIALITY    SCLASS    TC
-------  --------  ------   -------------    -----------   -------   ---
124005   付雪梅     女       1992 - 03 - 16    通信          201236    52
```

查看 score 表记录的信息。

```
SELECT * FROM score WHERE sno = '124005';
```

显示结果：

```
SNO     CNO  GRADE
-------  ---- ----
124005  8001
```

【例 13.15】 创建一个触发器 trigUserOpration，记录用户何时对 student 表进行插入、修改或删除操作。

（1）创建触发器。

题目分析：

根据创建触发器 trigUserOpration 的要求，创建记录插入、修改或删除操作信息的 OparationLog 表，设定触发对象为 student 表，触发事件为 INSERT 语句、UPDATE 语句或 DELETE 语句。在触发体中，设定如果户对 student 表进行插入、修改或删除操作，通过 INSERT 语句向 OparationLog 表插入上述操作信息。

编写程序：

```
CREATE TABLE OparationLog
(
  UserName varchar2(30),
  OparationType varchar2(20),
  UserDate timestamp
);

CREATE OR REPLACE TRIGGER trigUserOpration
  BEFORE INSERT OR UPDATE OR DELETE ON student FOR EACH ROW
DECLARE
  v_operation varchar2(20);
BEGIN
  IF INSERTING THEN
      v_operation := 'INSERT';
    ELSIF UPDATING THEN
      v_operation := 'UPDATE';
    ELSIF DELETING THEN
      v_operation := 'DELETE';
    END IF;
    INSERT INTO OparationLog VALUES(user, v_operation, SYSDATE);
END;
```

程序分析：

首先创建 OparationLog 表，用于记录插入、修改或删除操作信息。

在创建触发器 trigUserOpration 的定义部分，指定触发时间为 BEFORE，触发事件为 INSERT 语句、UPDATE 语句或 DELETE 语句，触发对象为 student 表，触发级别为行级触发器。

在触发体中，通过 IF-THEN-ELSE 语句嵌套，如果户对 student 表进行 INSERT、UPDATE 或 DELETE 操作，则对变量 v_operation 赋值；通过 INSERT 语句向 OparationLog 表插入用户名称、操作类型和操作时间等信息。

（2）测试触发器。

对 student 表依次进行 UPDATE、DELETE 和 INSERT 操作，查看 OparationLog 表记录的信息。

```
UPDATE student
   SET TC = 52
   WHERE sno = '124002';

DELETE FROM student
   WHERE sno = '124003';

INSERT INTO student
   VALUES('124003','徐良成','男',TO_DATE('19930515','YYYYMMDD'),'通信','201236',50);

SELECT * FROM OparationLog;
```

运行结果：

```
1 行   已更新
1 行   已删除
1 行   已插入
USERNAME   OPARATIONTYPE   USERDATE
---------  -------------   --------------------------------------
SYSTEM     UPDATE          04 - 10 月 - 14 06.15.35.000000000 下午
SYSTEM     DELETE          04 - 10 月 - 14 06.18.56.000000000 下午
SYSTEM     INSERT          04 - 10 月 - 14 06.21.14.000000000 下午
```

13.6 小   结

本章主要介绍了以下内容。

（1）触发器是一种特殊的存储过程，与表的关系密切，其特殊性主要体现在不需要用户调用，而是在对特定表（或列）进行特定类型的数据修改时激发。Oracle 的触发器有 3 类：DML 触发器、INSTEAD OF 触发器和系统触发器。

（2）当数据库中发生数据操纵语言（DML）事件时将调用 DML 触发器。DML 事件包括在指定表或视图中修改数据的 INSERT 语句、UPDATE 语句和 DELETE 语句，DML 触发器可分为 INSERT 触发器、UPDATE 触发器和 DELETE 触发器 3 类。

（3）INSTEAD OF 触发器（替代触发器），一般用于对视图的 DML 触发。在视图上编写 INSTEAD OF 触发器后，INSTEAD OF 触发器只执行触发体中的 PL/SQL 语句，而不执行 DML 语句，这样就可以通过在 INSTEAD OF 触发器中编写适当的代码，进行对组成视图的各个基表的操作。

（4）Oracle 提供的系统触发器可以被数据定义语句 DDL 事件或数据库系统事件触发。DDL 事件指 CREATE、ALTER 和 DROP 等。而数据库系统事件包括数据库服务器的启动（STARTUP）或关闭（SHUTDOWN），数据库服务器出错（SERVERERROR）等。

（5）触发器的管理包括查看和修改触发器、删除触发器、启用或禁用触发器等内容。

习　题　13

一、选择题

1. 定义触发器的主要作用是_____。
   A. 提高数据的查询效率　　　　　　　B. 加强数据的保密性
   C. 增强数据的安全性　　　　　　　　D. 实现复杂的约束

2. 下列关于触发器的描述中，正确的是_____。
   A. 可以在表上创建 INSTEAD OF 触发器
   B. 语句级触发器不能使用"：OLD. 列名"和"：NEW. 列名"
   C. 行级触发器不能用于审计功能
   D. 触发器可以显示调用

3. 下列关于触发器的说法中，不正确的是_____。
   A. 它是一种特殊的存储过程
   B. 可以实现复杂的逻辑
   C. 可以用来实现数据的完整性
   D. 数据库管理员可以通过语句执行触发器

4. 在创建触发器时，下列_____语句决定触发器是针对每一行执行一次，还是每一个语句执行一次。
   A. FOR EACH ROW　　　　　　　　B. ON
   C. REFERENCES　　　　　　　　　　D. NEW

5. 下列数据库对象中可用来实现表间参照关系的是_____。
   A. 索引　　　　　　B. 存储过程　　　　　　C. 触发器　　　　　　D. 视图

二、填空题

1. Oracle 的触发器有_____、_____和_____ 3 类。

2. 在_____触发器执行过程中，PL/SQL 语句可以访问受触发器语句影响的每行的列值。

3. INSTEAD OF 触发器一般用于对_____的触发。

4. 系统触发器可以被_____事件或_____事件触发。

5. 启用或禁用触发器使用的 PL/SQL 语句是_____。

三、应用题

1. 创建一个触发器 trigTotalCredits，禁止修改学生的总学分。

2. 创建一个触发器 trigTeacherCourse，当删除 teacher 表中一个记录时，自动删除 course 表中该教师所上的课程记录。

第14章　事　务　和　锁

- 事务的基本概念
- 事务处理：提交事务、回退全部事务和回退部分事务
- 并发控制
- 锁的类型和加锁
- 死锁

事务是用户定义的一组不可分割的 SQL 语句序列，这些操作要么全做要么全不做，从而保证数据操作的一致性、有效性和完整性，锁定机制用于对多个用户进行并发控制。

14.1　事务的基本概念

14.1.1　事务的概念

事务（Transaction）是 Oracle 中一个逻辑工作单元（Logical Unit of Work），由一组 SQL 语句组成，事务是一组不可分割的 SQL 语句，其结果是作为整体永久性地修改数据库的内容，或者作为整体取消对数据库的修改。

事务是数据库程序的基本单位，一般地，一个程序包含多个事务，数据存储的逻辑单位是数据块，数据操作的逻辑单位是事务。

现实生活中的银行转账、网上购物、库存控制和股票交易等，都是事物的例子。例如，将资金从一个银行账户转到另一个银行账户，第 1 个操作从一个银行账户中减少一定的资金，第 2 个操作向另一个银行账户中增加相应的资金，减少和增加这两个操作必须作为整体永久性地记录到数据库中，否则资金会丢失。如果转账发生问题，必须同时取消这两个操作。一个事务可以包括多条 INSERT、UPDATE 和 DELETE 语句。

14.1.2　事务特性

事务定义为一个逻辑工作单元，即一组不可分割的 SQL 语句。数据库理论对事务有更严格的定义，指明事务有 4 个基本特性，称为 ACID 特性，即原子性（Atomicity）、一致性（Consistency）、隔离性（Isolation）和持久性（Durability）。

（1）原子性。

事务必须是原子工作单元，即一个事务中包含的所有 SQL 语句组成一个工作单元。

（2）一致性。

事务必须确保数据库的状态保持一致，事务开始时，数据库的状态是一致的，当事务结束时，也必须使数据库的状态一致。例如，在事务开始时，数据库的所有数据都满足已设置的各种约束条件和业务规则，在事务结束时，数据虽然不同，必须仍然满足先前设置的各种约束条件和业务规则，事务把数据库从一个一致性状态带入另一个一致性状态。

（3）隔离性。

多个事务可以独立运行，彼此不会发生影响。这表明事务必须是独立的，它不应以任何方式依赖于或影响其他事务。

（4）持久性。

一个事务一旦提交，它对数据库中数据的改变永久有效，即使以后系统崩溃也是如此。

14.2　事务处理

Oracle 提供的事务控制是隐式自动开始的，它不需要用户显示地使用语句开始事务处理。事务处理包括使用 COMMIT 语句提交事务、使用 ROLLBACK 语句回退全部事务和设置保存点回退部分事务。

14.2.1　事务的开始与结束

事务是用来分割数据库操作的逻辑单元，事务既有起点，也有终点。Oracle 的特点是没有"开始事务处理"语句，但有"结束事务处理"语句。

当发生如下事件时，事务就自动开始了。

（1）连接到数据库，并开始执行第一条 DML 语句（INSERT、UPDATE 或 DELETE）。

（2）前一个事务结束，又输入另一条 DML 语句。

当发生如下事件时，事务就结束了。

（1）用户执行 COMMIT 语句提交事务，或者执行 ROLLBACK 语句撤销了事务；

（2）用户执行了一条 DDL 语句，如 CREATE、DROP 或 ALTER 语句；

（3）用户执行了一条 DCL 语句，如 GRANT、REVOKE、AUDIT 和 NOAUDIT 等；

（4）用户断开与数据库的连接，这时用户当前的事务会被自动提交；

（5）执行 DML 语句失败，这时当前的事务会被自动回退。

另外，可在 SQL＊Plus 中设置自动提交功能。

语法格式：

```
SET AUTOCOMMIT ON|OFF
```

其中，ON 表示设置为自动提交事务，OFF 为不自动提交事务。一旦设置了自动提交，用户每次执行 INSERT、UPDATE 或 DELETE 语句后，系统会自动进行提交，不需要使用 COMMIT 语句来提交。但这种设置不利于实现多语句组成的逻辑单元，所以默认是不自动提交事务的。

注意： 不显示提交或回滚事务是不好的编程习惯，因此确保在每个事务后面都要执行 COMMIT 语句或 ROLLBACK 语句。

14.2.2 使用 COMMIT 语句提交事务

使用 COMMIT 语句提交事务后，Oracle 将 DML 语句对数据库所作的修改永久性地保存在数据库中。

在使用 COMMIT 提交事务时，Oracle 将执行如下操作。

（1）在回退段的事务表内记录这个事务已经提交，并且生成一个唯一的系统改变号（SCN）保存到事务表中，用于唯一标识这个事务。

（2）启动 LGWR 后台进程，将 SGA 区重做日志缓存在的重做记录写入联机重做日志文件，并且将该事务的 SCN 也保存到联机重做日志文件中。

（3）释放该事务中各个 SQL 语句所占用的系统资源。

（4）通知用户事务已经成功提交。

【例 14.1】　使用 UPDATE 语句对 course 表课程号为 1012 的课程学分进行修改，使用 COMMIT 语句提交事务，永久性地保存对数据库的修改。

启动 SQL＊PLUS，在窗口中，使用 UPDATE 语句对 course 表的课程学分进行修改。

```
UPDATE course SET credit = 3 WHERE cno = '1004';
```

使用 COMMIT 语句提交事务。

```
COMMIT;
```

执行情况如图 14.1 所示。

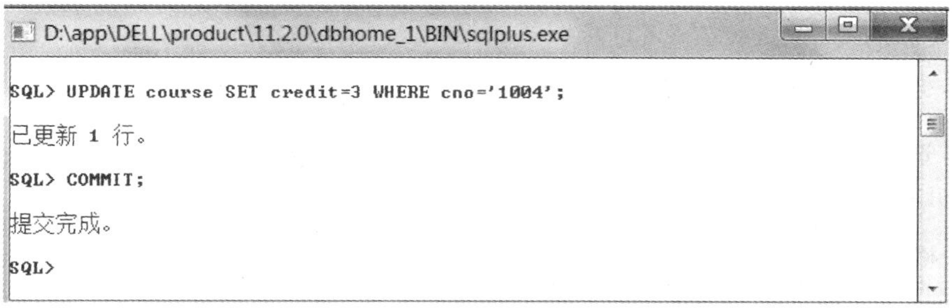

图 14.1　使用 COMMIT 语句提交事务

使用 COMMIT 语句提交事务后，1012 的课程学分已永久性地修改为 3。

14.2.3 使用 ROLLBACK 语句回退全部事务

要取消事务对数据所做的修改，需要执行 ROLLBACK 语句回退全部事务，将数据库的状态回退到原始状态。

语法格式：

```
ROOLBACK;
```

Oracle 通过回退段（或撤销表空间）存储数据修改前的数据，通过重做日志记录对数据库所做的修改。如果回退整个事务，Oracle 将执行以下操作。

(1) Oracle 通过使用回退段中的数据撤销事务中所有 SQL 语句对数据库所做的修改。

(2) Oracle 服务进程释放事务所使用的资源。

(3) 通知用户事务回退成功。

【例 14.2】 使用 UPDATE 语句对 course 表课程号为 4002 的课程学分进行修改；再使用 ROLLBACK 语句回退整个事务，取消修改。

启动 SQL * PLUS，在窗口中，使用 UPDATE 语句对 course 表的课程学分进行修改。

```
UPDATE course SET credit = 4 WHERE cno = '4002';
```

此时未提交事务，查询 UPDATE 语句执行情况。

```
SELECT * FROM course;
```

使用 ROLLBACK 语句回退整个事务，取消修改。

```
ROLLBACK;
```

查询执行 ROLLBACK 语句后的 course 表。

```
SELECT * FROM course;
```

执行过程如图 14.2 所示。

注意 4002 课程的学分虽被修改为 4，由于 ROLLBACK 语句的执行，仍回滚到初始状态 3。

14.2.4 设置保存点回退部分事务

在事务中任何地方都可以设置保存点，可以将修改回滚到保存点，设置保存点使用 SAVEPOINT 语句来实现。

语法格式：

```
SAVEPOINT <保存点名称>;
```

如果要回退到事务的某个保存点，则使用 ROLLBACK TO 语句。

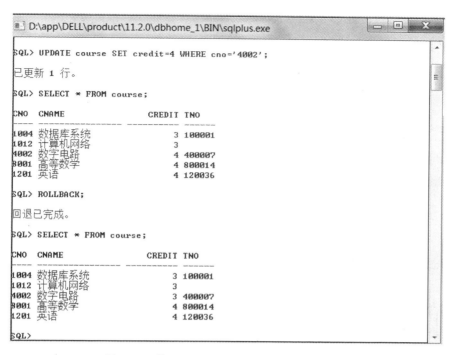

图 14.2　使用 ROLLBACK 语句回退整个事务

语法格式：

ROLLBACK TO [SAVEPOINT] <保存点名称>

如果回退部分事务，Oracle 将执行以下操作。

（1）Oracle 通过使用回退段中的数据，撤销事务中保存点之后的所有更改，但保存保存点之前的更改。

（2）Oracle 服务进程释放保存点之后各个 SQL 语句所占用的系统资源，但保存保存点之前各个 SQL 语句所占用的系统资源。

（3）通知用户回退到保存点的操作成功。

（4）用户可以继续执行当前的事务。

【**例 14.3**】　使用 UPDATE 语句对 course 表课程号为 4002 的课程学分进行修改，设置保存点，再对课程号为 8001 的课程学分进行修改，使用 ROLLBACK 语句回退部分事务到保存点。

启动 SQL＊Plus，连接数据库，在窗口中，使用 UPDATE 语句对 course 表课程号为 4002 的课程学分进行修改。

UPDATE course SET credit = 4 WHERE cno = '4002';

对该语句设置保存点 point1。

SAVEPOINT point1

再对课程号为 8001 的课程学分进行修改。

第
14
章

事务和锁

UPDATE course SET credit = 5 WHERE cno = '8001';

此时未提交事务，查询 UPDATE 语句执行情况。

SELECT * FROM course;

回退部分事务到设置保存点处。

ROLLBACK TO SAVEPOINT point1;

查询回退部分事务后的 course 表。

SELECT * FROM course;

提交事务。

COMMIT;

执行过程如图 14.3 所示。

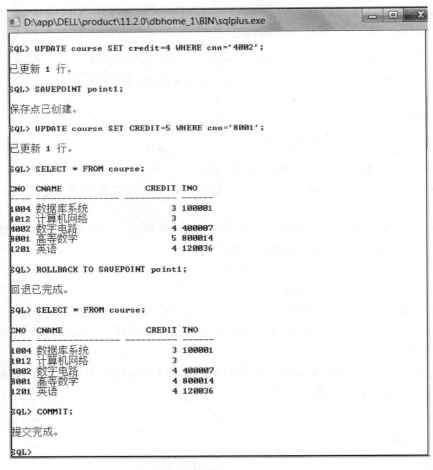

图 14.3　回退部分事务到保存点

在 4002 的课程学分由 3 修改为 4 后，设置保存点 point1，再将 8001 的课程学分由 4 修改为 5；通过 ROLLBACK TO 语句将事务退回到保存点 point1，4002 的课程学分为修改后的值 4，保留了修改，8001 的课程学分仍为原来的值 4，被取消了修改；使用 COMMIT 语句完成该事务的提交。

14.3　并发事务和锁

Oracle 数据库支持多个用户同时对数据库进行并发访问，每个用户都可以同时运行自己的事务，这种事务称为并发事务（Concurrent Transaction）。为支持并发事务，必须保持表中数据的一致性和有效性，可以通过锁（Lock）来实现。

14.3.1　并发事务

并发事务举例如下。

【例 14.4】　并发事务 T1 和 T2 都对 student 表按以下顺序进行访问。

（1）事务 T1 执行 INSERT 语句向 student 表插入一行，但未执行 COMMIT 语句。

（2）事务 T2 执行一条 SELECT 语句，但 T2 并未看到 T1 在步骤（1）中插入新行。

（3）事务 T1 执行 COMMIT 语句，永久性地保存在步骤（1）中插入新行。

（4）事务 T2 执行一条 SELECT 语句，此时看到 T1 在步骤（1）中插入新行。

上述并发事务执行过程描述如下。

（1）事务 T1 执行 INSERT 语句向 student 表的插入一行，但未执行 COMMIT 语句。

启动 SQL＊PLUS，用 system 身份连接数据库，在第 1 个窗口，事务 T1 使用 INSERT 语句向 student 表的插入一行。

```
INSERT INTO student VALUES ('124005','刘启文','男','1992－06－19','通信','201236',50);
```

此时未提交事务，查询插入一行后的 student 表。

```
SELECT ＊ FROM student;
```

执行情况如图 14.4 所示，事务 T1 看到所插入的新行。

（2）事务 T2 执行一条 SELECT 语句，但 T2 并未看到 T1 在步骤（1）中插入新行。

保持第 1 个窗口不关闭，再启动 SQL＊PLUS，用 system 身份连接数据库，在第 2 个窗口中，事务 T2 使用相同的账户连接数据库，执行同样的查询。

```
SELECT ＊ FROM student;
```

执行情况如图 14.5 所示，此时，事务 T2 未看到事务 T1 所插入的新行。

（3）事务 T1 执行 COMMIT 语句，永久性地保存在步骤（1）中插入新行。

D:\app\DELL\product\11.2.0\dbhome_1\BIN\sqlplus.exe

```
SQL> ALTER SESSION
  2  SET NLS_DATE_FORMAT="YYYY-MM-DD";

会话已更改。

SQL> INSERT INTO student VALUES('124005','刘启文','男','1992-06-19','通信','201236',50);

已创建 1 行。

SQL> SELECT * FROM student;

SNO    SNAME    SS SBIRTHDAY  SPECIALIST   SCLASS         TC
------ -------- -- ---------- ------------ ------ ----------
121001 刘鹏翔   男 1992-08-25 计算机       201205         52
121002 李佳慧   女 1993-02-18 计算机       201205         50
121004 周仁超   男 1992-09-26 计算机       201205         50
124001 林琴     女 1992-03-21 通信         201236         52
124002 杨春容   女 1992-12-04 通信         201236         48
124003 徐良成   男 1993-05-15 通信         201236         50
124005 刘启文   男 1992-06-19 通信         201236         50

已选择7行。

SQL>
```

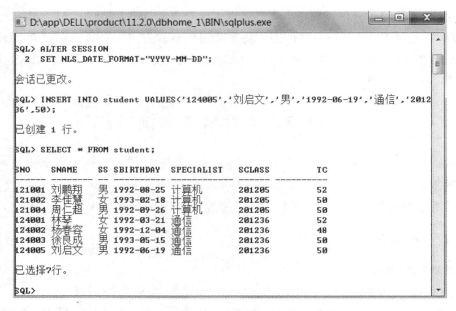

图 14.4　事务 T1 未提交事务并查看数据

D:\app\DELL\product\11.2.0\dbhome_1\BIN\sqlplus.exe

```
SQL> SELECT * FROM student;

SNO    SNAME    SS SBIRTHDAY  SPECIALIST   SCLASS         TC
------ -------- -- ---------- ------------ ------ ----------
121001 刘鹏翔   男 1992-08-25 计算机       201205         52
121002 李佳慧   女 1993-02-18 计算机       201205         50
121004 周仁超   男 1992-09-26 计算机       201205         50
124001 林琴     女 1992-03-21 通信         201236         52
124002 杨春容   女 1992-12-04 通信         201236         48
124003 徐良成   男 1993-05-15 通信         201236         50

已选择6行。

SQL>
```

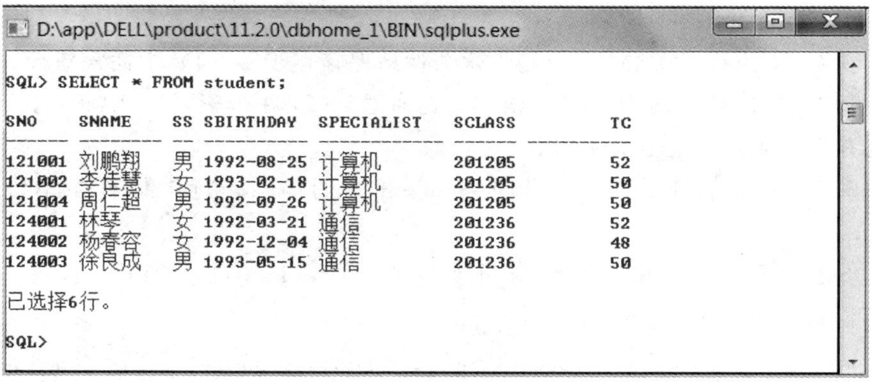

图 14.5　事务 T2 查看未提交事务的数据

在第 1 个窗口中，使用 COMMIT 语句提交事务。

```
COMMIT;
```

执行情况如图 14.6 所示。

(4) 事务 T2 执行一条 SELECT 语句，此时看到 T1 在步骤 (1) 中插入新行。

在第 2 个窗口，查询 student 表。

```
SELECT * FROM student;
```

执行情况如图 14.7 所示，当事务 T1 提交事务后，事务 T2 看到 T1 插入的新行。

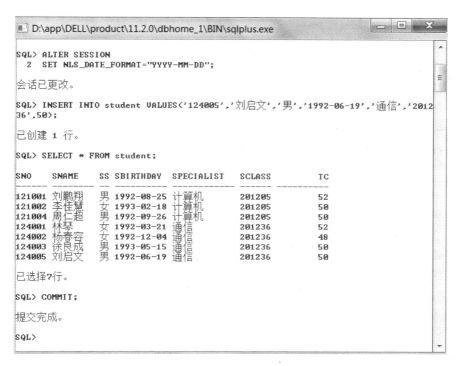

图 14.6　事务 T1 使用 COMMIT 语句提交事务

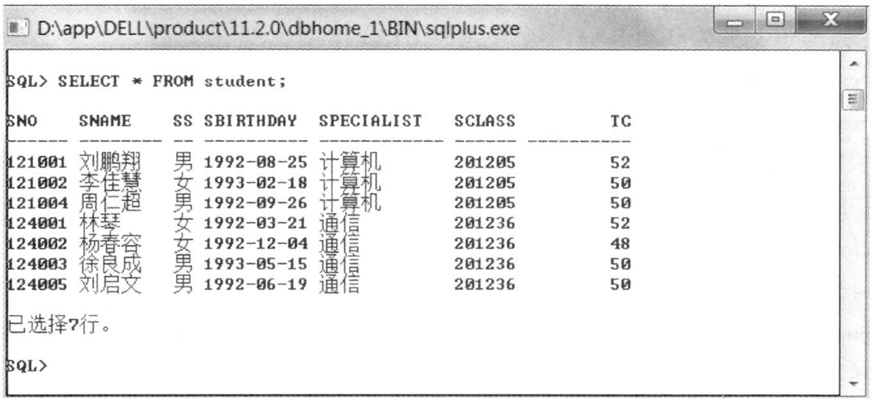

图 14.7　事务 T2 查看已提交事务的数据

　　当并发事务访问相同行时，事务处理可能存在 3 种问题：幻想读、不可重复读和脏读。

　　1）幻想读（Phantom Read）

　　事务 T1 用指定 WHERE 子句的查询语句进行查询，得到返回的结果集，以后事务 T2 新插入一行，恰好满足 T1 查询中 WHERE 子句的条件，然后 T1 再次用相同的查询进行检索，看到了 T2 刚插入的新行，这个新行就称为"幻想"，像变魔术似的突然出现。

事务和锁

2）不可重复读（Unrepeatable Read）

事务 T1 读取一行，紧接着事务 T2 修改了该行。事务 T1 再次读取该行时，发现与刚才读取的结果不同，此时发生原始读取不可重复。

3）脏读（Dirty Read）

事务 T1 修改了一行的内容，但未提交，事务 T2 读取该行，所得的数据是该行修改前的结果。然后事务 T1 提交了该行的修改，现在事务 T2 读取的数据无效了，由于所读的数据可能是"脏"（不正确）数据引起错误。

14.3.2　事务隔离级别

事务隔离级别（Transaction Isolation Level）是一个事务对数据库的修改与并行的另一个事务的隔离程度。

为了处理并发事务中可能出现的幻想读、不可重复读和脏读等问题，数据库实现了不同级别的事务隔离，以防止事务的相互影响。

1. SQL 标准支持的事务隔离级别

SQL 标准定义了以下 4 种事务隔离级别，隔离级别从低到高的依次如下。

（1）READ UNCOMMITTED 幻想读、不可重复读和脏读都允许。

（2）READ COMMITTED 允许幻想读、不可重复读，但是不允许脏读。

（3）REPETABLE READ 允许幻想读，但是不允许不可重复读和脏读。

（4）SERIALIZABLE 幻想读、不可重复读和脏读都不允许。

SQL 标准定义的默认事务隔离级别是 SERIALIZABLE。

2. Oracle 数据库支持的事务隔离级别

Oracle 数据库支持其中两种事务隔离级别。

（1）READ COMMITTED 允许幻想读、不可重复读，但是不允许脏读。

（2）SERIALIZABLE 幻想读、不可重复读和脏读都不允许。

Oracle 数据库默认事务隔离级别是 READ COMMITTED，这几乎对所有应用程序都是可以接受的。

Oracle 数据库也可以使用 SERIALIZABLE 事务隔离级别，但要增加 SQL 语句执行所需的时间，只有在必须的情况下才应使用 SERIALIZABLE 事务隔离级别。

设置 SERIALIZABLE 事务隔离级别的语句如下：

```
SET TRANSACTION ISOLATION LEVEL SERIALIZABLE;
```

14.3.3　锁机制

在 Oracle 中，提供了两种锁机制。

1. 排它锁（Exclusive Lock，X 锁）

排它锁又称为写锁，如果事务 T 给数据对象 A 加上排它锁，只允许 T 对数据对象 A 进行插入、修改和删除等更新操作，其他事务将不能对 A 加上任何类型的锁。

排它锁用作数据的修改，防止共同改变相同的数据对象。

2. 共享锁（Share Lock，S 锁）

共享锁又称为读锁，如果事务 T 给数据对象 A 加上共享锁，该事务 T 可对数据对象 A 进行读操作，其他事务也只能对 A 加上共享锁进行读取有。

共享锁下的数据只能被读取，不能被修改。

14.3.4 锁的类型

根据保护的对象不同，Oracle 数据库锁可以分为以下几大类。

1. DML 锁

DML 锁（Data Locks，数据锁）的目的在于保证并发情况下的数据完整性，例如，DML 锁保证表的特定行能够被一个事务更新，同时保证在事务提交之前，不能删除表。

在 Oracle 数据库中，DML 锁主要包括 TM 锁和 TX 锁，其中 TM 锁称为表级锁，TX 锁称为事务锁或行级锁。

当 Oracle 执行 DML 语句时，系统自动在所要操作的表上申请 TM 类型的锁。当 TM 锁获得后，系统再自动申请 TX 类型的锁，并将实际锁定的数据行的锁标志位进行置位。这样在事务加锁前检查 TX 锁相容性时就不用再逐行检查锁标志了，而只需检查 TM 锁模式的相容性即可，从而提高了系统的效率。TM 锁包括了 SS、SX、S 和 X 等多种模式，在数据库中用 0～6 来表示。

2. DDL 锁

DDL 锁（Dictionary Locks，字典锁）有多种形式，用于保护数据库对象的结构，如表、索引等的结构定义。

（1）独占 DDL 锁：当 CREATE、ALTER 和 DROP 等语句用于一个对象时使用该锁。

（2）共享 DDL 锁：当 GRANT 与 CREATE PACKAGE 等语句用于一个对象时使用此锁。

（3）可破的分析 DDL 锁：库高速缓存区中语句或 PL/SQL 对象有一个用于它所引用的每一个对象的锁。

3. 内部锁和闩

内部锁和闩（Internal Locks and Latches）用于保护数据库的内部结构，对用户来说，它们是不可访问的，因为用户不需要控制它们的发生。

14.3.5 死锁

当两个事务并发执行时，各对一个资源加锁，并等待对方释放资源又不释放自己加锁的资源，这就会造成死锁，如果不进行外部干涉，死锁将一直进行下去。死锁会造成资源的大量浪费，甚至会使系统崩溃。

Oracle 对死锁自动进行定期搜索，通过回滚死锁中包含的其中一个语句来解决死锁问题，也就是释放其中一个冲突锁，同时返回一个消息给对应的事务。

防止死锁的发生是解决死锁最好的方法，用户需要遵循如下原则。

（1）尽量避免并发地执行修改数据的语句。

（2）要求每个事务一次就将所有要使用的数据全部加锁，否则就不予执行。

（3）可以预先规定一个加锁顺序，所有的事务都按该顺序对数据进行加锁。例如，不同的过程在事物内部对对象的更新执行顺序应尽量保持一致。

（4）每个事务的执行时间不可太长，尽量缩短事务的逻辑处理过程，及早地提交或回滚事务。对程序段长的事务可以考虑将其分割为几个事务。

（5）一般不建议强行加锁。

14.4　小　　结

本章主要介绍了以下内容。

（1）事务（Transaction）是 Oracle 中一个逻辑工作单元（Logical Unit of Work），由一组 SQL 语句组成，事务是一组不可分割的 SQL 语句，其结果是作为整体永久性地修改数据库的内容，或者作为整体取消对数据库的修改。

（2）事务有 4 个基本特性，称为 ACID 特性，即原子性（Atomicity）、一致性（Consistency）、隔离性（Isolation）和持久性（Durability）。

（3）使用 COMMIT 语句提交事务后，Oracle 将 DML 语句对数据库所做的修改永久性地保存在数据库中。

（4）要取消事务对数据所做的修改，需要执行 ROLLBACK 语句回退全部事务，将数据库的状态回退到原始状态。

（5）Oracle 数据库支持多个用户同时对数据库进行并发访问，每个用户都可以同时运行自己的事务，这种事务称为并发事务（Concurrent Transaction）。为支持并发事务，必须保持表中数据的一致性和有效性，可以通过锁（Lock）来实现。

（6）当两个事务并发执行时，各对一个资源加锁，并等待对方释放资源又不释放自己加锁的资源，这就会造成死锁，如果不进行外部干涉，死锁将一直进行下去。死锁会造成资源的大量浪费，甚至会使系统崩溃。

习　题　14

一、选择题

1. 下列语句中会结束事务的是_____。

    A. SAVEPOINT　　　　　　　　　　B. COMMIT

    C. END TRANSACTION　　　　　　D. ROLLBACK TO SAVEPOINT

2. 下列关键字中与事务控制无关的是_____。

    A. COMMIT　　　　　　　　　　　B. SAVEPOINT

    C. DECLARE　　　　　　　　　　　D. ROLLBACK

3. Oracle 11g 中的锁不包括_____。

    A. 插入锁　　　　　　　　　　　　B. 排它锁

    C. 共享锁　　　　　　　　　　　　D. 行级排它锁

4. SQL 标准定义了 4 种事务隔离级别，隔离级别从低到高依次为_____。

（1）READ UNCOMMITTED

（2）READ COMMITTED

（3）REPETABLE READ

（4）SERIALIZABLE

Oracle 数据库支持的其中两种事务隔离级别是_____。

    A.（1）和（2）   B.（3）和（4）

    C.（1）和（3）   D.（1）和（4）

二、填空题

1. 事务的特性有_____、_____、_____和_____。

2. 锁机制有_____和_____两类。

3. 事务处理可能存在 3 种问题是_____、_____和_____。

4. 在 Oracle 中使用_____命令提交事务。

5. 在 Oracle 中使用_____命令回滚事务。

6. 在 Oracle 中使用_____命令设置保存点。

第15章　安　全　管　理

本章要点

- 安全管理的基本概念
- 用户管理
- 权限管理
- 角色管理
- 概要文件
- 数据库审计

安全管理是评价一个数据库管理系统的重要指标，Oracle 数据库安全管理指拥有相应权限的用户才可以访问数据库中的相应对象，执行相应合法操作。在建立应用系统的各种对象（包括表、视图和索引等）前，需要确定各个对象与用户的关系，即确定建立哪些用户，创建哪些角色，赋予哪些权限等。

15.1　安全管理概述

Oracle 数据库安全性包括以下两个方面。

1）对用户登录进行身份验证

当用户登录到数据库系统时，系统对用户账号和口令进行验证，确认能否访问数据库系统。

2）对用户操作进行权限控制

当用户登录到数据库系统后，只能对数据库中的数据在允许的权限内进行操作。

某一用户要对某一数据库进行操作，需要满足以下条件。

（1）登录 Oracle 服务器必须通过身份验证；

（2）必须是该数据库的用户或某一数据库角色的成员；

（3）必须有执行该操作的权限。

Oracle 数据库系统采用用户、角色、全线、概要文件和审计等安全管理策略来实行数据的安全性。

15.2 用户管理

用户是数据库的使用者和管理者，用户管理是 Oracle 数据库安全管理的核心和基础。每个连接到数据库的用户都必须是系统的合法用户，用户要使用 Oracle 的系统资源，必须拥有相应的权限。

在创建 Oracle 数据库时会自动创建一些用户，例如 SYS、SYSTEM 和 SCOTT 等，Oracle 数据库允许数据库管理员创建用户。

- SYS：是数据库中具有最高权限的数据库管理员，被授予了 DBA 角色，可以启动、修改和关闭数据库，拥有数据字典。
- SYSTEM：是辅助数据库管理员，不能启动和关闭数据库，可以进行一些其他的管理工作，例如创建用户、删除用户等。
- SCOTT：数据库的测试用户，默认口令为 tiger。在该用户下已经创建了一些数据表，用于用户学习及测试网络连接，包括 EMP 表、DEPT 表等。

和用户相关的属性包括以下几种。

(1) 用户身份认证方式。

在用户连接数据库时，必须经过身份认证。用户有 3 种身份认证。

- 数据库身份认证：即用户名/口令方式，用户口令以加密方式保存在数据库内部，用户连接数据库时必须输入用户名和口令，通过数据库认证后才能登录数据库。这是默认的认证方式。
- 外部身份认证：用户账户由 Oracle 数据库管理，但口令管理和身份验证由外部服务完成，外部服务可以是操作系统或网络服务。
- 全局身份认证：当用户试图建立与数据库的连接时，Oracle 使用网络中的安全管理服务器（Oracle Enterprise Security Manager）对用户进行身份认证。

(2) 表空间配额。

表空间配额限制用户在永久表空间中可用的存储空间大小，默认情况下，新用户在任何表空间中都没有任何配额，用户在临时表空间中不需要配额。

(3) 默认表空间。

用户在创建数据库对象时，如果没有显示指明该对象在哪个空间，那么系统会将该对象自动存储在用户的默认表空间中，即 SYSTEM 表空间。

(4) 临时表空间。

如果用户执行一些操作例如排序、汇总和表间连接等，系统会首先使用内存中的排序区 SORT_AREA_SIZE，如果这块排序区大小不够，则将使用用户的临时表空间。一般使用系统默认临时表空间 TEMP 作为用户的默认临时表空间。

(5) 账户状态。

在创建用户时，可以设定用户的初始状态，包括用户口令是否过期、用户账户是否锁定等。已锁定的用户不能访问数据库，必须由管理员进行解锁后才允许访问。数据库管理员可以随时锁定账户或解除锁定。

（6）资源配置。

每个用户都有一个资源配置，如果创建用户时没有指定，Oracle 会为用户指定默认的资源配置。资源配置的作用是对数据库系统资源的使用加以限制，这些资源包括：口令是否过期，口令输入错误几次后锁定该用户，CPU 时间，输入/输出（I/O）以及用户打开的会话数目等。

15.2.1 创建用户

创建用户使用 CREATE USER 语句，创建者必须具有 CREATE USER 系统权限。

语法格式：

```
CREATE USER <用户名>                          /*将要创建的用户名*/
    [IDENTIFIED BY {<密码> | EXTERNALLLY |
    GLOBALLY AS '<外部名称>' }]                /*表明 Oracle 如何验证用户*/
    [DEFAULT TABLESPACE <默认表空间名>]        /*标识用户所创建对象的默认表空间*/
    [TEMPORARY TABLESPACE <临时表空间名>]      /*标识用户的临时段的表空间*/
    /*用户规定的表空间存储对象,最多可达到这个定额规定的总尺寸*/
    [QUOTA <数字值> K | <数字值> M | UNLIMITED ON <表空间名>]
    [PROFILE <概要文件名>]                      /*将指定的概要文件分配给用户*/
    [PASSWORD EXPIRE]
    [ACCOUNT {LOCK | NULOCK}]                   /*账户是否锁定*/
```

说明：

- IDENTIFIED BY<密码>：用户通过数据库验证方式登录，登录时需要提供的口令；
- IDENTIFIED EXTERNALLY：用户需要通过操作系统验证；
- DEFAULT TABLESPACE <默认表空间名>：为用户指定默认表空间；
- TEMPORARY TABLESPACE <临时表空间名>：为用户指定临时表空间；
- QUOTA：定义在表空间中允许用户使用的最大空间，可将限额定义为整数字节或千字节/兆字节。其中关键字 UNLIMITED 用户指定用户可以使用表空间中全部可用空间；
- PROFILE：指定用户的资源配置；
- PASSWORD EXPIRE：强制用户在使用 SQL * Plus 登录到数据库时重置口令（该选项仅在用户通过数据库进行验证时有效）；
- ACCOUNT LOCK | UNLOCK：可用于显示锁定或解除锁定用户账户（UNLOCK 为缺省设置）。

【例 15.1】 创建以下用户：创建用户 Lee，口令为 123456，默认表空间为 USERS，临时表空间为 TEMP；创建用户 Qian，口令为 oradb，默认表空间为 USERS，临时表空间为 TEMP。

（1）创建用户 Lee 的 SQL 语句。

```
CREATE USER Lee
    IDENTIFIED BY 123456
    DEFAULT TABLESPACE USERS
    TEMPORARY TABLESPACE TEMP;
```

（2）创建用户 Qian 的 SQL 语句。

```
CREATE USER Qian
    IDENTIFIED BY oradb
    DEFAULT TABLESPACE USERS
    TEMPORARY TABLESPACE TEMP;
```

进入 SQL Plus 命令行窗口，在"请输入用户名："处输入 system，在"输入口令："处输入 123456，按 Enter 键后连接到 Oracle，首先使用 SQL 语句创建用户 Lee，再使用 SQL 语句创建用户 Qian，执行情况如图 15.1 所示。

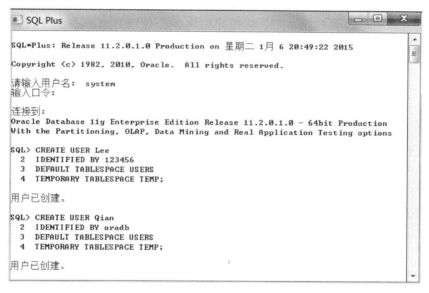

图 15.1　创建用户

15.2.2　修改用户

修改用户使用 ALTER USER 语句，执行者必须具有 ALTER USER 权限。

语法格式：

```
ALTER USER <用户名>
    [IDENTIFIED BY {<密码> | EXTERNALLLY |
        GLOBALLY AS '<外部名称>' }]
    [DEFAULT TABLESPACE <默认表空间名>]
```

安全管理

```
[TEMPORARY TABLESPACE <临时表空间名>]
[QUOTA <数字值> K | <数字值> M | UNLIMTED ON <表空间名>]
[PROFILE <概要文件名>]
[PASSWORD EXPIRE]
[ACCOUNT {LOCK | NULOCK}]
```

其中关键字的意义参看 CREATE USER 语句中的意义。

【例 15.2】 将用户 Lee 的口令修改为 test。

```
ALTER USER Lee
    IDENTIFIED BY test;
```

15.2.3 删除用户

删除数据库用户使用 DROP USER 语句，执行者必须具有 DROP USER 权限。

语法格式：

```
DROP USER <用户名> [CASCADE];
```

如果使用 CASCADE 选项，则删除用户时将删除该用户模式中的所有对象。如果用户拥有对象，则删除用户时若不使用 CASCADE 选项系统将给出错误信息。

【例 15.3】 删除用户 Sur（该用户已创建并拥有对象）。

```
DROP USER Sur CASCADE;
```

15.2.4 查询用户信息

通过查询数据字典视图可以获取用户信息、权限信息和角色信息。数据字典视图如下。

（1）ALL_USERS：当前用户可以看见的所有用户。

（2）DBA_USERS：查看数据库中所有的用户信息。

（3）USER_USERS：当前正在使用数据库的用户信息。

（4）DBA_TS_QUOTAS：用户的表空间限额情况。

（5）USER_PASSWORD_LIMITS：分配给该用户的口令配置文件参数。

（6）USER_RESOURCE_LIMITS：当前用户的资源限制。

（7）V $ SESSION：每个当前会话的会话信息。

（8）V $ SESSTAT：用户会话的统计数据。

（9）DBA_ROLES：当前数据库中存在的所有角色。

（10）SESSION_ROLES：用户当前启用的角色。

（11）DBA_ROLE_PRIVS：授予给用户（或角色）的角色，也就是用户（或角色）与角色之间的授予关系。

【例 15.4】 查找所有用户。

```
SELECT * FROM ALL_USERS;
```

执行情况如图 15.2 所示。

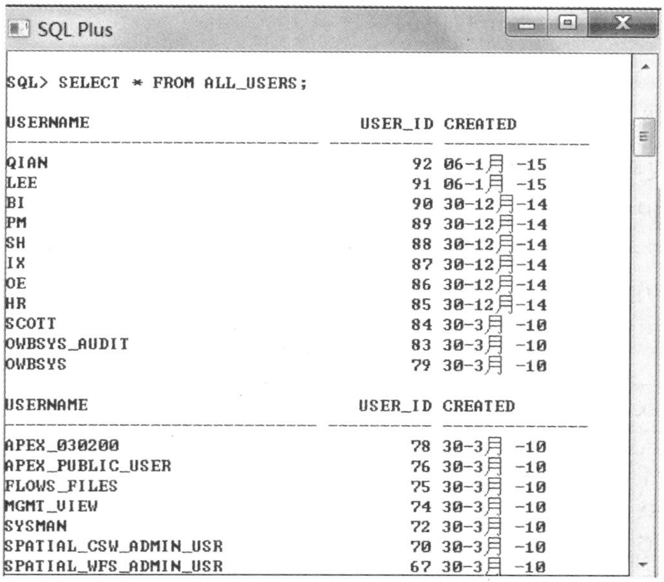

图 15.2　查找所有用户

15.3　权限管理

创建一个新用户后，该用户还无法操作数据库，还需要为该用户授予相关的权限。Oracle 的权限包括系统权限和数据库对象权限两类，采用非集中的授权机制，即数据库管理员（Database Administrator，DBA）负责授予与回收系统权限，每个用户授予与回收自己创建的数据库对象的权限。

15.3.1　权限概述

权限是预先定义好的执行某种 SQL 语句或访问其他用户模式对象的能力。权限分为系统权限和数据库对象权限两类。

系统权限是指在系统级控制数据库的存取和使用的机制，即执行某种 SQL 语句的能力。例如，启动、停止数据库，修改数据库参数，连接到数据库，以及创建、删除、更改模式对象（如表、视图和过程等）等权限。

对象权限是指在对象级控制数据库的存取和使用的机制，即访问其他用户模式对象的能力。例如，用户可以存取哪个用户模式中的哪个对象，能对该对象进行查询、插入和更新操作等。

15.3.2　系统权限

系统权限一般由数据库管理员授予用户，也可将系统权限从被授予用户中撤回。

1. 系统权限的分类

数据字典视图 SYSTEM_PRIVILEGE_MAP 中包括了 Oracle 数据库中的所有系统

权限，查询该视图可以了解系统权限的信息：

```
SELECT COUNT( * )
    FROM SYSTEM_PRIVILEGE_MAP;
```

Oracle 系统权限可分为以下 3 类。

1）数据库维护权限

对于数据库管理员，需要创建表空间、修改数据库结构、创建用户和修改用户权限等进行数据库维护的权限，如表 15.1 所示。

表 15.1　数据库维护权限

系 统 权 限	功　　能
ALTER DATABASE	修改数据库的结构
ALTER SYSTEM	修改数据库系统的初始化参数
DROP PUBLIC SYNONYM	删除公共同义词
CREATE PUBLIC SYNONYM	创建公共同义词
CREATE PROFILE	创建资源配置文件
ALTER PROFILE	更改资源配置文件
DROP PROFILE	删除资源配置文件
CREATE ROLE	创建角色
ALTER ROLE	修改角色
DROP ROLE	删除角色
CREATE TABLESPACE	创建表空间
ALTER TABLESPACE	修改表空间
DROP TABLESPACE	删除表空间
MANAGE TABLESPACE	管理表空间
UNLMITED TABLESPACE	不受配额限制地使用表空间
CREATE SESSION	创建会话，允许用户连接到数据库
ALTER SESSION	修改用户会话
ALTER RESOURCE COST	更改配置文件中的计算资源消耗的方式
RESTRICTED SESSION	在数据库处于受限会话模式下连接到数据
CREATE USER	创建用户
ALTER USER	更改用户
BECOME USER	当执行完全装入时，成为另一个用户
DROP USER	删除用户
SYSOPER（系统操作员权限）	STARTUP SHUTDOWN ALTER DATABASE MOUNT/OPEN ALTER DATABASE BACKUP CONTROLFILE ALTER DATABASE BEGINJEBID BACKUP ALTER DATABASE ARCHIVELOG RECOVER DATABASE RESTRICTED SESSION CREATE SPFILE/PFILE
SYSDBA（系统管理员权限）	SYSOPER 的所有权限 WITH ADMIN OPTION 子句
SELECT ANY DICTIONARY	允许查询以 "DBA" 开头的数据字典

2）数据库模式对象权限

对数据库开发人员而言，需要了解操作数据库对象的权限，如创建表、创建视图等权限，如表 15.2 所示。

表 15.2　数据库模式对象权限

系 统 权 限	功　　能
CREATE CLUSTER	在自己模式中创建聚簇
DROP CLUSTE	删除自己模式中的聚簇
CREATE PROCEDURE	在自己模式中创建存储过程
DROP PROCEDURE	删除自己模式中的存储过程
CREATE DATABASE LINK	创建数据库连接权限，通过数据库连接允许用户存取远程的数据库
DROP DATABASE LINK	删除数据库连接
CREATE SYNONYM	创建私有同义词
DROP SYNONYM	删除同义词
CREATE SEQUENCE	创建开发者所需要的序列
CREATE TIGER	创建触发器
DROP TRIGGER	删除触发器
CREATE TABLE	创建表
DROP TABLE	删除表
CREATE VIEW	创建视图
DROP VIEW	删除视图
CREATE TYPE	创建对象类型

3）ANY 权限

具有 ANY 权限表示可以在任何用户模式中进行操作，如表 15.3 所示。

表 15.3　ANY 权限

系 统 权 限	功　　能
ANALYZE ANY	允许对任何模式中的任何表、聚簇或者索引执行分析，查找其中的迁移记录和链接记录
CREATE ANY CLUSTER	在任何用户模式中创建聚簇
ALTER ANY CLUSTER	在任何用户模式中更改聚簇
DROP ANY CLUSTER	在任何用户模式中删除聚簇
CREATE ANY INDEX	在数据库中任何表上创建索引
ALTER ANY INDEX	在任何模式中更改索引
DROP ANY INDEX	在任何模式中删除索引
CREATE ANY PROCEDURE	在任何模式中创建过程
ALTER ANY PROCEDURE	在任何模式中更改过程
DROP ANY PROCEDURE	在任何模式中删除过程
EXECUTE ANY PROCEDUE	在任何模式中执行或者引用过程
GRANT ANY PRIVILEGE	将数据库中任何权限授予任何用户

系 统 权 限	功　　能
ALTER ANY ROLE	修改数据库中任何角色
DROP ANY ROLE	删除数据库中任何角色
GRANT ANY ROLE	允许用户将数据库中任何角色授予数据库中其他用户
CREATE ANY SEQUENCE	在任何模式中创建序列
ALTER ANY SEQUENCE	在任何模式中更改序列
DROP ANY SEQUENCE	在任何模式中删除序列
SELECT ANY SEQUENCE	允许使用任何模式中的序列
CREATE ANY TABLE	在任何模式中创建表
ALTER ANY TABLE	在任何模式中更改表
DROP ANY TABLE	允许删除任何用户模式中的表
COMMENT ANY TABLE	在任何模式中为任何表、视图或者列添加注释
SELECT ANY TABLE	查询任何用户模式中基本表的记录
INSERT ANY TABLE	允许向任何用户模式中的表插入新记录
UPDATE ANY TABLE	允许修改任何用户模式中表的记录
DELETE ANY TABLE	允许删除任何用户模式中表的记录
LOCK ANY TABLE	对任何用户模式中的表加锁
FLASHBACK ANY TABLE	允许使用 AS OF 子句对任何模式中的表、视图执行一个 SQL 语句
CREATE ANY VIEW	在任何用户模式中创建视图
DROP ANY VIEW	在任何用户模式中删除视图
CREATE ANY TRIGGER	在任何用户模式中创建触发器
ALTER ANY TRIGGER	在任何用户模式中更改触发器
DROP ANY TRIGGER	在任何用户模式中删除触发器
ADMINISTER DATABASE TRIGGER	允许创建 ON DATABASE 触发器。在能够创建 ON DATABASE 触发器之前，还必须先拥有 CREATE TRIGGER 或 CREATE ANYTRIGGER 权限
CREATE ANY SYNONYM	在任何用户模式中创建专用同义词
DROP ANY SYNONYM	在任何用户模式中删除同义词

2. 系统权限的授予

系统权限的授予使用 GRANT 语句。

语法格式：

```
GRANT <系统权限名> TO {PUBLIC | <角色名> | <用户名> [, …n]}
    [ WITH ADMIN OPTION]
```

其中，PUBLIC 是 Oracle 中的公共用户组，如果将系统权限授予 PUBLIC，则将系统权限授予所有用户。使用 WITH ADMIN OPTION，则允许被授予者进一步为其他用户或角色授予权限，此即系统权限的传递性。

【例 15.5】　授予用户 Lee 连接数据库的权限。

GRANT CREATE SESSION TO Lee;

使用用户 Lee 连接数据库：

CONNECT Lee/test

执行结果如图 15.3 所示。

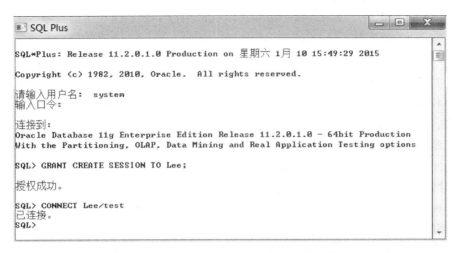

图 15.3　授予用户 Lee 连接数据库的权限

【例 15.6】　授予用户 Lee 创建表和视图的权限。

GRANT CREATE ANY TABLE, CREATE ANY VIEW TO Lee;

执行结果如图 15.4 所示。

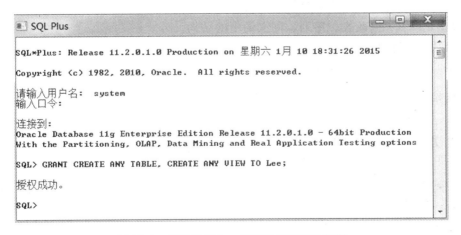

图 15.4　授予用户 Lee 创建表和视图的权限

第
15
章

安全管理

3. 系统权限的收回

数据库管理员或者具有向其他用户授权的用户可以使用 REVOKE 语句将已经授予的系统权限收回。

语法格式:

```
REVOKE <系统权限名> FROM {PUBLIC | <角色名> | <用户名> [,…n]};
```

【例 15.7】 收回用户 Lee 创建视图的权限。

使用 SYSTEM 用户登录,以下语句可以收回用户 Lee 创建视图的权限。

```
REVOKE CREATE ANY VIEW FROM Lee;
```

15.3.3 对象权限

对象权限是一种对于特定对象(表、视图、序列、过程、函数或包等)执行特定操作的权限。例如对某个表或视图对象执行 INSERT、DELETE、UPDATE 或 SELECT 操作时,都需要获得相应的权限才允许用户执行。Oracle 对象权限是 Oracle 数据库权限管理的重要组成部分。

1. 对象权限的分类

Oracle 对象有下列 9 种权限。

(1) SELECT:读取表、视图和序列中的行。

(2) UPDATE:更新表、视图和序列中的行。

(3) DELETE:删除表、视图中的数据。

(4) INSERT:向表和视图中插入数据。

(5) EXECUTE:执行类型、函数、包和过程。

(6) READ:读取数据字典中的数据。

(7) INDEX:生成索引。

(8) PEFERENCES:生成外键。

(9) ALTER:修改表、序列、同义词中的结构。

2. 对象权限的授予

授予对象权限使用 GRANT 语句。

语法格式:

```
GRANT {<对象权限名> | ALL [PRIVILEGE] [(<列名> [,…n])]}
  ON [用户方案名.] <对象权限名> TO {PUBLIC | <角色名> | <用户名> [,..n]}
  [WITH GRANT OPTION];
```

其中,ALL 关键字表示将全部权限授予该对象,ON 关键字表用于指定被授予权限的对象,WITH GRANT OPTION 选项表示被授予对象权限的用户可再将对象权限授予其他用户。

【例 15.8】 授予用户 Lee 对 student 表的查询、添加、修改和删除数据的权限。使用 SYSTEM 用户连接数据库，执行如下语句：

```
GRANT SELECT, INSERT, UPDATE, DELETE
    ON student TO Lee;
```

执行结果如图 15.5 所示。

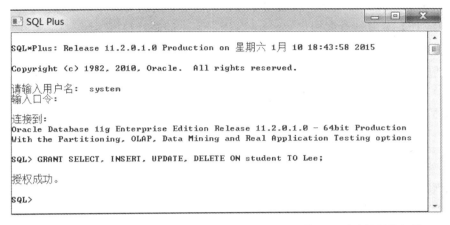

图 15.5 授予用户 Lee 对 student 表的查询、添加、修改和删除数据的权限

3. 对象权限的收回

收回对象权限使用 REVOKE 语句。

语法格式：

```
REVOKE {<对象权限名>| ALL [PRIVILEGE] [(<列名> [,…n])]}
    ON [用户方案名.] <对象权限名> TO {PUBLIC | <角色名>| <用户名> [,…n]}
    [CASCADE CONSTRAINTS];
```

其中，CASCADE CONSTRAINTS 选项表示在收回对象权限时，同时删除使用 REFERENCES 对象权限定义的参照完整性约束。

【例 15.9】 收回用户 Lee 对 student 表的查询、添加权限。

```
REVOKE SELECT, DELETE
    ON student FROM Lee;
```

15.3.4 权限查询

通过查询以下数据字典视图可以获取权限信息。

（1）DBA_SYS_PRIVS：授予用户或者角色的系统权限。

（2）USER_SYS_PRIVS：授予当前用户的系统权限。

（3）SESSION_PRIVS：用户当前启用的权限。

（4）ALL_COL_PRIVS：当前用户或者 PUBLIC 用户组是其所有者、授予者或者被授予者的用户的所有列对象（即表中的字段）的授权。

（5）DBA_COL_PRIVS：数据库中所有的列对象的授权。

（6）USER_COL_PRIVS：当前用户或其所有者、授予者或者被授予者的所有列对象的授权。

（7）DBA_TAB_PRIVS：数据库中所用对象的权限。

（8）ALL_TAB_PRIVS：用户或者 PUBLIC 是其授予者的对象的授权。

（9）USER_TAB_PRIVS：当前用户是其被授予者的所有对象的授权。

【例 15.10】　分别查询用户 system 和用户 Lee 的系统权限。

```
SELECT * FROM USER_TAB_PRIVS;
CONNECT Lee/test;
SELECT * FROM USER_TAB_PRIVS;
```

执行情况如图 15.6 所示。

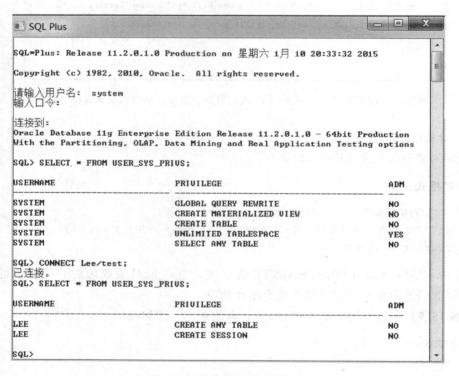

图 15.6　查询用户的系统权限

15.4　角色管理

角色（Role）是一系列权限的集合，目的在于简化对权限的管理。通过角色，Oracle 提供了简单和易于控制的权限管理。

15.4.1 角色概述

角色是一组权限，可以授予用户和其他角色，也可以从用户和其他角色中收回。

使用角色可以简化权限的管理，可以仅用一条语句就能从用户那里授予或者回收许多权限，而不必对用户一一授权。使用角色还可以实现权限的动态管理，例如随着应用的变化可以增加或者减少角色的权限，这样通过改变角色权限，就改变了多个用户的权限。

角色、用户及权限是一组有密切关系的对象，既然角色是一组权限的集合，那么他被授予某个用户时才能有意义。

在较为大型应用系统中，要求对应用系统功能进行分类，从而形成角色的雏形，再使用 CREATE ROLE 语句将它们创建为角色；最后根据用户工作的分工，将不同的角色（包括系统预定义的角色）授予各类用户。

角色所对应的权限集合中可以包含系统权限和对象权限。角色可以授予另外一个角色，但需要避免将角色授予它本身，也不能循环授予。

1. 安全应用角色

DBA 可以授予安全应用角色运行给定数据库应用时所有必要的权限。然后将该安全应用角色授予其他角色或者用户，应用可以包含几个不同的角色，每个角色都包含不同的权限集合。

2. 用户自定义角色

DBA 可以为数据库用户组创建用户自定义的角色，赋予一般的权限需要。

3. 数据库角色的权限

（1）角色可以被授予系统和方案对象权限。

（2）角色被授予其他角色。

（3）任何角色可以被授予任何数据库对象。

（4）授予用户的角色，在给定的时间里，要么启用，要么禁用。

4. 角色和用户的安全域

每个角色和用户都包含自己唯一的安全域，角色的安全域包括授予角色的权限。

5. 预定义角色

Oracle 系统在安装完成后就有整套的用于系统管理的角色，这些角色称为预定义角色。常见的预定义角色及权限说明如表 15.4 所示。

表 15.4　Oracle 预定义角色

角 色 名	权 限 说 明
CONNECT	ALTER SESSION, CREATE CLUSTER, CREATE DATABASE LINK, CREATE SEQUENCE, CREATE SESSION, CREATE SYNONYM, CREATE VIEW CREATE TABLE

角 色 名	权 限 说 明
RESOURCE	CREATE CLUSTER，CREATE INDEXTYPE，CREATE OPERATOR，CREATE PROCEDURE，CREATE SEQUENCE，CREATE TABLECREATE TRIGGER，CREATE TYPE
DBA	拥有所有权限
EXP_FULL_DATABASE	SELECT ANY TABLE，BACKUP ANY TABLE，EXECUTE ANY PROCEDURE，EXECUTE ANY TYPE，ADMINISTER RESOURCE MANAGER，在 SYS. INCVID、SYSINCFIL 和 SYS. INCEXP 表的 INSERT、DELETE 和 UPDATE 权限；EXECUTE_CATALOG-ROLE，SELECT_CATALOG_ROLE
IMP_FULL_DATABASE	执行全数据库导出所需要的权限，包括系统权限列表（用 DBA_SYS_PRIVS）和下面角色：EXECUTE_CATALOG_ROLE，SELECT_CATALOG_ROLE
DELETE_CATALOG_ROLE	删除权限
EXECUTE_CATALOG_ROLE	在所有目录包中 EXECUTE 权限
SELECT_CATALOG_ROLE	在所有表和视图上有 SELECT 权限

15.4.2 创建角色

在创建数据库以后，当系统预定义角色不能满足实际要求时，由 DBA 用户根据业务需要创建各种用户自定义角色（本节以下简称角色），然后为角色授权，最后再将角色分配给用户，从而增强权限管理的灵活性和方便性。

使用 CREATE ROLE 语句在数据库中创建角色。

语法格式：

```
CREATE ROLE <角色名>
   [NOT IDENTIFIED]
   [IDENTIFIED {BY <密码>|EXTERNALLY|GLOBALLY}];
```

说明：

IDENTIFIED 表示在用 SET ROLE 语句使该角色生效之前必须由指定的方法来授权一个用户。

（1）BY：创建一个局部角色，在使角色生效之前，用户必须指定密码。密码只能是数据库字符集中的单字节字符。

（2）EXTERNALLY：创建一个外部角色。在使角色生效之前，必须由外部服务（如操作系统）来授权用户。

（3）GLOBALLY：创建一个全局角色。在利用 SET ROLE 语句使角色生效前或在登录时，用户必须由企业目录服务授权使用该角色。

【例 15.11】 创建一个角色 Marketing1，不设置密码。

```
CREATE ROLE Marketing1;
```

执行情况如图 15.7 所示。

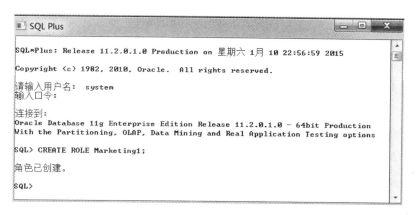

图 15.7　创建一个角色，不设置密码

【例 15.12】　创建一个角色 Marketing2，设置密码 123456。

```
CREATE ROLE Marketing2
    IDENTIFIED BY 123456;
```

执行结果如图 15.8 所示。

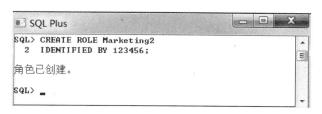

图 15.8　创建一个角色，设置密码

15.4.3　修改角色

使用 ALTER ROLE 语句修改角色。

语法格式：

```
ALTER ROLE <角色名>
  [ NOT IDENTIFIED ]
  [ IDENTIFIED {BY <密码>|EXTERNALLY|GLOBALLY} ];
```

ALTER ROLE 语句中的含义与 CREATE ROLE 语句含义相同。

【例 15.13】　修改角色 Marketing2 的密码为 1234。

```
ALTER ROLE Marketing2
    IDENTIFIED BY 1234;
```

安全管理

15.4.4　授予角色权限和收回权限

当角色被建立后，没有任何权限，可以使用 GRANT 语句给角色授予权限，同时可以使用 REVOKE 语句取消角色的权限。

角色权限的授予与回收和用户权限的授予语法相同，参见 15.3.2 和 15.3.3。

【例 15.14】　授予角色 Marketing1 在任何模式中创建表和视图的权限。

```
GRANT CREATE ANY TABLE, CREATE ANY VIEW
    TO Marketing1;
```

【例 15.15】　取消角色 Marketing1 的 CREATE ANY VIEW 的权限。

```
REVOKE CREATE ANY VIEW
    FROM Marketing1;
```

15.4.5　将角色授予用户

将角色授予给用户以后，用户将立即拥有角色所拥有的权限。

将角色授予用户使用 GRANT 语句。

语法格式：

```
GRANT <角色名> [, … n]
  TO {<用户名> | <角色名> | PUBLIC}
  [WITH ADMIN OPTION];
```

其中，WITH ADMIN OPTION 选项表示用户可再将这些权限授予其他用户。

【例 15.16】　将角色 Marketing1 授予用户 Lee。

```
GRANT Marketing1
    TO Lee;
```

15.4.6　角色的启用和禁用

使用 SET ROLE 语句为数据库用户的会话设置角色的启用和禁用。

当某角色启用时，属于角色的用户可以执行该角色所具有的所有权限操作，而当某角色禁用时，拥有这个角色的用户将不能执行该角色的任何权限操作。通过设置角色的启用和禁用，可以动态改变用户的权限。

语法格式：

```
SET ROLE
    { <角色名> [ IDENTIFIED BY <密码> ][, … n]
    | ALL [ EXCEPT <角色名> [, … n ] ]
    | NONE
    };
```

其中，IDENTIFIED BY 子句用于为该角色指定密码，ALL 选项表示将启用用户被授予的所有角色，EXCEPT 子句表示启用除该子句指定的角色外的其他全部角色，NONE 选项表示禁用所有角色。

【例 15.17】 在当前会话中启用角色 Marketing1。

```
SET ROLE Marketing1;
```

15.4.7 收回用户的角色

从用户收回已经授予的角色使用 REVOKE 语句。

语法格式：

```
REVOKE <角色名>[,..n]
    FROM {<用户名> | <角色名> | PUBLIC}
```

【例 15.18】 从用户 Lee 中收回角色 Marketing1。

```
REVOKE Marketing1
    FROM Lee;
```

15.4.8 删除角色

使用 DROP ROLE 来删除角色，使用该角色的用户的权限同时也被回收。删除用户一般由 DBA 操作。

语法格式：

```
DROP ROLE 角色名;
```

【例 15.19】 删除角色 Marketing2。

```
DROP ROLE Marketing2;
```

15.4.9 查询角色信息

可以通过查询以下数据字典或动态性能视图获得数据库角色的相关信息。

（1）DBA_ROLES：数据库中的所有角色及其描述；

（2）DBA_ROLES_PRIVS：授予用户和角色的角色信息；

（3）DBA_SYS_PRIVS：授予用户和角色的系统权限；

（4）USER_ROLE_PRIVS：为当前用户授予的角色信息；

（5）ROLE_ROLE_PRIVS：授予角色；

（6）ROLE_SYS_PRIVS：授予角色的系统权限信息；

（7）ROLE_TAB_PRIVS：授予角色的对象权限信息；

（8）SESSION_PRIVS：当前会话所具有的系统权限信息；

（9）SESSION_ROLES：用户当前授权的角色信息。

【例 15.20】 查询 DBA 角色所具有的系统权限信息。

```
SELECT * FROM ROLE_SYS_PRIVS
```

```
    WHERE ROLE = 'DBA';
```

执行结果如图 15.9 所示。

284

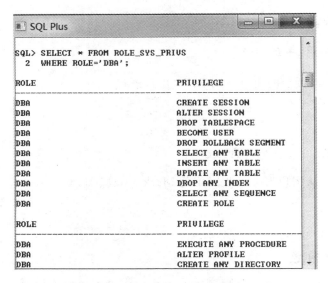

图 15.9　查询 DBA 角色

15.5　概　要　文　件

概要文件（PROFILE），又被称作资源文件或配置文件，用于限制用户使用的系统资源，并管理口令限制。当 DBA 在创建一个用户的时候，如果没有为用户指定概要文件，则 Oracle 会为该用户指定默认的概要文件。

15.5.1　创建概要文件

使用 CREATE PROFILE 命令创建概要文件，操作者必须有 CREATE PROFILE 的系统权限。

语法格式：

CREATE PROFILE <概要文件名> LIMIT
    <限制参数>|<口令参数>

【例 15.21】　创建一个 res_profile 概要文件，如果用户连续 3 次登录失败，则锁定该用户，15 天后该用户自动解锁。

CREATE PROFILE res_profile LIMIT
    FAILED_LOGIN_ATTEMPTS 3
    PASSWORD_LOCK_TIME 15;

执行结果如图 15.10 所示。

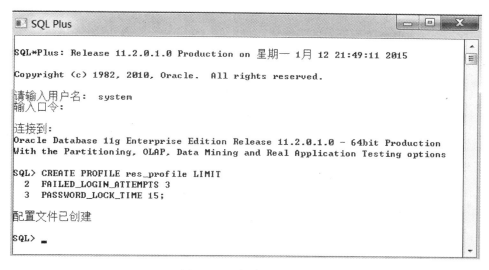

图 15.10　创建概要文件

15.5.2　管理概要文件

1. 分配概要文件

分配概要文件包括创建用户时分配概要文件和修改用户时分配概要文件。

1）创建用户时分配概要文件

语法格式：

CREATE USER username PROFILE profile_name IDENTIFIED by password

【例 15.22】　创建用户 Sun 时分配 res_profile 概要文件。

CREATE USER Sun PROFILE res_profile
IDENTIFIED BY 123456;

执行结果如图 15.11 所示。

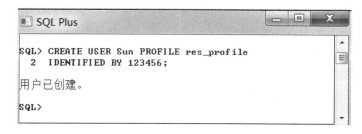

图 15.11　创建用户时分配概要文件

安全管理

2）修改用户时分配概要文件

语法格式：

```
ALTER USER username PROFILE profilename
```

【例 15.23】 修改用户 Lee 时分配 res_profile 概要文件。

```
ALTER USER Lee PROFILE res_profile;
```

2. 修改概要文件

使用 ALTER PROFILE 语句修改概要文件。

语法格式：

```
ALTER PROFILE <概要文件名> LIMIT
    resource_parameters|password_parameters
```

ALTER PROFILE 语句中的关键字和参数与 CREATE PROFILE 语句相同。

【例 15.24】 修改概要文件 res_profile，设置用户口令有效期为 30 天。

```
ALTER PROFILE res_profile LIMIT
    PASSWORD_LIFE_TIME 30;
```

【例 15.25】 修改概要文件 res_profile，设置用户口令超过有效期 15 天后被锁定。

```
ALTER PROFILE res_profile LIMIT
    PASSWORD_GRACE_TIME 15;
```

3. 删除概要文件

使用 DROP PROFILE 语句删除概要文件。

语法格式：

```
DROP PROFILE <概要文件名>[CASCADE];
```

4. 查询概要文件信息

可以从以下视图中查看查询概要文件信息。

（1）DBA_PROFILES：描述了所有概要文件的基本信息；

（2）USER-PASSWORD-LIMITS：描述了在概要文件中的口令管理策略（主要对分配该概要文件的用户而言）；

（3）USER-RESOURCE-LIMITS：描述了资源限制参数信息；

（4）DBA_USERS：描述了数据库中用户的信息，包括为用户分配的概要文件。

【例 15.26】 查询概要文件信息。

```
SELECT * FROM DBA_PROFILES;
```

执行结果如图 15.12 所示。

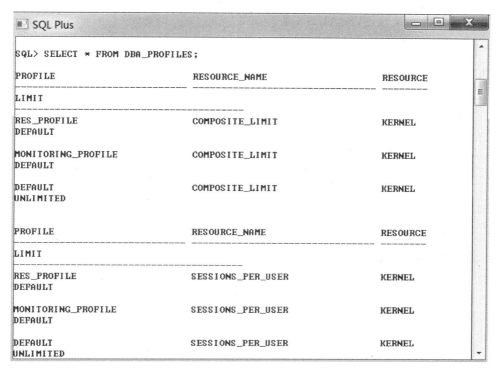

图 15.12　查询概要文件信息

15.6　数据库审计

审计（Audit）是监视和记录用户对数据库所进行的操作，审计通常用于调查可疑活动以及监视与收集特定数据库活动的数据，以供 DBA 进行统计和分析。审计操作类型包括登录企图、对象访问和数据库操作。审计记录包括被审计的操作、执行操作的用户、操作的时间等信息，存储在数据字典中。审计跟踪记录中的信息有用户名、会话标识符、终端标识符、访问的方案和对象名称、执行的操作、操作的完成代码、日期和时间戳、使用的系统权限。

15.6.1　登录审计

用户连接数据库的操作过程称为登录，登录审计用下列命名。

（1）AUDIT SESSION：开启连接数据库审计。

（2）AUDIT SESSION WHENEVER SUCCESSFUL：审计成功的连接图。

（3）AUDIT SESSION WHENEVER NOT SUCCESSFUL：只是审计连接失败。

（4）NOAUDIT SESSION：禁止会话审计。

数据库的审计记录存储在 SYS 方案中的 AUD＄表中，可以通过 DBA＿AUDIT＿SESSION 数据字典视图来查看 SYS．AUD＄。

【例 15.27】　确认 SYS. AUD $ 是否存在。

DESC SYS. AUD $

执行结果如图 15.13 所示。

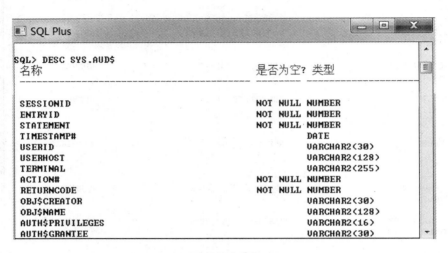

图 15.13　确认 SYS. AUD $ 是否存在

15.6.2　操作审计

对表、数据库链接、表空间、同义词、回滚段、用户或索引等数据库对象的任何操作都可被审计。这些操作包括对象的建立、修改和删除。

语法格式:

AUDIT {<审计操作>|<系统权限名>}

[BY <用户名> [, … n]]

[BY {SESSION|ACCESS}]

[WHENEVER [NOT] SUCCESSFUL]

说明:

(1) <审计操作>: 每个审计操作产生的记录包含执行操作的用户、操作类型、操作涉及的对象、操作的日期和时间等。

(2) <系统权限名>: 指定审计的系统权限。

(3) BY <用户名>: 指定审计的用户。

(4) BY SESSION: 同一会话中同一类型的全部 SQL 语句记录仅写单个记录。

(5) BY ACCESS: 每个被审计的语句写一个记录。

(6) WHENEVER SUCCESSFUL: 只审计完全成功的 SQL 语句。包含 NOT 时, 只审计失败或错误的 SQL 语句。如果忽略该语句, 则审计全部 SQL 语句, 不论语句的成功或失败。

【例 15.28】 使用户 Lee 的所有更新操作都要被审计。

```
AUDIT UPDATE TABLE BY Lee;
```

执行结果如图 15.14 所示。

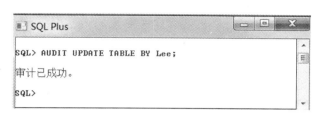

图 15.14　操作审计

15.6.3　对象审计

除了系统级的对象操作外，还可以审计对象的数据处理操作。这些操作可能包括对表的选择、插入、更新和删除操作。这种操作类型的审计方式与操作审计非常相似。

语法格式：

```
AUDIT {<审计选项>|ALL} ON
    {[用户方案名.]<对象名>|DIRECTORY <逻辑目录名>|DEFAULT}
    [BY SESSION|ACCESS]
    [WHENEVER [NOT] SUCCESSFUL]
```

说明：

（1）＜审计选项＞：对象审计选项有 ALTER、AUDIT、COMENT、DELETE、EXECTUE、GRANT、INDEX、INSERT、LOCK、READ、RENAME、SELECT 和 UPDATE。

（2）ALL：指定 SUOY 审计的系统权限。

（3）＜对象名＞：指定所有对象类型的对象选项。

（4）ON DIRECTORY：指定审计的目录名。

（5）ON DEFAULT：默认审计选项。

（6）BY ACCESS：每个被审计的语句写一个记录。

（7）BY SESSION：同一会话中同一类型的全部 SQL 语句记录仅写单个记录。

【例 15.29】 对 student 表的 UPDATE 命令都要进行审计；对 course 表的 INSERT 命令都要进行审计；对 score 表的每个命令都要进行审计。

```
AUDIT UPDATE ON SYSTEM.student;
AUDIT INSERT ON SYSTEM.course;
AUDIT ALL ON SYSTEM.score;
```

执行结果如图 15.15 所示。

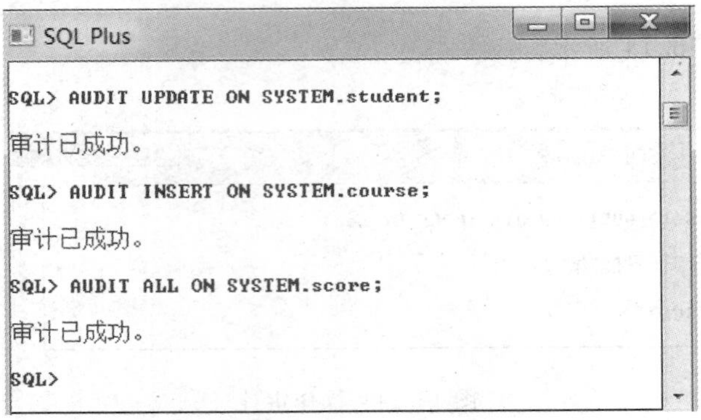

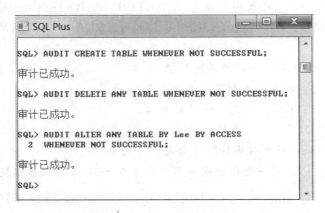

图 15.15　对象审计

15.6.4　权限审计

权限审计只审计某一个系统权限的使用情况。可以审计某个用户使用的系统权限，也可以审计所有用户使用的系统权限。

【例 15.30】　对 Lee 用户进行系统权限级别的审计。

AUDIT CREATE TABLE WHENEVER NOT SUCCESSFUL;
AUDIT DELETE ANY TABLE WHENEVER NOT SUCCESSFUL;
AUDIT ALTER ANY TABLE BY Lee BY ACCESS
　　WHENEVER NOT SUCCESSFUL;

执行结果如图 15.16 所示。

图 15.16　权限审计

15.7 综合训练

1. 训练要求

培养学生自主创建用户、创建角色和通过角色添加用户权限的能力。

（1）以系统管理员 system 身份登录到 Oracle。

（2）创建两个学生用户：Stu01、Stu02，创建 1 个教师用户 Teacher01，创建 1 个主任用户 Director01。

（3）分别授予用户 Stu01、Stu02、Teacher01 和 Director01 连接数据库的权限。

（4）创建学生管理角色 StudentRole，授予查询 student 表的权限；创建教师管理角色 TeacherRole，授予在 student 表上修改和查询权限；创建系管理角色 DirectorRole，授予在 student 表上添加、删除学生记录和查询权限。

（5）将每个学生用户定义为学生管理角色 StudentRole 的成员，将教师用户定义为教师管理角色 TeacherRole 的成员，将主任用户定义为系管理角色 DirectorRole 的成员。

2. 系统管理员登录操作和 SQL 语句编写

（1）系统管理员登录操作（略）。

（2）分别创建两个学生用户：Stu01、Stu02，教师用户 Teacher01，主任用户 Director01。

```
CREATE USER Stu01
    IDENTIFIED BY 123456
    DEFAULT TABLESPACE USERS
    TEMPORARY TABLESPACE TEMP;

CREATE USER Stu02
    IDENTIFIED BY 123456
    DEFAULT TABLESPACE USERS
    TEMPORARY TABLESPACE TEMP;

CREATE USER Teacher01
    IDENTIFIED BY 123456
    DEFAULT TABLESPACE USERS
    TEMPORARY TABLESPACE TEMP;

CREATE USER Director01
    IDENTIFIED BY 123456
    DEFAULT TABLESPACE USERS
    TEMPORARY TABLESPACE TEMP;
```

（3）分别授予用户 Stu01、Stu02、Teacher01 和 Director01 连接数据库的权限。

```
GRANT CREATE SESSION TO Stu01;
```

```
GRANT CREATE SESSION TO Stu02;
GRANT CREATE SESSION TO Teacher01;
GRANT CREATE SESSION TO Director01;
```

（4）创建学生管理角色 StudentRole，授予查询 student 表的权限。

```
CREATE ROLE StudentRole
   IDENTIFIED BY 1234;

GRANT SELECT
   ON student TO StudentRole;
```

创建教师管理角色 TeacherRole，授予在 student 表上修改权限和查询权限。

```
CREATE ROLE TeacherRole
   IDENTIFIED BY 1234;

GRANT SELECT, UPDATE
   ON student TO TeacherRole;
```

创建系管理角色 DirectorRole，授予在 student 表上添加、删除学生记录和查询权限。

```
CREATE ROLE DirectorRole
   IDENTIFIED BY 1234;

GRANT SELECT, INSERT, DELETE
   ON student TO DirectorRole;
```

（5）定义学生用户为学生管理角色 StudentRole 的成员。

```
GRANT StudentRole
 TO Stu01;
GRANT StudentRole
 TO Stu01;
```

定义教师用户为教师管理角色 TeacherRole 的成员。

```
GRANT TeacherRole
    TO Teacher01;
```

定义主任用户为系管理角色 DirectorRole 的成员。

```
GRANT DirectorRole
    TO Director01;
```

15.8 小　　结

本章主要介绍了以下内容。

（1）安全管理是评价一个数据库管理系统的重要指标，Oracle 数据库安全管理指拥有相应权限的用户才可以访问数据库中的相应对象，执行相应合法操作。Oracle 数据库安全性包括对用户登录进行身份验证和对用户操作进行权限控制两个方面。

（2）用户是数据库的使用者和管理者，用户管理是 Oracle 数据库安全管理的核心和基础。用户管理包括创建用户、修改用户、删除用户和查询用户信息等操作。

（3）权限是预先定义好的执行某种 SQL 语句或访问其他用户模式对象的能力。权限分为系统权限和数据库对象权限两类，系统权限是指在系统级控制数据库的存取和使用的机制，即执行某种 SQL 语句的能力，对象权限是指在对象级控制数据库的存取和使用的机制，即访问其他用户模式对象的能力。

（4）角色（Role）是一系列权限的集合，目的在于简化对权限的管理。角色管理包括创建角色、修改角色、授予角色权限和收回权限、将角色授予用户、角色的启用和禁用、收回用户的角色、删除角色、查询角色信息等操作。

（5）概要文件（PROFILE），又被称作资源文件或配置文件，用于限制用户使用的系统资源，并管理口令限制。概要文件管理包括创建概要文件、分配概要文件、修改概要文件、删除概要文件和查询概要文件信息等操作。

（6）审计（Audit）是监视和记录用户对数据库所进行的操作，审计通常用于调查可疑活动以及监视与收集特定数据库活动的数据，以供 DBA 进行统计和分析。审计包括登录审计、操作审计、对象审计和权限审计等。

习　题　15

一、选择题

1. 如果用户 Hu 创建了数据库对象，则删除该用户应使用_____语句。

    A. DROP USER Hu；

    B. DROP USER Hu CASCADE；

    C. DELETE USER Hu；

    D. DELETE USER Hu CASCADE；

2. 修改用户时，用户的 _____属性不能修改。

    A. 名称　　　　　　B. 密码　　　　　C. 表空间　　　　D. 临时表空间

3. 下列选项中不属于对象权限的是_____。

    A. SELECT　　　　　　　　　B. UPDATE

    C. DROP　　　　　　　　　　D. READ

4. 启用所有角色应使用 _____语句。

    A. ALTER ROLL ALL ENABLE；　B. ALTER ROLL ALL；

    C. SET ROLL ALL ENABLE；　　D. SET ROLL ALL；

5. 在用户配置文件中不能限定_____资源。

    A. 单个用户的会话数　　　　　B. 数据库的会话数

    C. 用户的密码有效期　　　　　D. 用户的空闲时长

二、填空题

1. 创建用户时，要求创建者具有_____系统权限。

2. 向用户授予系统权限时，使用_____选项表示该用户可将此系统权限授予其他用户或角色。向用户授予对象权限时，使用_____选项表示该用户可将此对象权限授予其他用户或角色。

3. _____具有名称的一组相关权限的集合。

4. 启用与禁用角色使用_____语句。

三、应用题

1. 创建一个用户 Su，口令为 green，默认表空间为 USERS，配额为 15 MB。

2. 授予用户 Su 连接数据库的权限，对 student 表的查询、添加和删除数据的权限，同时允许该用户将获得的权限授予其他用户。

3. 内容如下。

（1）创建两个员工用户：Employee01、Employee02。

（2）分别给员工用户 Employee01、Employee02 授予连接数据库的权限，创建表和过程的权限。

（3）创建销售部角色 MarketingDepartment，授予查询、添加、修改和删除 SalesOrder 表（SalesOrder 表已创建）的权限。

（4）将上述员工用户定义为销售部角色 MarketingDepartment 的成员。

第 16 章　备份和恢复

本章要点

- 备份和恢复概述
- 逻辑备份与恢复
- 脱机备份与恢复
- 联机备份与恢复
- 闪回技术

为了防止人为操作和自然灾难而引起的数据丢失或破坏，Oracle 提供备份和恢复机制是一项重要的系统管理工作。本章介绍备份和恢复概述、逻辑备份与恢复、脱机备份与恢复、联机备份与恢复、闪回技术等内容。

16.1　备份和恢复概述

备份（Backup）是数据库信息的一个复制，这个复制包括数据库的控制文件、数据文件和重做日志文件等，将其存放到一个相对独立的设备（例如磁盘或磁带）上，以备数据库出现故障时使用。

恢复（Recovery）是指在数据库发生故障时，使用备份还原数据库，使数据库从故障状态恢复到无故障状态。

16.1.1　备份概述

设计备份策略的原则是以最小代价恢复数据，备份与恢复是紧密联系的，备份策略要与恢复结合起来考虑。

1. 根据备份方式的不同分类

根据备份方式的不同，备份分为逻辑备份和物理备份两种。

1）逻辑备份

逻辑备份是指使用 Oracle 提供的工具（例如 Export、Expdp）将数据库中的数据抽取出来存储在一个二进制的文件中。

2）物理备份

物理备份是将组成数据库的控制文件、数据文件和重做日志文件等操作系统文件进行复制，将形成的副本保存到与当前系统独立的磁盘或磁带上。

2. 根据数据库备份时是否关闭服务器分类

根据数据库备份时是否关闭服务器，物理备份分为联机备份和脱机备份两种。

1）脱机备份

脱机备份（Offline Backup），又称冷备份，在数据库关闭的情况下对数据库进行物理备份。

2）联机备份

联机备份（Online Backup），又称热备份，在数据库运行的情况下对数据库进行物理备份。进行联机备份，数据库必须运行在归档日志模式下。

3. 根据数据库备份的规模不同分类

根据数据库备份的规模不同，物理备份分为完全备份和部分备份两种。

1）完全备份

完全备份指对整个数据库进行备份，包括所有物理文件。

2）部分备份

对部分数据文件、表空间、控制文件和归档日志文件等进行备份。

备份一个 Oracle 数据库有 3 种标准方式：导出（Export）、脱机备份（Offline Backup）和联机备份（Online Backup）。导出是数据库的逻辑备份。脱机备份和联机备份都是物理备份。

16.1.2 恢复概述

恢复是指在数据库发生故障时，使用备份加载到数据库，使数据库恢复到备份时的正确状态。

1. 根据故障原因分类

根据故障原因，恢复可以分为实例恢复和介质恢复。

1）实例恢复

实例恢复叫自动恢复，指当 Oracle 实例出现失败后，Oracle 自动进行的恢复。

2）介质恢复

指当存储数据库的介质出现故障时所做的恢复。

2. 根据数据库使用的备份不同分类

根据数据库使用的备份不同，恢复可以分为逻辑恢复和物理恢复。

1）逻辑恢复

利用逻辑备份的二进制的文件，使用 Oracle 提供的工具（例如 Import、Impdp）将部分信息或全部信息导入数据库，从而进行恢复。

2）物理恢复

使用物理备份进行的恢复，是在操作系统级别上进行的。

3. 根据数据库恢复程度的不同分类

根据数据库恢复程度的不同，恢复可以分为完全恢复和不完全恢复。

1) 完全恢复

利用备份使数据库恢复到出现故障时的状态。

2) 不完全恢复

利用备份使数据库恢复到出现故障时刻之前的某个状态。

16.2　逻辑备份与恢复

逻辑备份与恢复必须在数据库运行状态下进行。

逻辑备份与恢复有两类实用程序：一类是使用 Export 和 Import 进行导出和导入；另一类是使用新的数据泵技术 EXPDP 和 IMPDP 进行导出和导入。

- Export 和 Import 是客户端实用程序，可以在客户端使用，也可在服务器端使用。
- EXPDP 和 IMPDP 是服务器端实用程序，只能在服务器端使用。

16.2.1　使用 Export 和 Import 进行导出和导入

1. 使用 Export 进行导出

Export 实用程序用于读取数据库并将输出写入一个称为导出转储文件（Export Dump File）的二进制文件中。

导出有以下 3 种模式。

1) 交互模式

输入 EXP 命令后，根据系统提示输入导出参数。

2) 命令行模式

命令行模式与交互模式类似，不同的是只有在命令行模式激活后，才能将参数和参数值传递给导出程序。

3) 参数文件模式

其关键参数是 Parfile，它的对象是一个包含激活控制导出对话的参数和参数值的文件名。

在命令提示符窗口输入 "EXP HELP＝Y"，可显示 EXP 命令的帮助信息。

使用 Export 进行导出举例如下。

【例 16.1】　使用 Export 导出 stsys 数据库的 student 表。

操作步骤如下。

（1）在操作系统命令提示符 C:\Users \ dell>后，输入 EXP，按 Enter 键确定。

C:\Users\dell＞EXP

（2）使用 SYSTEM 用户登录到 SQL＊PLUS。

（3）在提示"导出文件：EXPDAT. DMP＞"后，输入导出文件名称。

导出文件：EXPDAT. DMP ＞ STUDENT. DMP

（4）在提示"要导出的表 ＜T＞ 或分区 ＜T：P＞：＜按 RETURN 退出＞＞"后，输入要导出的表的名称。

要导出的表＜T＞或分区＜T：P＞：＜按 RETURN 退出＞＞ STUDENT

执行情况如图 16.1 所示。

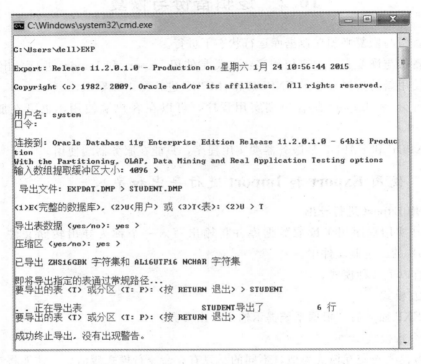

图 16.1   导出 student 表

2. 使用 Import 进行导入

Import 实用程序用于导入数据。

导入操作可以通过交互式或命令行进行。

使用 Import 进行导入举例如下。

【例 16.2】   使用 Import 将 student 表导入。

操作步骤如下。

（1）在操作系统命令提示符 C:\Users \ dell＞后，输入 IMP，按 Enter 键确定。

C:\Users\dell＞IMP

（2）使用 SYSTEM 用户登录到 SQL ＊ PLUS。

（3）在提示"导入文件：EXPDAT. DMP＞"后，输入要导入的转储文件名称。

导入文件：EXPDAT. DMP > STUDENT. DMP

（4）在提示"输入表 <T> 或分区 <T：P>的名称或。如果完成："后，输入要创建的表的名称。

输入表 <T> 或分区 <T：P>的名称或.如果完成：STUDENT

执行情况如图 16.2 所示。

图 16.2　导入 student 表

16.2.2　使用数据泵 EXPDP 和 IMPDP 进行导出和导入

数据泵技术使用的工具是 Data Pump Export 和 Data Pump Import。在逻辑备份与恢复的两类实用程序中，Data Pump Export 和 Data Pump Impor 的功能与 Export 和 Import 类似，不同的是数据泵可以从数据库中高速导出或加载数据库，并可实现断点重启，用于对大量数据的大的作业操作。

1. 使用 EXPDP 进行导出

使用.EXPDP 进行导出可以交互进行，也可通过命令行。

使用 EXPDP 进行导出举例如下。

【例 16.3】 使用 EXPDP 导出 system 用户 student 表。

操作步骤如下。

（1）创建目录。

为存储数据泵导出的数据，使用 system 用户创建目录如下：

CREATE DIRECTORY dp_dir as 'd:\OraBak';

（2）使用 EXPDP 导出数据。

在命令提示符窗口中输入以下命令。

EXPDP SYSTEM/123456 DUMPFILE = STUDENT.DMP DIRECTORY = DP_DIR TABLES = STUDENT JOB_NAME = STUDENT_JOB

执行情况如图 16.3 所示。

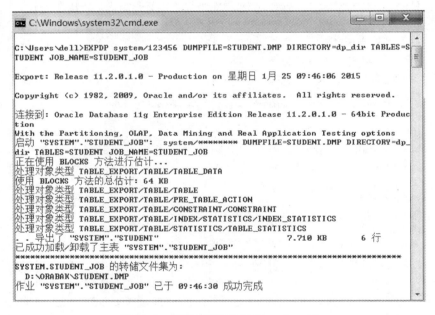

图 16.3　使用 EXPDP 导出 student 表

2. 使用 IMPDP 进行导入

使用 IMPDP 进行导出可将 EXPDP 导出的文件导入数据库。

使用 IMPDP 进行导入举例如下。

【例 16.4】 使用 IMPDP 导入 system 用户 student 表。

在命令提示符窗口中输入以下命令。

IMPDP SYSTEM/123456 DUMPFILE = STUDENT.DMP DIRECTORY = dp_dir;

执行情况如图 16.4 所示。

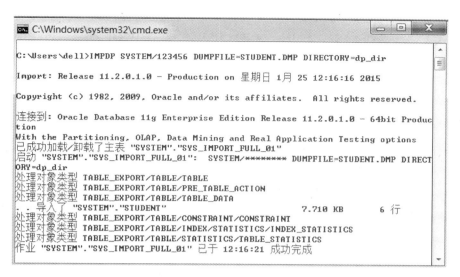

图 16.4　使用 IMPDP 导入 student 表

16.3　脱机备份与恢复

物理备份分为联机备份和脱机备份两种。

脱机备份是在数据库关闭的情况下对数据库进行物理备份，脱机恢复是用备份文件将数据库恢复到备份时的状态。

16.3.1　脱机备份

脱机备份又称冷备份，是在数据库关闭状态下对于构成数据库的全部物理文件的备份，包括数据库的控制文件、数据文件和重做日志文件等。

使用脱机备份举例如下。

【例 16.5】　将 stsys 数据库所有数据文件、控制文件和重做日志文件都进行备份。操作步骤如下。

（1）在进行脱机备份前，应该创建备份文件目录和确定备份哪些文件。

① 为存储脱机备份数据，创建一个备份文件目录，例如 D:\OfflineBak。

② 查询数据字典视图。

通过查询 V＄DATAFILE 视图可以获取数据文件的列表，如图 16.5 所示。

通过查询 V＄LOGFILE 视图可以获取联机重做日志文件的列表，通过查询 V＄CONTROLFILE 视图可以获取控制文件的列表，如图 16.6 所示。

（2）以 sys 用户 sysdba 身份登录，以 IMMEDIATE 方式关闭数据库。

以 sys 用户 sysdba 身份登录。

CONNECT sys/123456 AS sysdba

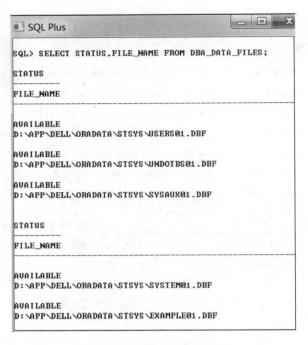

图 16.5　查询数据字典视图获取数据文件的列表

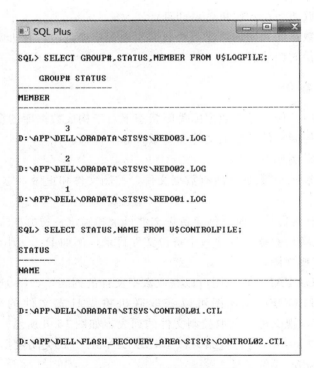

图 16.6　查询数据字典视图

以 IMMEDIATE 方式关闭数据库。

SHUTDOWN INNEDIATE;

执行情况如图 16.7 所示。

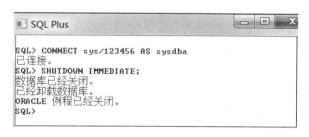

图 16.7 以 IMMEDIATE 方式关闭数据库

（3）复制所有数据库到目标路径。

使用操作系统的备份工具，备份所有的数据文件、重做日志文件、控制文件和参数
文件到备份文件目录。

（4）打开数据库。

START OPEN;

执行情况如图 16.8 所示。

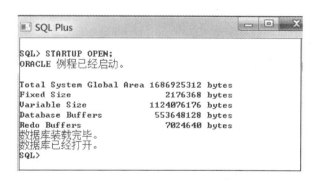

图 16.8 以 OPEN 方式打开数据库

注意：数据库关闭时，必须保证各文件处于一致状态，即不能使用 SHUTDOWN
ABORT 命令强行关闭数据库，只能使用 SHUTDOWN NORMAL 或 SHUTDOWN
IMMEDIATE 来关闭数据库。

16.3.2 脱机恢复

脱机恢复举例如下。

【例 16.6】 脱机恢复 stsys 数据库。

操作步骤如下。

（1）以 sys 用户 sysdba 身份登录，以 IMMEDIATE 方式关闭数据库。

（2）从脱机备份的备份文件目录中复制所有的数据库文件到原始位置。

（3）打开数据库。

16.4 联机备份与恢复

联机备份又称热备份，在数据库运行的情况下对数据库进行物理备份。进行联机备份，数据库必须运行在归档日志（ARCHIVELOG）模式下。

联机完全备份步骤如下。

（1）设置归档日志模式，创建恢复目录用的表空间。

（2）创建 RMAN 用户。

（3）使用 RMAN 程序进行备份。

（4）使用 RMAN 程序进行恢复。

RMAN（Recovery Manager）是 Oracle 数据库备份和恢复的主要管理工具之一，它可以方便快捷地对数据库实现备份和恢复，还可保存已经备份的信息以供查询，用户可以不经过实际的还原即可检查已经备份的数据文件的可用性，其主要特点如下。

- 可对数据库表、控制文件、数据文件和归档日志文件进行备份；
- 可实现增量备份；
- 可实现多线程备份；
- 可以存储备份信息；
- 可以检测备份是否可以成功还原。

在 $ ORACLE_HOME \ BIN 路径下可找到 RMAN 工具，也可以在操作系统命令下输入 RMAN 来运行。

Oracle 以循环方式写联机重做日志文件，当写满第 1 个日志后，开始写第 2 个，依次进行下去，当最后一个联机重做日志文件写满后，重新向第 1 个文件写入内容。当在归档日志（ARCHIVELOG）模式下运行时，ARCH 后台进程重写重做日志文件前将每个重做日志文件做一份备份。

16.4.1 设置归档日志模式，创建恢复目录用的表空间

使用 RMAN 以前，必须先设置归档日志模式。

【例 16.7】 设置归档日志模式，创建恢复目录用的表空间。

操作步骤如下。

（1）以 sysdba 方式登录数据库，以 MOUNT 方式打开数据库。

以 sysdba 方式登录数据库。

```
CONNECT sys/123456 AS sysdba
```

以 IMMEDIATE 方式关闭数据库。

SHUTDOWN INNEDIATE;

以 MOUNT 方式关闭数据库，此时未打开数据库实例。

STARTUP MOUNT

执行情况如图 16.9 所示。

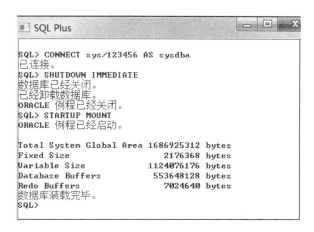

图 16.9　以 MOUNT 方式打开数据库

（2）设置归档日志模式。

将数据库实例由非归档模式切换到归档模式。

ALTER DATABASE ARCHIVELOG

查看数据库实例信息。

SELECT DBID, NAME, LOG_MODE, PLATFOEM_NAME FROM V $ DATABASE;

执行情况如图 16.10 所示。

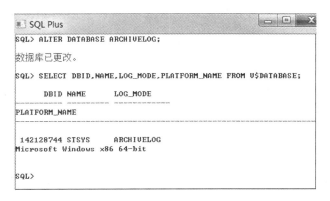

图 16.10　设置归档日志模式

（3）创建恢复目录用的表空间。

```
CONNECT sys/123456 AS sysdba
ALTER DATABASE OPEN;
CREATE TABLESPACE StuTs DATAFILE 'G:\StuTs.dbf' SIZE 600M;
```

执行情况如图 16.11 所示。

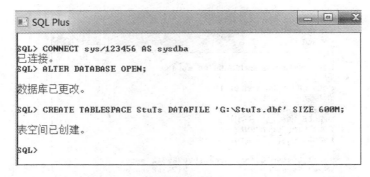

图 16.11　创建恢复目录用的表空间

16.4.2　创建 RMAN 用户

创建 RMAN 用户举例如下。

【例 16.8】　创建 RMAN 用户。

操作步骤如下。

（1）创建 RMAN 用户并授权。

创建 RMAN 用户

```
CONNECT sys/123456 AS sysdba
```

```
CREATE USER rman IDENTIFIED 123456
    DEFAULT TABLESPACE StuTs TEMPORARY TABLESPACE temp;
```

授予 CONNECT、RECOVERY _ CATALOG _ OWNER 和 RESOURCE 权限。

```
GRANT CONNECT, RECOVERY_CATALOG_OWNER, RESOURCE TO rman;
```

执行情况如图 16.12 所示。

（2）运行 RMAN 程序。

在 RMAN 目录下运行 RMAN 程序。

```
D:\app\DELL\product\11.2.0\dbhome_1\BIN>RMAN CATALOG rman/123456 TARGET stsys
```

出现 RMAN＞提示符。

执行情况如图 16.13 所示。

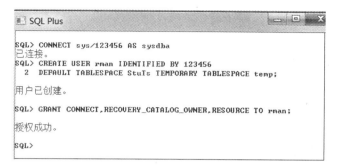

图 16.12　创建 RMAN 用户

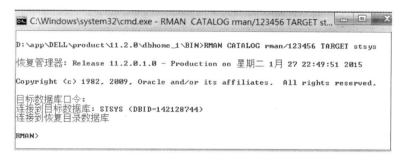

图 16.13　运行 RMAN 程序

（3）创建恢复目录，注册在恢复目录中的数据库。

创建恢复目录。

CREATE CATALOG TABLASPACE StuTs;

注册在恢复目录中的数据库。

REGISTER DATABASE;

执行情况如图 16.14 所示。

图 16.14　创建恢复目录，注册在恢复目录中的数据库

16.4.3　使用 RMAN 程序进行备份

使用 RUN 命令定义一组语句进行数据备份，举例如下。

备份和恢复

【例 16.9】 使用 RMAN 程序进行备份。

操作步骤如下。

(1) 进行完全数据库备份。

```
RUN {
  ALLOCATE CHANNEL dev1 TYPE disk;
  BACKUP DATABASE;
  RELEASE CHANNEL dev1;
}
```

执行情况如图 16.15 所示。

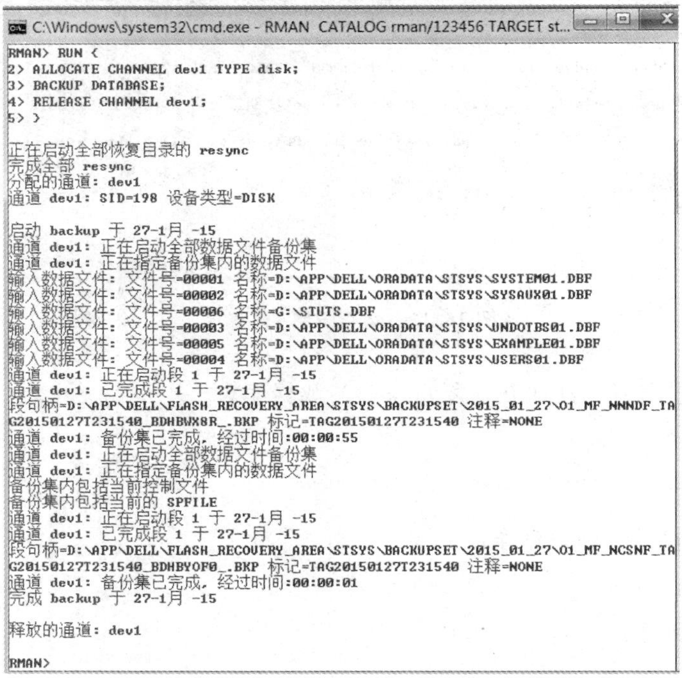

```
C:\Windows\system32\cmd.exe - RMAN  CATALOG rman/123456 TARGET st...
RMAN> RUN {
2> ALLOCATE CHANNEL dev1 TYPE disk;
3> BACKUP DATABASE;
4> RELEASE CHANNEL dev1;
5> }

正在启动全部恢复目录的 resync
完成全部 resync
分配的通道: dev1
通道 dev1: SID=198 设备类型=DISK

启动 backup 于 27-1月 -15
通道 dev1: 正在启动全部数据文件备份集
通道 dev1: 正在指定备份集内的数据文件
输入数据文件: 文件号=00001 名称=D:\APP\DELL\ORADATA\STSYS\SYSTEM01.DBF
输入数据文件: 文件号=00002 名称=D:\APP\DELL\ORADATA\STSYS\SYSAUX01.DBF
输入数据文件: 文件号=00006 名称=G:\STUTS.DBF
输入数据文件: 文件号=00003 名称=D:\APP\DELL\ORADATA\STSYS\UNDOTBS01.DBF
输入数据文件: 文件号=00005 名称=D:\APP\DELL\ORADATA\STSYS\EXAMPLE01.DBF
输入数据文件: 文件号=00004 名称=D:\APP\DELL\ORADATA\STSYS\USERS01.DBF
通道 dev1: 正在启动段 1 于 27-1月 -15
通道 dev1: 已完成段 1 于 27-1月 -15
段句柄=D:\APP\DELL\FLASH_RECOVERY_AREA\STSYS\BACKUPSET\2015_01_27\O1_MF_NNNDF_TA
G20150127T231540_BDHBWX8R_.BKP 标记=TAG20150127T231540 注释=NONE
通道 dev1: 备份集已完成, 经过时间:00:00:55
通道 dev1: 正在启动全部数据文件备份集
通道 dev1: 正在指定备份集内的数据文件
备份集内包括当前控制文件
备份集内包括当前的 SPFILE
通道 dev1: 正在启动段 1 于 27-1月 -15
通道 dev1: 已完成段 1 于 27-1月 -15
段句柄=D:\APP\DELL\FLASH_RECOVERY_AREA\STSYS\BACKUPSET\2015_01_27\O1_MF_NCSNF_TA
G20150127T231540_BDHBYOF0_.BKP 标记=TAG20150127T231540 注释=NONE
通道 dev1: 备份集已完成, 经过时间:00:00:01
完成 backup 于 27-1月 -15

释放的通道: dev1

RMAN>
```

图 16.15 使用 RMAN 程序进行完全数据库备份

(2) 进行归档日志备份。

```
RUN {
  ALLOCATE CHANNEL dev1 TYPE disk;
  BACKUP ARCHIVELOG ALL;
  RELEASE CHANNEL dev1;
}
```

执行情况如图 16.16 所示。

(3) 使用 LIST BACKUP 命令查看备份信息。

```
LIST BACKUP;
```

执行情况如图 16.17 所示。

图 16.16　使用 RMAN 程序进行归档日志文件备份

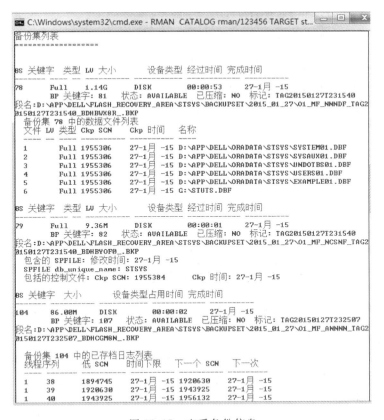

图 16.17　查看备份信息

16.4.4　使用 RMAN 程序进行恢复

需要恢复备份信息，可使用命令还原数据库，对恢复归档日志举例如下。

【例 16.10】　使用 RMAN 程序恢复归档日志。

```
RUN {
    ALLOCATE CHANNEL dev1 TYPE disk;
    RESTORE ARCHIVELOG ALL;
    RELEASE CHANNEL dev1;
}
```

执行情况如图 16.18 所示。

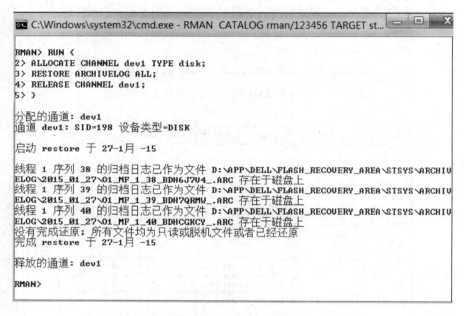

图 16.18　使用 RMAN 程序进行归档日志恢复

16.5　闪回技术

闪回技术可以将 Oracle 数据库恢复到某个时间点。传统的方法进行时间点恢复，可能需要几小时甚至几天时间。闪回技术采用新方法进行时间点的恢复，它能快速地将 Oracle 数据库恢复到以前的时间点，能恢复改变的数据块，而且操作简单，通过 SQL 语句就可实现数据的恢复，从而提高了数据库恢复的效率。

闪回技术分类如下。

（1）查询闪回（Flashback Query）：查询过去某个指定时间点或某个 SCN 段，恢复错误的数据库更新、删除等。

（2）表闪回（Flashback Table）：将表恢复到过去某个时间点或某个 SCN 值时的状态。

（3）删除闪回（Flashback Drop）：将删除的表恢复到删除前的状态。

（4）数据库闪回（Flashback Database）：将整个数据库恢复到过去某个时间点或某个 SCN 值时的状态。

（5）归档闪回（Flashback Data Archive）：可以闪回到指定时间之前的旧数据而不影响重做日志的策略。

16.5.1　查询闪回

查询闪回（Flashback Query）可以查看指定时间点某个表中的数据信息，找到发生误操作前的数据情况，为恢复数据库提供依据。

查询闪回的 SELECT 语句的语法格式如下。

语法格式：

```
SELECT <列名 1> [,<列名 2> [ …n]]
  FROM <表名>
  [AS OF SCN | TIMESTAMP <表达式>]
  [WHERE <条件表达式>]
```

说明：

（1）AS OF SCN　SCN 是系统改变号，从 FLASHBACK _ TRANSACTION _ QUERY 中可以查到，可以进行基于 AS OF SCN 的查询闪回。

（2）AS OF TIMESTAMP 可以进行基于 AS OF TIMESTAMP 的查询闪回，此时需要使用两个时间函数：TIMESTAMP 和 TO_TIMESTAMP。其中，函数 TO_TIMESTAMP 的语法格式为：

```
TO_TIMESTAMP('timepoint', 'format')
```

（3）在 Oracle 内部都是使用 SCN，如果指定的是 AS OF TIMESTAMP，Oracle 也会将其转换成 SCN。TIMESTAMP 与 SCN 之间的对应关系可以通过查询 SYS 模式下的 SMON_SCN_TIME 表获得。

查询闪回操作举例如下。

【**例 16.11**】　使用查询闪回恢复在 stu 表中删除的数据。

操作步骤如下。

（1）使用 system 用户登录 SQL * Plus，查询 stu 表中的数据，删除 stu 表中的数据并提交。

使用 SET 语句在"SQL＞"标识符前显示当前时间。

```
SET TIME ON
```

查询数据。

```
SELECT * FROM stu;
```

备份和恢复

删除 stu 表中的数据并提交。

```
DELETE FROM stu;
COMMIT;
```

执行结果如图 16.19 所示。

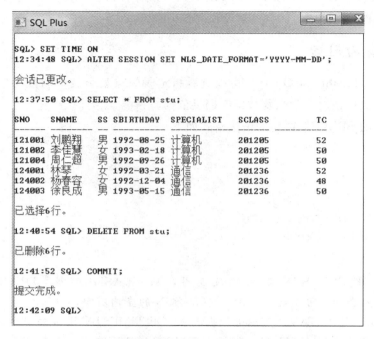

图 16.19 查询 stu 表中的数据，删除该表的数据并提交

（2）进行查询闪回，将闪回中的数据重新插入 stu 表并提交。
进行查询闪回，可看到表中原有数据。

```
SELECT * FROM stu AS OF TIMESTAMP
   TO_TIMESTAMP('2015 - 1 - 28 12:37:50','YYYY - MM - DD HH24:MI:SS');
```

将闪回中的数据重新插入 stu 表并提交。

```
INSERT INTO XSB1
COMMIT;
```

执行结果如图 16.20 所示。

16.5.2 表闪回

表闪回（Flashback Table）将表恢复到过去某个时间点或某个 SCN 值时的状态，为 DBA 提供了一种在线、快速、便捷地恢复对表进行的修改、删除、插入等错误的操作。

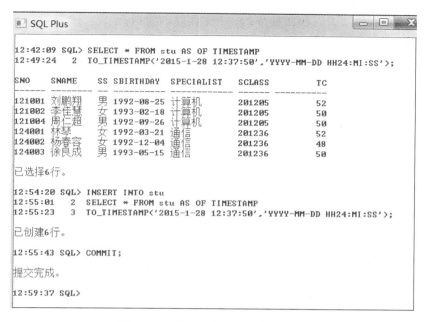

图 16.20　使用查询闪回进行表恢复

表闪回要求用户具有以下权限。

（1）FLASHBACK ANY TABLE 权限或者是该表的 Flashback 对象权限。

（2）有该表的 SELECT、INSERT、DELETE 和 ALTER 权限。

（3）必须保证该表 ROW MOVEMENT。

表闪回有如下特性。

（1）在线操作。

（2）恢复到指定时间点或者 SCN 的任何数据。

（3）自动恢复相关属性，如索引、触发器等。

（4）满足分布式的一致性。

（5）满足数据一致性，所有相关对象的一致性。

使用 FLASHBACK TABLE 语句可以对表进行闪回操作。

语法格式

```
FLASHBACK TABLE [用户方案名.]<表名>
   TO { [BEFORE DROP [RENAME TO <新表名>]]
     | [SCN | TIMESTAMP] <表达式> [ENABLE | DISABLE] TRIGGERS}
```

说明：

（1）SCN：将表恢复到指定的 SCN 时的状态。

（2）TIMESTAMP：将表恢复到指定的时间点。

（3）ENABLE ｜ DISABLE TRIGGER：恢复后是否直接启用触发器。

表闪回操作举例如下。

【例 16.12】 使用表闪回恢复在 cou 表中删除的数据。

操作步骤如下。

(1) 使用 system 用户登录 SQL * Plus，查询 cou 表中的数据，删除 cou 表中的数据并提交。

查询 cou 表中的数据。

```
SET TIME ON;
SELECT * FROM cou;
```

删除 cou 表中的数据并提交。

```
DELETE FROM cou
    WHERE cno = '8001'; /* 删除的时间点为 15:00:30 */
COMMIT;
```

执行结果如图 16.21 所示。

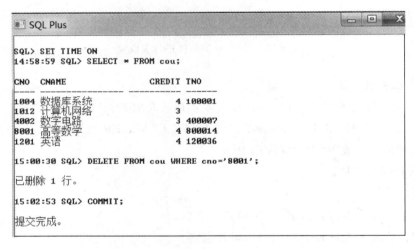

图 16.21 查询 cou 表中的数据，删除该表中数据并提交

(2) 使用表闪回进行恢复。

```
ALTER TABLE cou ENABLE ROW MOVEMENT;

FLASHBACK TABLE cou TO TIMESTAMP
    TO_TIMESTAMP('2015 - 1 - 28 15:00:30','YYYY - MM - DD HH24:MI:SS');
```

执行结果如图 16.22 所示。

16.5.3 删除闪回

删除闪回（Flashback Drop）可恢复使用语句 DROP TABLE 删除的表。

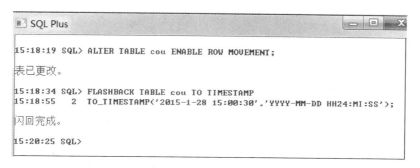

图 16.22　使用表闪回进行恢复

删除闪回功能的实现是通过 Oracle 数据库中的回收站（Recycle Bin）技术实现的。Oracle 在执行 DROP TABLE 操作时，并不立即回收表及其对象的空间，而是将它们重命名后放入一个称为回收站的逻辑容器中保存，直到用户永久删除它们或存储该表的表空间不足时，才真正被删除。

要使用删除闪回功能，需要启动数据库的回收站，通过以下语句设置初始化参数 RECYCLEBIN，可以启用回收站：

```
ALTER SESSION SET RECYCLEBIN = ON;
```

在默认情况下，"回收站"已启动。

删除闪回操作举例如下。

【例 16.13】　使用删除闪回恢复被删除的 st 表。

操作步骤如下。

（1）使用 scott 用户连接数据库，创建 st 表，再删除 st 表。

使用 scott 用户连接数据库，创建 st 表。

```
CONNECT scott/tiger
CREATE TABLE st (stno char(6));
```

删除 st 表

```
DROP TABLE st;
```

（2）使用删除闪回进行恢复。

```
FLASHBACK TABLE st TO BEFORE DROP;
```

执行结果如图 16.23 所示。

16.5.4　数据库闪回

数据库闪回（Flashback Database）能够使数据库快速恢复到以前的某个时间点。

为了能在发生误操作时闪回数据库到误操作之前的时间点上，需要设置下面 3 个

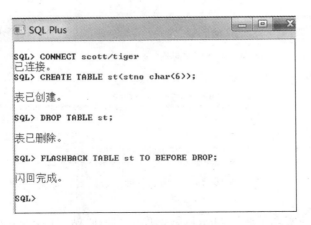

图 16.23　使用删除闪回进行恢复

参数。

(1) DB_RECOVERY_FILE_DEST：确定 FLASHBACK LOGS 的存放路径。

(2) DB_RECOVERY_FILE_DEST_SIZE：指定恢复区的大小，默认值为空。

(3) DB_FLASHBACK_RETENTION_TARGET：设定闪回数据库的保存时间，单位是分钟，默认是一天。

默认情况下，FLASHBACK DATABASE 是不可用的。如果需要闪回数据库功能，DBA 必须配置恢复区的大小，设置数据库闪回环境。

当用户发出 FLASHBACK DATABASE 语句之后，数据库会首先检查所需要的归档文件与联机重建日志文件的可用性。如果可用，则会将数据库恢复到指定的 SCN 或者时间点上。

数据库闪回的语法如下。

语法格式：

```
FLASHBACK [ STANDBY ] DATABASE <数据库名>
{ TO [ SCN | TIMESTAMP ] <表达式>
    |TO BEFORE [ SCN | TIMESTAMP ] <表达式>
}
```

说明：

(1) TO SCN：指定一个系统改变号 SCN。

(2) TO BEFORE SCN：恢复到之前的 SCN。

(3) TO TIMESTAMP：指定一个需要恢复的时间点。

(4) TO BEFORE TIMESTAMP：恢复到之前的时间点。

使用 FLASHBACK DATABASE，必须以 MOUNT 启动数据库实例，设置 FLASHBACK DATABASE 为启用，数据库闪回操作完成后，关闭 FLASHBACK

DATABASE 功能。

　　设置数据库闪回环境举例如下。

　　【例 16. 14】　　设置数据库闪回环境。

　　操作步骤如下。

　　(1) 使用 system 用户登录 SQL * Plus，查询闪回信息。

　　执行以下命令。

SHOW PARAMETER DB_RECOVERY_FILE_DEST

SHOW PARAMETER FLASHBACK

　　执行结果如图 16. 24 所示。

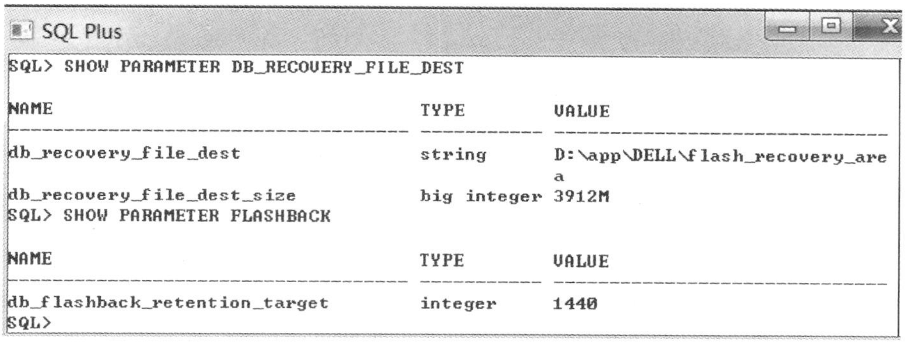

图 16.24　查询闪回信息

　　(2) 以 sysdba 登录，确认实例是否是归档模式。

　　执行命令如下：

CONNECT SYS/123456 AS SYSDBA

SELECT DBID, NAME, LOG_MODE FROM V $ DATABASE;

SHUTDOWN IMMEDIATE;

　　执行结果如图 16. 25 所示。

　　(3) 设置 FLASHBACK DATABASE 为启用。

　　命令如下：

STARTUP MOUNT
ALTER DATABASE FLASHBACK ON;
ALTER DATABASE OPEN;

　　执行结果如图 16. 26 所示。

　　使用数据库闪回操作举例如下。

第16章

备份和恢复

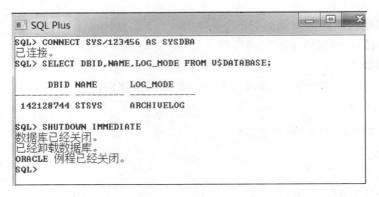

图 16.25　查询当前是否是归档模式

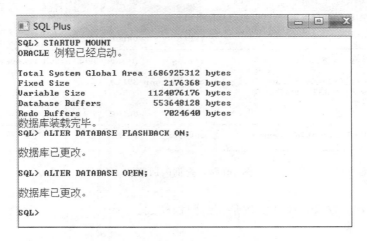

图 16.26　设置 FLASHBACK DATABASE 为启用

【例 16.15】　使用数据库闪回恢复被删除的表 cou1。

操作步骤如下。

（1）查询当前数据库是否是归档模式和启用闪回数据库。

```
SELECT DBID,NAME, LOG_MODE FROM V $ DATABASE;
ARCHIVE LOG LIST
SHOW PARAMETER DB_RECOVERY_FILE_DEST
```

运行结果如图 16.27 所示。

（2）查询当前时间和旧的闪回号。

```
SHOW USER;


SELECT SYSDATE FROM DUAL;
```

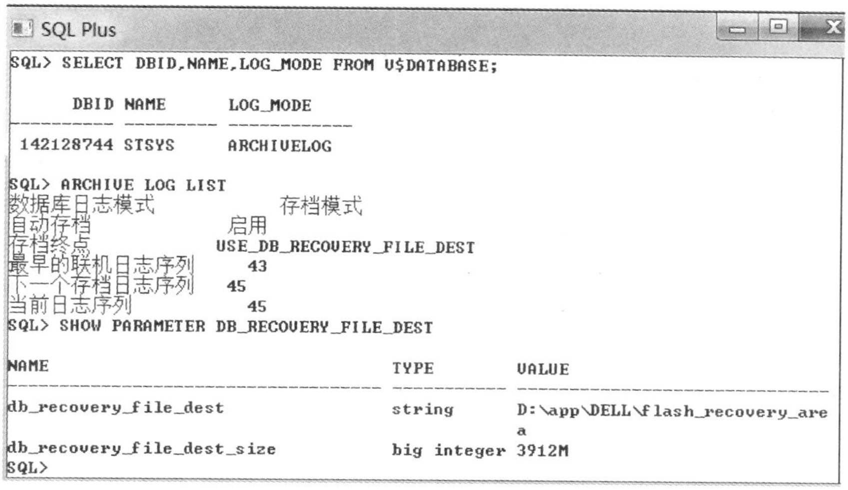

图 16.27　查询是否启用闪回数据库

```
ALTER SESSION SET NLS_DATE_FORMAT = 'YYYY-MM-DD HH24:MI:SS';

SELECT SYSDATE FROM DUAL;

SELECT OLDEST_FLASHBACK_SCN,OLDEST_FLASHBACK_TIME
    FROM V$FLASHBACK_DATABASE_LOG;

SET TIME ON
```

运行结果如图 16.28 所示。

（3）在当前用户下创建 cou1 表，确定时间点，删除 cou1 表。

```
CREATE TABLE cou1 AS SELECT * FROM system.cou;

SELECT SYSDATE FROM DUAL;

DROP TABLE cou1;

DESC cou1;
```

执行结果如图 16.29 所示。

（4）以 MOUNT 打开数据库，使用数据库闪回进行恢复。

```
SHUTDOWN IMMEDIATE;

STARTUP MOUNT EXCLUSIVE;

FLASHBACK DATABASE
```

备份和恢复

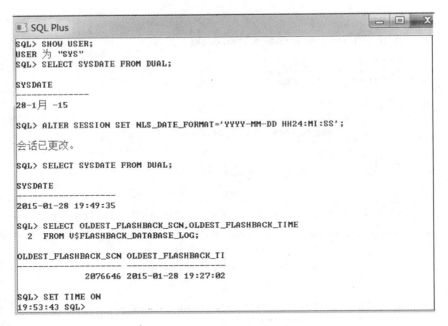

图 16.28　查询当前时间和旧的闪回号

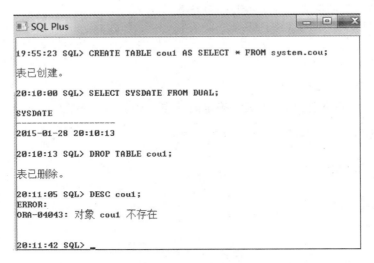

图 16.29　删除 cou1 表

TO TIMESTAMP(TO_DATE('2015 − 1 − 28 20:10:13', 'YYYY − MM − DD HH24:MI:SS'));

ALTER DATABASE OPEN RESETLOGS;

ALTER DATABASE FLASHBACK OFF;

执行结果如图 16.30 所示。

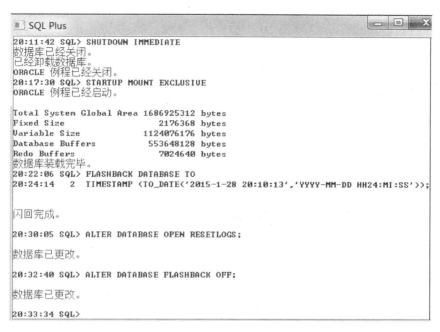

图 16.30　使用数据库闪回进行恢复

16.5.5　归档闪回

Oracle 11g 对闪回技术进行了新的扩展，提出了全新的归档闪回（Flashback Data Archive）方式。Flashback Data Archive 和 Flashback Query 都能查询以前的数据，但实现机制不同，Flashback Query 是通过从重做日志中读取信息来构造旧数据的，而 Flashback Data Archive 是通过将变化数据另外存储到创建的闪回归档区。

创建一个闪回归档区使用 CREATE FLASHBACK ARCHIVE 语句。

语法格式：

```
CREATE FLASHBACK ARCHIVE [DEFAULT] <闪回归档区名称>
    TABLESPACE <表空间名>
    [QUOTA <数字值>{M|G|T|P} ]
    [RETENTION <数字值> {YEAR|MONTH|DAY}];
```

说明：

（1）DEFAULT：指定默认的闪回归档区。

（2）TABLESPACE：指定闪回归档区存放的表空间。

（3）QUOTA：指定闪回归档区的最大大小。

（4）RETENTION：指定闪回归档区可以保留的时间。

使用归档闪回操作举例如下。

【例 16.16】 使用归档闪回恢复删除的 sco 表。

操作步骤如下。

（1）创建闪回归档区。

```
CONNECT system /123456 AS sysdba
CREATE FLASHBACK ARCHIVE DEFAULT DataArchive
   TABLESPACE USERS
   QUOTA 20M
   RETENTION 2 DAY;
```

执行结果如图 16.31 所示。

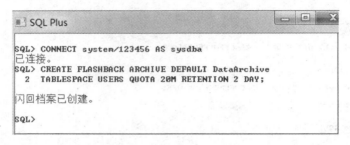

图 16.31 创建闪回归档区

（2）使用 scott 用户连接数据库，创建 sco 表，对 sco 表进行闪回归档设置。

使用 scott 用户连接数据库，创建 sco 表。

```
GRANT SELECT ON SYSTEM. KCB TO scott;
CONNECT scott/tiger
CREATE TABLE sco AS SELECT  *  FROM system. score;
```

对 sco 表执行闪回归档设置。

```
CONNECT system/123456 AS sysdba
ALTER TABLE SCOTT. sco FLASHBACK ARCHIVE DataArchive;
```

执行结果如图 16.32 所示。

（3）使用归档闪回进行恢复。

记录 SCN。

```
SELECT DBMS_FLASHBACK. GET_SYSTEM_CHANGE_NUMBER FROM DUAL;
```

删除 sco 表中的一些数据。

```
DELETE FROM scott. sco WHERE sno = '124001';
COMMIT;
```

执行闪回查询。

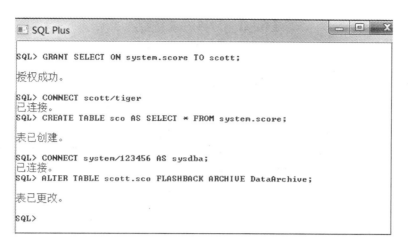

图 16.32　创建 sco 表，对其进行闪回归档设置

SELECT * FROM scott.sco AS OF SCN 2109591;

执行结果如图 16.33 所示，显示的是未删除之前的数据。

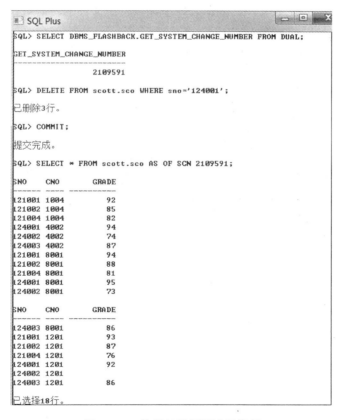

图 16.33　使用归档闪回进行恢复

备份和恢复

16.6 小 结

本章主要介绍了以下内容。

（1）备份（Backup）是数据库信息的一个复制，这个复制包括数据库的控制文件、数据文件和重做日志文件等，将其存储到一个相对独立的设备（例如磁盘或磁带）上，以备数据库出现故障时使用。根据备份方式的不同，备份分为逻辑备份和物理备份两种。根据数据库备份时是否关闭服务器，物理备份分为联机备份和脱机备份两种。根据数据库备份的规模不同，物理备份分为完全备份和部分备份两种。

（2）恢复（Recovery）是指在数据库发生故障时，使用备份还原数据库，使数据库从故障状态恢复到无故障状态。根据故障原因，恢复可以分为实例恢复和介质恢复。根据数据库使用的备份不同，恢复可以分为逻辑恢复和物理恢复。根据数据库恢复程度的不同，恢复可以分为完全恢复和不完全恢复。

（3）逻辑备份与恢复必须在数据库运行状态下进行。逻辑备份与恢复有两类实用程序，一类是使用 Export 和 Import 进行导出和导入；另一类是使用新的数据泵技术 EXPDP 和 IMPDP 进行导出和导入。

（4）脱机备份又称冷备份，是在数据库关闭状态下对于构成数据库的全部物理文件的备份，包括数据库的控制文件、数据文件和重做日志文件等，脱机恢复是用备份文件将数据库恢复到备份时的状态。

（5）联机备份又称热备份，在数据库运行的情况下对数据库进行物理备份。进行联机备份，数据库必须运行在归档日志（ARCHIVELOG）模式下。

RMAN（Recovery Manager）是 Oracle 数据库备份和恢复的主要管理工具之一，它可以方便快捷地对数据库实现备份和恢复，还可保存已经备份的信息以供查询，用户可以不经过实际的还原即可检查已经备份的数据文件的可用性。

（6）闪回技术采用新方法进行时间点的恢复，它能快速地将 Oracle 数据库恢复到以前的时间点，能只恢复改变的数据块，而且操作简单，通过 SQL 语句就可实现数据的恢复，从而提高了数据库恢复的效率。闪回技术包括查询闪回（Flashback Query）、表闪回（Flashback Table）、删除闪回（Flashback Drop）、数据库闪回（Flashback Database）和归档闪回（Flashback Data Archive）等。

习 题 16

一、选择题

1. 使用数据泵导出工具 EXPDP 导出 scott 用户所有对象时，应选的选项是_____。

    A. TABLES   B. SCHEMAS

    C. FULL   D. TABLESPACES

2. 执行 DROP TABLE 误操作后，不能采用_____方法进行恢复。

A. FLASHBACK DATABASE   B. 数据库时间点恢复

C. FLASHBACK QUERY   D. FLASHBACK TABLE

3. 实现冷备份的关机方式是_____。

A. SHUTDOWN ABORT   B. SHUTDOWN NORMAL

C. SHUTDOWN TRANSTCTION   D. 以上 A、B 和 C 都是

4. 当误删除表空间的数据文件后，可在_____状态下恢复其数据文件。

A. NOMUNT   B. MOUNT

C. OPEN   D. OFFLINE

二、填空题

1. 在恢复 Oracle 数据库时，必须先启用_____模式，才能使数据库在磁盘故障时得到恢复。

2. 打开恢复管理器的命令是_____。

3. 对创建的 RMAN 用户必须授予_____权限，然后该用户可才能连接到恢复目录数据库。

4. 使用 STARTUP 命令启动数据库时，添加_____选项，可以实现只启动数据库实例，不打开数据库。

5. 当数据库处于 OPEN 状态时备份数据库文件，要求数据库处于_____日志操作模式。

三、应用题

1. 使用 Export 导出 stsys 数据库的 course 表。

2. 使用 EXPDP 导出 stsys 数据库的 teacher 表，删除 teacher 表后，再用 IMPDP 导入。

3. 使用表闪回恢复在 score 表中删除的数据。

第17章　Java EE 开发基础

 **本章要点**

- Java EE 传统开发和框架开发
- JDK 安装和配置
- Tomcat 安装和测试
- MyEclipse 安装和配置
- Java EE 项目开发
- 创建对 Oracle 11g 的连接

Java EE 是目前流行的企业级应用开发框架，它是一个含有多种技术标准的集合，为了在 MyEclipse 集成开发环境下进行 Java EE 项目开发，本章介绍 Java EE 传统开发和框架开发、JDK 安装和配置、Tomcat 安装和配置、MyEclipse 安装和配置、Java EE 项目开发、简单的 Web 项目开发、项目的导出和导入、创建对 Oracle 11g 的连接等内容。

17.1　Java EE 传统开发和框架开发

Java 语言是 Sun Microsystems 公司在 1996 年推出的一种新的完全面向对象的编程语言，根据应用领域划分为 3 个平台。

（1）Java Standard Edition：简称 Java SE，Java 平台标准版，用于开发台式机、便携机应用程序。

（2）Java Enterprise Edition：简称 Java EE，Java 平台企业版，用于开发服务器端程序和企业级的软件系统。

（3）Java Micro Edition：简称 Java ME，Java 平台微型版，用于开发手机、掌上电脑等移动设备使用的嵌入式系统。

初学 Java 语言使用 Java SE，目前开发企业级 Web 应用流行的平台是 Java EE。

17.1.1　Java EE 传统开发

1. HTML 语言

HTML（Hyper Text Markup Language，超文本标记语言）是用于描述网页的一

种标记语言，它定义了许多排版命令，这些命令称为标记（Tag），HTML 将这些标记嵌入到 Web 页面中，构成 HTML 文档，它们以 .html 或 .htm 为后缀。

HTML 是标准通用型标记语言 SGML（Standard Generalized Markup Language）的一个应用，其他各种电子文档也都有描述其自身的标记语言，而这些语言有一个共同的祖先 SGML。

HTML 语言有着广泛的应用，成千上万的绚丽多彩的网站就是基于 HTML 语言设计的。

2. XML 语言

XML（eXtensible Markup Language，可扩展标记语言）是 SGML 的一个子集，用于在不同的商务过程中共享数据，或者对系统功能进行配置。

XML 重新定义了 SGML 的一些内部值和参数，去掉大量很少用到的功能，推出新型文档类型，并使网站设计者可以定义自己的文档类型，由于提供了统一的方法来描述和交换独立于应用程序或供应上的结构化数据，XML 成为 Web 应用中数据交换的唯一公共语言和一种新的网上数据交换标准。

XML 与 HTML 的区别是 HTML 用于显示数据，XML 用于传输和存储数据。

3. XHTML 语言

XHTML（The eXtensible Hyper Text Markup Language，可扩展超文本标记语言）是基于 XML 的标记语言，与 HTML 有些相像，只有一些小区别（但很重要），例如所有标签必须闭合、所有标签必须小写等。XHTML 是一种增强了的 HTML，它结合了 XML 的强大功能和 HTML 的简单特性。

4. JSP

JSP（Java Server Pages）页面由 HTML 代码和嵌入其中的 Java 代码所组成。服务器在页面被客户端所请求以后，对这些 Java 代码进行处理，然后将生成的 HTML 页面返回给客户端的浏览器。

JSP 是在传统的网页 HTML 文件（*.htm，*.html）中插入 Java 程序段（Scriptlet）和 JSP 标记（tag），从而形成 JSP 文件（*.jsp）。Java Servlet 是 JSP 的技术基础。

JSP 和 Java Servlet 都是在服务器端执行的，返回给客户端的是 HTML 文档，客户端只要有浏览器即可浏览。

5. Model 1 开发模型

由一组 JSP 页面组成，并在 JSP 页面中同时实现显示、流程控制和业务逻辑，这种以 JSP 为中心的开发模型称为 Model 1，Java EE 传统开发采用 Model 1 模型，如图 17.1 所示。

上述开发模型在进行快速和小规模应用开发时具有优势，但有以下缺点。

- 应用实现一般是基于过程的，如需进行改动，许多地方必须进行修改，不利于应用的扩展和更新。
- 业务逻辑和表示逻辑混合在 JSP 页面中，没有进行抽象和分离，不利于应用系统的重用和改动。

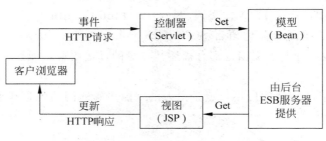

图 17.1　Model 1 模型

因此，在开发大型 Web 应用时必须采用新的设计模型，称为 Model 2，即 Java EE 框架开发。

17.1.2　Java EE 框架开发

1. MVC 思想与框架

MVC（Model，View，Controller）是软件开发过程中流行的设计思想，它是一种设计模式而不是一种编程技术。

M（Model，模型）：封装应用程序的数据结构和事务逻辑，负责数据的存取。

V（View，视图）：它是模型的外在表现，负责页面的显示。

C（Controller，控制器）：将模型和视图联系到一起，负责将数据写到模型中并调用视图。

由于将程序分为不同的模块，显示、业务逻辑、过程控制都相互独立，从而降低了它们的耦合性，提高了应用的可扩展性及可维护性，如图 17.2 所示。

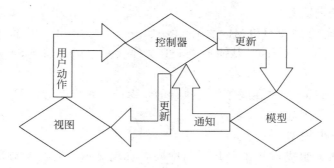

图 17.2　MVC 思想

然而，MVC 只是一种设计思想，还需要项目开发的规范化和标准化，这就形成了框架的概念，MVC 模式是框架的基础，为规范 MVC 开发而发布的框架。在 Java EE 中框架很多，这里将重点介绍三大主流框架：Struts、Hibernate、Spring 和它们相互之间的整合。

2. Struts 框架

MVC 模式的提出改变程序的设计思路，但代码的规范性还是很差，Struts 是为了规范 MVC 开发而发布的一个框架，实现了 MVC 模式，具有组件的模块化、灵活性和重用性的优点，帮助程序员减少在运用 MVC 设计模型来开发 Web 应用的时间。Struts 是一个开放源代码的框架，已从 Struts 1 发展到 Struts 2，本书介绍 Struts 2。

3. Hibernate 框架

Hibernate 也是一个开放源代码的框架，它对 JDBC 进行了非常轻量级的对象封装，把对象模型表示的对象映射到基于 SQL 的关系数据模型中去，使得 Java 程序员可以使用对象编程方法来操纵数据库。

4. Spring 框架

Spring 框架是一个从实际开发中抽取出来的框架，完成了大量开发中的通用步骤，从而提高了企业应用的开发效率。

17.2　JDK 安装和配置

在进行 Java EE 开发时，需要 Java SE 的支持，为方便软件开发的进行，需要安装 Java SE 开发环境 JDK（Java 2 Software Development Kit，Java 软件开发包）。

17.2.1　JDK 下载和安装

JDK 可以在 Oracle 公司的官方网站下载，网址如下：

http://www.oracle.com/technetwork/java/index.html

在浏览器地址栏中键入上述地址后，可以看到 Java SE SDK 的下载版本，本书下载的是当前流行版本 Java SE7。

本书在 Windows 平台下进行开发，必须下载 Windows 版本，下载之后得到的可执行文件为 jdk-7u67-windows-x64。

双击下载后的安装文件 jdk-7u67-windows-x64，出现"许可证"窗口后，单击"接受"按钮。在"自定义安装"窗口中，使用默认选项，单击"下一步"按钮，即可进行安装。

本书的安装目录是 C:\Program Files \ Java \ jdk1.7.0_67。

17.2.2　JDK 配置

通过设置系统环境变量，告诉 Windows 操作系统 JDK 的安装位置，环境变量设置方法如下。

1. 设置系统变量 Path

在"开始"菜单中，选择"控制面板"→"系统"→"高级系统设置"→"环境变量"，出现图 17.3 所示的"环境变量"对话框。

在"系统变量"中找到变量名为 Path 的变量，单击"编辑"按钮，弹出"编辑系统变量"对话框，在"变量值"文本框中输入 JDK 的安装路径 C:\Program Files \ Java \ jdk1.7.0_67 \ bin，如图 17.4 所示，单击"确定"按钮完成配置。

图 17.3 "环境变量"对话框

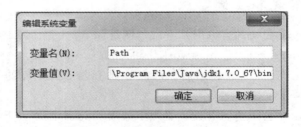

图 17.4 编辑变量 Path

2. 设置系统变量 JAVA_HOME

在"系统变量"中单击"新建"按钮，弹出"新建用户变量"对话框，在"变量名"文本框中输入"JAVA_HOME"，在"变量值"文本框中输入 JDK 的安装路径 C:\Program Files \ Java \ jdk1.7.0_67，如图 17.5 所示，单击"确定"按钮完成配置。

图 17.5 新建变量 JAVA_HOME

17.2.3　JDK 安装测试

选择"开始"→"运行"菜单项，输入 cmd，进入 DOS 界面，在命令行输入 java -version，如果系统显示当前 JDK 的版本，则 JDK 安装成功，如图 17.6 所示。

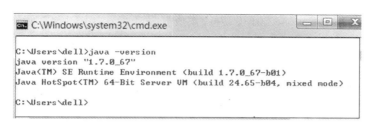

图 17.6　JDK 安装测试

17.3　Tomcat 安装

Tomcat 是一个 Servlet/JSP 容器，它是一个开发和配置 Web 应用和 Web 服务的有用平台。Tomcat 是 Java EE 系列的软件服务器之一，本书以 Tomcat 7.0.30 服务器为例进行介绍。

在浏览器地址栏中输入 http://tomcat.apache.org，可以对 Tomcat 的下载版本进行下载。

下面介绍 Tomcat 安装过程。

(1) 双击下载后的安装文件 apache-tomcat-7.0.30.exe，开始安装。

(2) 在"选择安装内容"窗口中，采用默认内容。

(3) 在"配置选择"窗口中，连接端口、登录名和密码也采用默认值。

(4) 在"JVM 路径选择"窗口中，设定 JVM 路径 C:\Program Files\Java\jre7。

(5) 在"Tomcat 安装路径选择"窗口中，默认路径 D:\Tomcat\apache-tomcat-7.0.30。

单击 Install 按钮开始安装，直至安装完成。

17.4　MyEclipse 安装和配置

IDE（Integrated Development Environment，集成开发环境）是帮助用户进行快速开发的软件，MyEclipse 是 Java 系列的 IDE 之一，作为用于开发 Java EE 的 Eclipse 插件集合，它是 EclipseIDE 的扩展。MyEclipse 是功能强大的 Java EE 集成开发环境，完整支持 HTML/XHTML、JSP、CSS、JavaScript、SQL、Struts、Hibernate 和 Spring 等各种 Java EE 的标准和框架。

17.4.1　MyEclipse 下载和安装

双击 MyEclipse 的安装软件 myeclipse-pro-2013-SR2-offline-installer-windows. exe，开始安装，按照向导步骤完成安装。

单击"开始"→"所有程序"→ MyEclipse → MyEclipse 2013 → MyEclipse Professional，启动 MyEclipse 2013，进入集成开发环境，如图 17.7 所示。

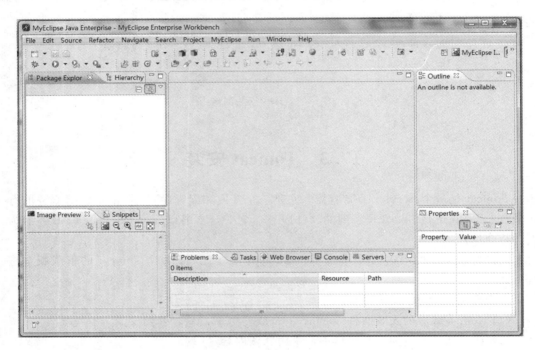

图 17.7　MyEclipse 2013

17.4.2　MyEclipse 配置

MyEclipse 虽然内置了 JDK 和 Tomcat，但这里指定使用 jdk1.7.0_67 和 Tomcat 7.0.30，需要进行配置。

1. 配置 JRE

配置 JRE 的步骤如下。

（1）启动 MyEclipse，选择菜单 Window→Preference，出现 Preference 对话框，选择左边目录树中的 Java→Install JREs，如图 17.8 所示。

（2）在图 17.8 中，本书不用默认的 JRE 选项，单击 Add 按钮，出现 Add JRE 对话框。

（3）单击 Directory 按钮，出现"浏览文件夹"对话框，指定 jdk1.7.0_67 的路径：C:\Program Files \ Java \ jdk1.7.0_67，如图 17.9 所示。

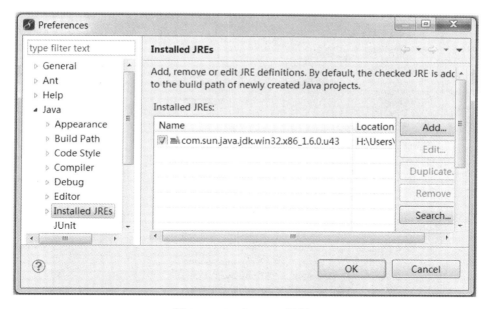

图 17.8　Preference 对话框

图 17.9　指定 jdk1.7.0_67 的路径

（4）单击"确定"按钮，返回 Add JRE 对话框，如图 17.10 所示，单击 Finish
按钮。

（5）返回 Preference 对话框，如图 17.11 所示，单击 Ok 按钮，完成 JRE 配置。

2. 集成 MyEclipse 和 Tomcat

集成 MyEclipse 和 Tomcat 的步骤如下。

（1）启动 MyEclipse，选择菜单 Window→Preference，出现 Preferences 对话框，
展开左边目录树中的 MyEclipse→Servers→Tomcat→Tomcat 7.x，在右边激活 Tomcat
7.x，设置路径：D:\Tomcat \ apache-tomcat-7.0.30，如图 17.12 所示。

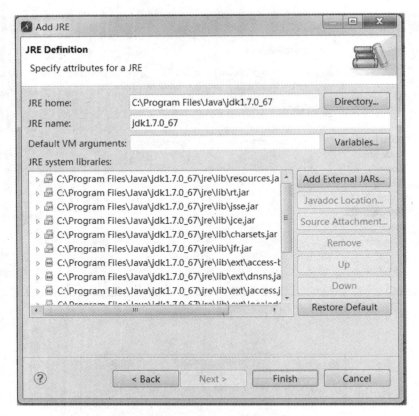

图 17.10　返回 Add JRE 对话框

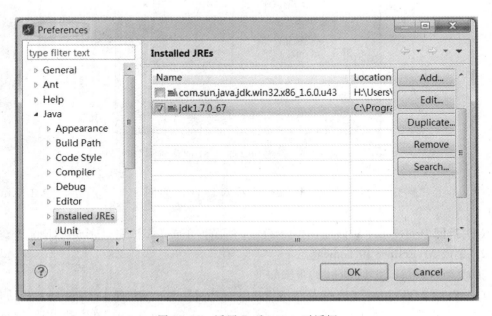

图 17.11　返回 Preferences 对话框

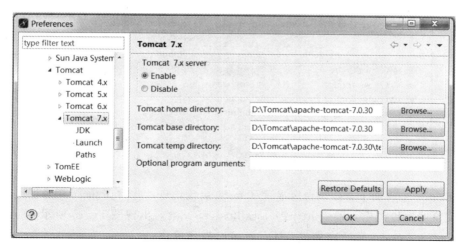

图 17.12　激活 Tomcat 7.x 设置路径

（2）继续展开左边目录树中的 MyEclipse→Servers→Tomcat→Tomcat 7.x→JDK，设置 Tomcat 7.x 默认运行环境为 jdk1.7.0_67，如图 17.13 所示，单击 Ok 按钮，完成 MyEclipse 和 Tomcat 的集成。

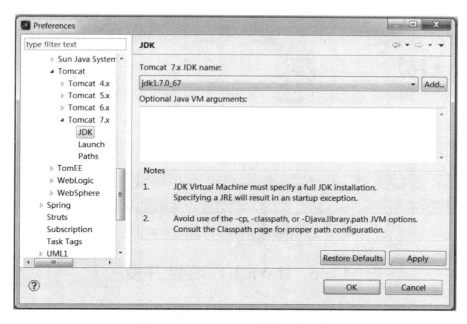

图 17.13　Tomcat 7.x 默认运行环境

3. 在 MyEclipse 中启动 Tomcat

在 MyEclipse 工具栏，单击 Run/Stop/Restart MyEclipse Servers 按钮 的下拉箭头，选择 Tomcat 7.x→Start，在 MyEclipse 中启动 Tomcat，如图 17.14 所示。

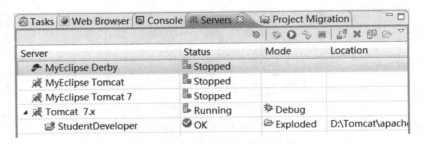

图 17.14　在 MyEclipse 中启动 Tomcat

MyEclipse 主界面下方控制台区显示 Tomcat 启动信息，此时 Tomcat 服务器已启动。

在浏览器地址栏中，输入 http://localhost：8080/，出现图 17.15 所示界面，表示 MyEclipse 和 Tomcat 已紧密集成，IDE 环境已搭建成功。

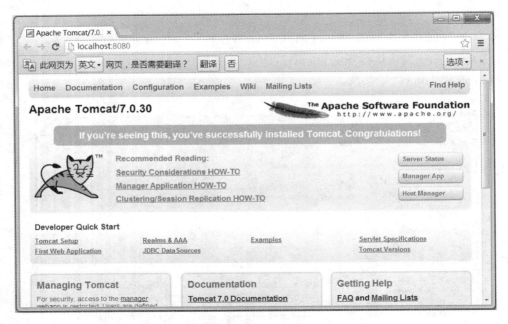

图 17.15　MyEclipse 和 Tomcat 已紧密集成

17.5　Java EE 项目开发

17.5.1　简单的 Java 项目开发

一个简单的 Java 项目开发介绍如下，运行结果将在控制台打印出"Hello Java!"，项目完成后的目录树如图 17.16 所示。

在 Java 项目目录树中，各个目录介绍如下。

（1）src 目录：src 是一个源代码文件夹（Source folder），用于存放 Java 源代码，当 Java 源代码放入 src 中，MyEclipse 会自动编译。

（2）JRE System Library 目录：存放环境运行需要的类库。

项目开发过程如下。

【例 17.1】 开发一个简单的 Java 项目 JavaProj。

（1）创建 Java 项目。

启动 MyEclipse，选择菜单 File→New→

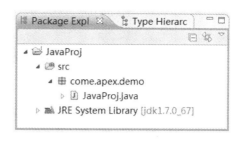

图 17.16 Java 项目目录树

Java Project，出现图 17.17 所示的"创建 Java 项目"对话框，在 Project name 文本框中输入 JavaProj，在 JRE 栏，保持默认的 Use default JRE（currently 'jdk1.7.0_67'），其他选项也保持默认，单击 Finish 按钮。

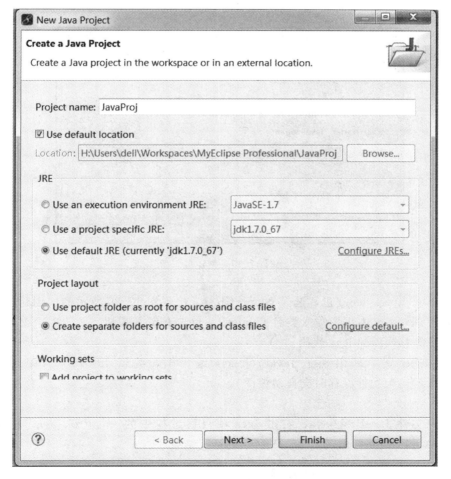

图 17.17 创建 Java 项目

第 17 章

Java EE 开发基础

在 MyEclipse 左边生成了一个 JavaProj 项目，如图 17.18 所示。

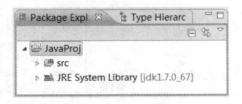

图 17.18　Java 项目 JavaProj

（2）创建包和类。

右击 src 文件夹，选择 New→Package，出现图 17.21 所示的创建包对话框，在 Name 文本框中输入包名 com. apex. demo，单击 Finish 按钮，在项目目录树中会看到图 17.19 所示的 com. apex. demo 包。

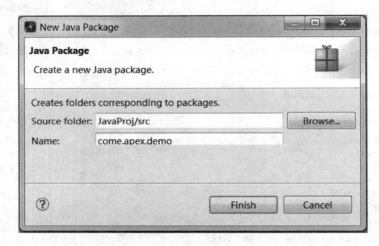

图 17.19　创建包

右击 com. apex. demo 包，选择 New→Class，出现图 17.20 所示的"创建 Java 类"对话框，在 Name 文本框中输入类名 JavaProj，单击 Finish 按钮。

（3）编辑 JavaProj. java 代码。

在 MyEclipse 中部出现了 JavaProj. java 编辑框，编辑 JavaProj. java 代码，如图 17.21 所示，源文件保存时会自动编译。

（4）运行。

保存源文件 JavaProj. java，右击 Java 项目目录树中的 JavaProj. java，选择 Run As→Java Application，出现图 17.22 所示的运行结果。

17.5.2　简单的 Web 项目开发

下面介绍一个简单的 Web 项目开发，运行结果将在浏览器中打印出"Hello

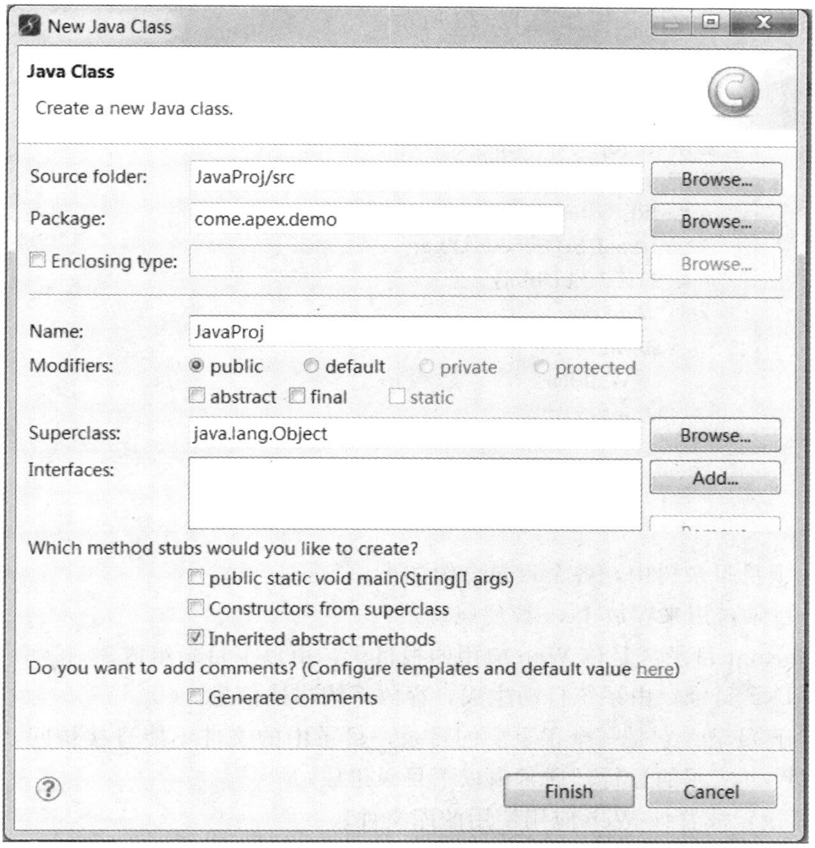

图 17.20　创建 Java 类

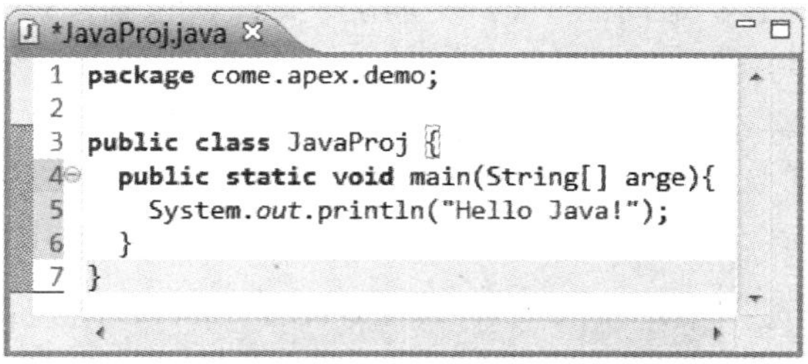

图 17.21　编辑 JavaProj.java 代码

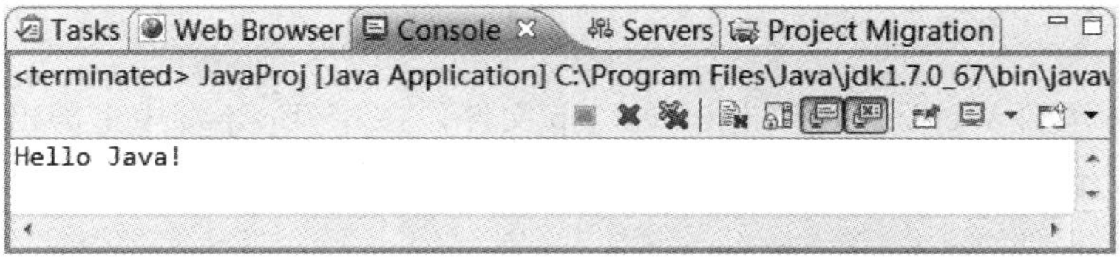

图 17.22　Java 项目 JavaProj 运行结果

Java EE 开发基础

Web!"，项目完成后的目录树如图 17.23 所示。

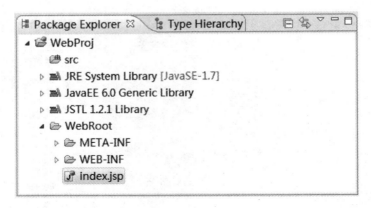

图 17.23　Web 项目目录树

在 Web 项目目录树中，各个目录介绍如下。

（1）src 目录：用来存放 Java 源代码。

（2）WebRoot 目录：是该 Web 应用的根目录，由以下目录组成。

META-INF 目录：由系统自动生成，存放系统描述信息。

WEB-INF 目录：它是一个很重要的目录，目录中的文件不能直接访问，通过间接的方式支持 Web 应用的运行，通常由以下目录组成。

- lib 目录：放置该 Web 应用使用的库文件。
- web.xml 文件：Web 项目的配置文件。
- classes 目录：存放编译后的 .class 文件。

其他目录和文件：主要是网站中的一些用户文件，包括 JSP 文件、HTML 网页、CSS 文件和图像文件等。

【例 17.2】　开发一个简单的 Web 项目 WebProj。

项目开发过程如下。

（1）创建 Web 项目。

启动 MyEclipse，选择菜单 File→New→Web Project，出现图 17.24 所示的创建 Web 项目对话框，在 Project name 文本框中输入 WebProj，其他选项也保持默认，单击 Finish 按钮。

在 MyEclipse 左边生成了一个 WebProj 项目，如图 17.25 所示。

（2）创建 JSP。

展开 Web 项目 WebProj，双击 index.jsp 文件，在 MyEclipse 中上部出现 index.jsp 编辑框，编辑 index.jsp 代码，如图 17.26 所示。

（3）部署。

创建 JSP 后，必须将 Web 项目放到 Tomcat 服务器中去运行，称为部署 Web 项目。

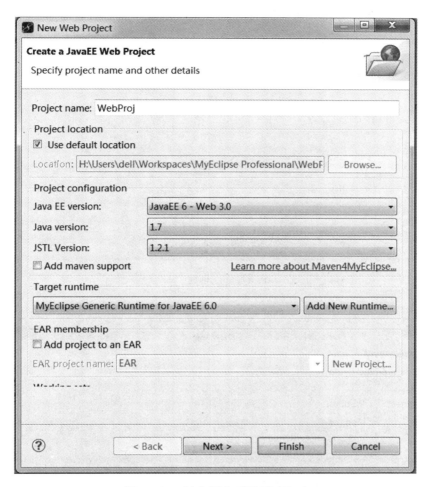

图 17.24　创建 Web 项目 WebProj

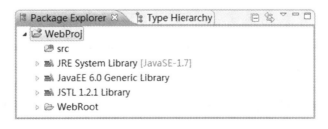

图 17.25　Web 项目 WebProj

　　单击工具栏中的 Deploy MyEclipse J2EE to Server 按钮，在弹出的对话框中，单击 Add 按钮，出现"新部署"对话框，在 Server 栏目中选择 Tomcat 7.x，如图 17.27 所示，单击 Finish 按钮。

图 17.26　创建 JSP

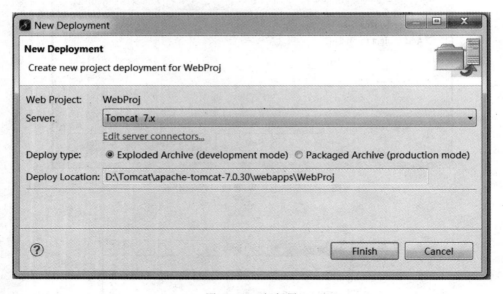

图 17.27　新部署

出现"项目部署"对话框，如图 17.28 所示，单击 OK 按钮，部署成功。

在 MyEclipse 中下部，单击 Server 按钮，单击 Tomcat 7. x 左边下拉箭头，下边一行显示项目 WebProj 已部署到 Tomcat 中，如图 17.29 所示。

（4）运行。

在 MyEclipse 工具栏，单击 Run/Stop/Restart MyEclipse Servers 按钮 的下拉箭头，选择 Tomcat 7. x→Start，在 MyEclipse 中启动 Tomcat，如图 17.30 所示。

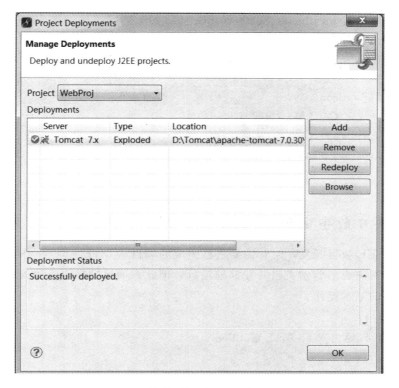

图 17.28　项目部署

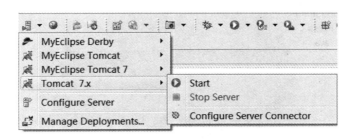

图 17.29　项目 WebProj 已部署到 Tomcat

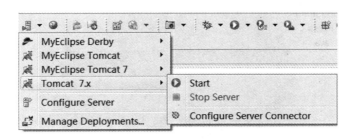

图 17.30　启动 Tomcat

Java EE 开发基础

在浏览器中输入 localhost：8080/WebProj/，回车后，出现如图 17.31 所示的运行结果"Hello Java EE"。

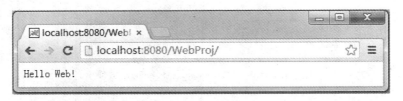

图 17.31　Web 项目 WebProj 运行结果

17.5.3　项目的导出和导入

从事 Java EE 项目开发，时常需要将已完成的项目从 MyEclipse 工作区备份到其他机器上，也常常需要借鉴别人已开发好的项目，因此，项目的导出、导入和移除在开发工作中是重要的基本操作。

1. 导出项目

【例 17.3】　导出 Web 项目 WebProj。

项目导出过程如下。

（1）右击项目名 WebProj，在弹出的菜单中选择 Export 菜单项，出现 Export 对话框，选择 General→File System，单击 Next 按钮，如图 17.32 所示。

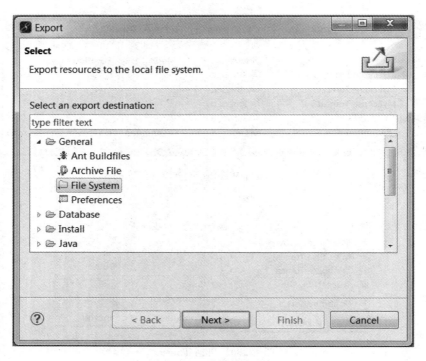

图 17.32　选择导出目标

（2）单击 Browse 按钮，选择存盘路径，这里是 D:\Wp，如图 17.33 所示。

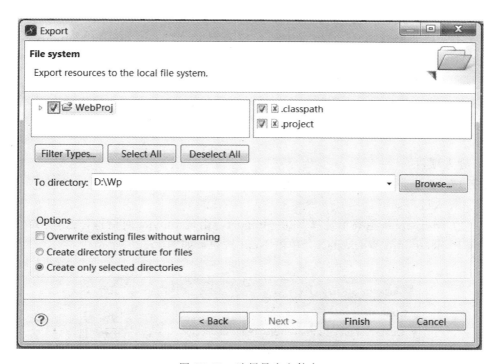

图 17.33　选择导出文件夹

单击 Finish 按钮，导出完成，可在该路径下找到导出的项目。

2. 移除项目

【例 17.4】　移除 Web 项目 WebProj。

项目移除过程如下。

（1）右击项目名 WebProj，在弹出的菜单中选择 Delete 菜单项，出现 Delete Resources 对话框，单击 OK 按钮，如图 17.34 所示，此时，MyEclipse 右边项目目录树中的项目 WebProj 已消失，表明已被移除。

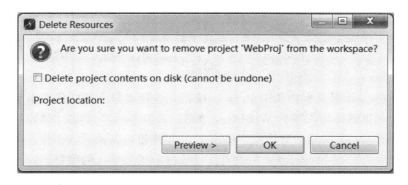

图 17.34　确认移除项目

Java EE 开发基础

注意: 移除之后的项目文件仍然存在于工作区目录下,需要时可重新导入。

---

(2) 若要彻底删除项目,只需在图 17.34 中勾选"Delete project contents on disk (cannot be undone)"复选框,单击 OK 按钮,即将该项目的源文件一并删除。

注意: 读者应及时移除暂时不运行的项目,养成"运行一个,导入一个,运行完即移除,需要时再导入"的良好习惯。

---

3. 导入项目

【**例 17.5**】 导入 Web 项目 WebProj。

项目导入过程如下。

(1) 在 MyEclipse 主菜单选择 File→Import,出现 Import 对话框,选择 General→Existing Projects into Workspace,单击 Next 按钮,如图 17.35 所示。

图 17.35 导入已存在的项目

(2) 出现 Import 对话框,单击 Browse 按钮,选择要导入的项目,出现"浏览文件夹"对话框,这里选择导入项目 WebProj,如图 17.36 所示,单击"确定"按钮。

(3) 出现图 17.37 所示的对话框,单击 Finish 按钮,完成导入工作。

导入完成后,可在 MyEclipse 左边项目目录树中找到导入的项目。

图 17.36　导入项目 WebProj

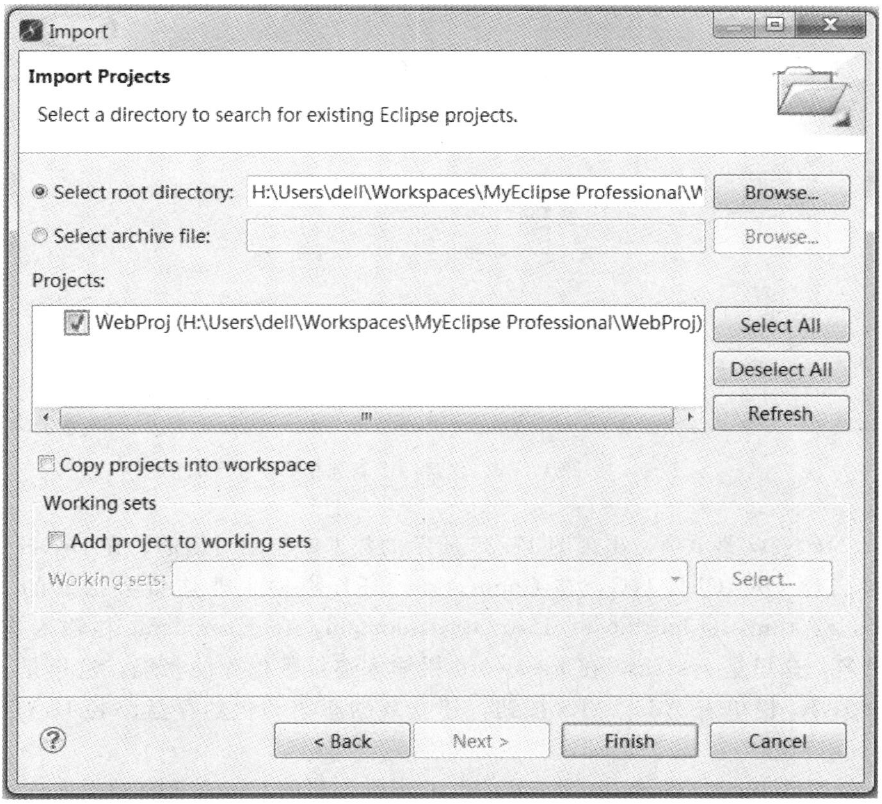

图 17.37　完成导入

第
17
章

Java EE 开发基础

17.6　创建对 Oracle 11g 的连接

下面介绍在 MyEclipse 中，创建对 Oracle 11g 的连接步骤。

【例 17.6】　创建对 Oracle 11g 的连接。

（1）下载 Oracle 11g 的数据库驱动包 ojdbc6.jar，保存在一个目录下，这里是 G:\DBConn。

（2）启动 MyEclipse，选择 Window → Open Perspective → MyEclipse Database Explorer 菜单项，打开 MyEclipse Database 浏览器，右击 MyEclipse Derby，如图 17.38 所示。

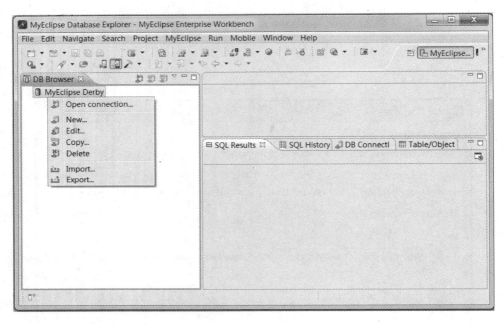

图 17.38　创建一个新连接

（3）选择 New 菜单项，出现图 17.39 所示的数据库驱动对话框，在 Driver name 栏填入连接名称 ORACLE 11G，在 Connection URL 栏输入要连接数据库的 URL 为 jdbc：oracle：thin：@localhost：1521/stsys.domain，在 User name 栏输入连接数据库的用户名，这里是 system，在 Password 栏输入连接数据库的密码，这里是 123456，在 Driver JARs 栏单击 Add JARs 按钮，建立数据库驱动包的存盘路径 D:\DBConn，单击 Finish 按钮。

（4）在 MyEclipse Database 浏览器中，右击刚创建的 Oracle 11g 数据库连接，选择 Open connection 菜单项，打开该数据连接，如图 17.40 所示。

（5）出现"打开该数据连接"对话框，在 Username 栏输入用户名 system，在 Password 栏输入密码 123456，单击 OK 按钮，如图 17.41 所示。

图 17.39 编辑数据库连接驱动

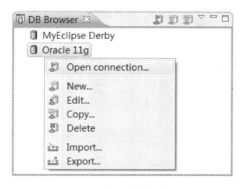

图 17.40 打开数据库连接

Java EE 开发基础

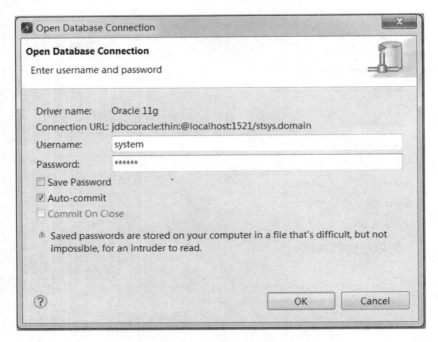

图 17.41 输入连接用户名和密码

（6）出现"MyEclipse Database 浏览器"窗口，可以看到 stsys 数据库中的 student 表，就像在 SQL Developer 中看到的一样，表明 MyEclipse 和 Oracle 11g 已成功连接，如图 17.42 所示。

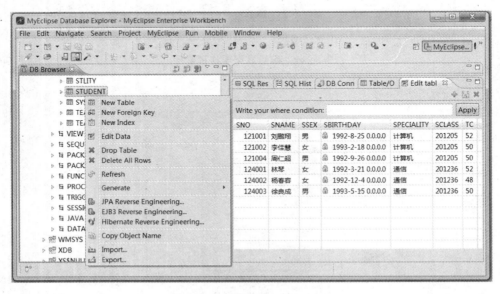

图 17.42 MyEclipse 和 Oracle 11g 连接成功

17.7　小　　结

本章主要介绍了以下内容。

（1）Java 语言根据应用领域划分为 3 个平台：Java SE，Java 平台标准版，用于开发台式机、便携机应用程序；Java EE，Java 平台企业版，用于开发服务器端程序和企业级的软件系统；Java ME，Java 平台微型版，用于开发手机、掌上电脑等移动设备使用的嵌入式系统。

（2）MVC（Model，View，Controller）是软件开发过程中流行的设计思想，M（Model，模型）指封装应用程序的数据结构和事务逻辑，负责数据的存取；V（View，视图）是模型的外在表现，负责页面的显示；C（Controller，控制器）将模型和视图联系到一起，负责将数据写到模型中并调用视图。

MVC 只是一种设计思想，还需要项目开发的规范化和标准化，这就形成了框架的概念，MVC 模式是框架的基础，为规范 MVC 开发而发布的框架。在 Java EE 中三大主流框架指 Struts、Hibernate、Spring 和它们相互之间的整合。

（3）在进行 Java EE 开发时，需要 Java SE 的支持，为方便软件开发的进行，需要安装 Java SE 开发环境 JDK（Java 2 Software Development Kit，Java 软件开发包），本书的安装目录是 C:\Program Files \ Java \ jdk1.7.0_67。

Tomcat 是一个 Servlet/JSP 容器，它是一个开发和配置 Web 应用和 Web 服务的有用平台。Tomcat 是 Java EE 系列的软件服务器之一，本书以 Tomcat 7.0.30 服务器为例进行介绍。

MyEclipse 是 Java 系列的 IDE 之一，作为用于开发 Java EE 的 Eclipse 插件集合，它是 EclipseIDE 的扩展。MyEclipse 是功能强大的 Java EE 集成开发环境，完整支持 HTML/XHTML、JSP、CSS、JavaScript、SQL、Struts、Hibernate 和 Spring 等各种 Java EE 的标准和框架。

本书使用 MyEclipse 2013 开发环境，并集成 jdk1.7.0_67 和 Tomcat 7.0.30。

（4）在 Java EE 项目开发中，介绍了简单的 Java 项目开发和简单的 Web 项目开发，项目的导出、移除和导入。

（5）介绍了在 MyEclipse 中，创建对 Oracle 11g 连接的步骤。

习　题　17

一、选择题

1. 下面选项中不是 MVC 的基本部分的是_____。
   A. Management　　B. Model　　　　C. View　　　　　D. Controller
2. Java EE 三大主流框架不包括_____。
   A. Struts　　　　B. Hibernate　　C. JSF　　　　　D. Spring

二、填空题

1. Java 语言可划分的 3 个平台是_____、_____和_____。

2. 传统开发的缺点是_____、_____。

3. SSH 的表示层用_____，业务层用_____，持久层用_____。

4. Model 1 包括_____和_____两部分。

5. Java EE 三大主流框架是_____、_____和_____。

6. 彻底删除和移除不同的是_____。

三、应用题

1. 分别下载、安装和配置 JDK、Tomcat、MyEclipse，搭建 MyEclipse 集成环境。

2. 开发一个简单的 Java 项目和一个简单的 Web 项目。

3. 进行项目的导入、导出和移除等上机实验。

4. 做 MyEclipse 和 Oracle 11g 连接的实验。

第18章 Java EE 和 Oracle 11g 学生成绩管理系统开发

本章要点

- 系统构成
- 持久层开发
- 业务层开发
- 表示层开发

在介绍 Java EE 项目开发基础和 Java EE 开发环境的基础上，本章介绍使用 3 个框架 Struts、Spring 和 Hibernate 的整合来开发 Oracle 应用系统——学生成绩管理系统。

18.1　系　统　构　成

本节介绍开发框架的整合和应用系统的层次划分。

18.1.1　整 合 原 理

在项目开发过程中，需要将 Struts、Spring 和 Hibernate 3 个框架进行整合。

Web 应用在职责上分为表示层（Presentation Layer）、业务层（Business Layer）、持久层（Persistence Layer），每个层应功能明确、相互独立、通过一个通信接口相互联系。

使用上述 3 个开源框架的策略为：表示层用 Struts，业务层用 Spring，持久层用 Hibernate，该策略简称为 SSH，如图 18.1 所示。

图 18.1　Struts＋Spring＋Hibernate 架构

从图中可以看出，前端使用 Struts 充当视图层和控制层，普通的 Java 类为业务逻辑层，后端采用 Hibernate 充当数据访问层，而 Spring 主要运行在 Struts 和 Hibernate 的中间，通过控制反转让控制层间接调用业务逻辑层，负责降低 Web 层和数据库层之间的耦合性。

1. 表示层

典型的 Web 应用的前端是表示层，使用 Struts 框架，所负责的工作如下。

- 管理用户的请求，做出相应的响应。
- 提供一个流程控制器，委派调用业务逻辑和其他上层处理。
- 处理异常。
- 为显示提供一个数据模型。
- 用户界面的验证。

2. 持久层

典型的 Web 应用的后端是持久层，使用 Hibemate 框架，所负责的工作如下。

- 如何查询对象的相关信息。Hibernate 是通过一个面向对象的查询语言（HQL）或正则表达的 API 来完成查询的。
- 如何存储、更新、删除数据库记录。Hibernate 这类的高级 ORM 框架支持大部分主流数据库，并且支持父表/子表（Parent/ child）关系、事务处理、继承和多态。

3. 业务层

典型的 Web 应用的中间部分是业务层，使用 Spring 框架，所负责的工作如下。

- 处理应用程序的业务逻辑和业务校验。
- 管理事务。
- 提供与其他层相互作用的接口。
- 管理业务层级别的对象的依赖。
- 在表示层和持久层之间增加一个灵活的机制，使得它们不直接联系在一起。
- 通过揭示从表示层到业务层之间的上下文得到业务逻辑。
- 管理程序的执行（从业务层到持久层）。

当用户发出请求时，ActionInvocation 执行相应的 Action，程序运行到切入点处 Spring AOP 被触发，AOP 开始启动事务，调用相应的事务处理策略，接着 Hibernate DAO 开始访问数据库进行字段投影，投影数据经过数据类型转换后被赋给 Bean，JSP 所需的数据就来自这个 Bean，如图 18.2 所示。

18.1.2 学生成绩管理系统数据库

开发学生成绩管理系统，这是一个 Web 项目，命名为 StudentDeveloper，该项目需要实现学生、课程、成绩的增加、删除、修改和查询等项功能，需要有学生表 student、课程表 course 和成绩表 score。

在 Oracle 11g 中创建学生成绩管理系统数据库 stsys，它的基本表有 student 表、course 表和 score 表，它们的表结构分别如表 18.1 至表 18.3 所示。

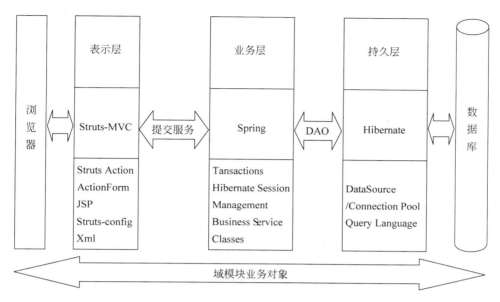

图 18.2　Struts＋Spring＋Hibernate 架构

表 18.1　student 的表结构

列名	数据类型	允许 null 值	是否主键	说明
sno	char（6）		主键	学号
sname	char（8）			姓名
ssex	char（2）			性别
sbirthday	date			出生日期
speciality	char（12）	√		专业
sclass	char（6）	√		班号
tc	number	√		总学分

表 18.2　course 的表结构

列名	数据类型	允许 null 值	是否主键	说明
cno	char（4）		主键	课程号
cname	char（16）			课程名
credit	number	√		学分
tno	char（6）	√		教师编号

表 18.3　score 的表结构

列名	数据类型	允许 null 值	是否主键	说明
sno	char（6）		主键	学号
cno	char（4）		主键	课程号
grade	number	√		成绩

18.1.3 层次划分

本项目采用 Struts＋Spring＋Hibernate 架构进行开发，用 Hibernate 进行持久层开发，用 Spring 的 Bean 来管理组件 Dao、Action 和业务逻辑，用 Struts 完成页面的控制跳转，项目完成后的项目目录树如图 18.3 所示。

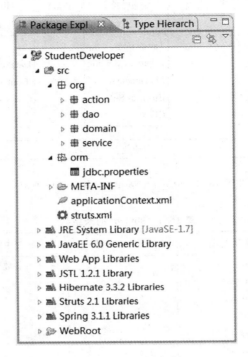

图 18.3　项目目录树

1. 持久层

（1）org. dao。

BaseDao. java：公共数据访问类。

（2）org. domain（该包中放置实现 DAO 接口的类和表对应的 POJO 类及映射文件 *. hbm. xml）。

Student. java：学生实体类。

Student. hbm. xml：学生实体类映射文件。

Course. java：课程实体类。

Course. hbm. xml：课程实体类映射文件。

Score. java：成绩实体类。

Score. hbm. xml：成绩实体类映射文件。

2. 业务层

（1）org. service（该包中放置业务逻辑接口，接口中的方法用来处理用户请求）。

BaseService. java：通用逻辑接口。

UsersService. java：学生逻辑接口。

ScoreService. java：成绩逻辑接口。

CourseService. java：课程逻辑接口。

（2）org. service. impl（该包中放置实现业务逻辑接口的类）。

BaseServiceImpl. java：通用实现类。

UsersServiceImpl. java：学生实现类。

ScoreServiceImpl. java：成绩实现类。

CourseServiceImpl. java：课程实现类。

3. 表示层

org. action：该包中放置对应的用户自定义的 Action 类。

StudentAction. java：学生信息控制器。

ScoreAction. java：成绩信息控制器。

CourseAction. java：课程信息控制器。

4. 配置文件

（1）META-INFO。

applicationContext. xml：spring 配置文件，该文件实现 Spring 和 Struts 2、Hibernate 的整合。

struts. xml：struts 2 配置文件，该文件配置 Action。

（2）orm。

jdbc. properties：jdbc 配置文件，配置数据库连接信息。

jdbc. properties

```
jdbc. driverClassName = oracle. jdbc. OracleDriver

jdbc. url = jdbc:oracle:thin:@localhost:1521/stsys. domain

jdbc. username = system

jdbc. pwd = 123456

hibernate. dialect = org. hibernate. dialect. OracleDialect

hibernate. show_sql = true

hibernate. format_sql = true

hibernate. hbm2ddl. auto = update
```

在项目开发中，需要一个团队而不是一个程序员来完成，需要整个团队分工协作。面向接口编程有利于团队开发，有了接口，其他程序员可以直接调用其中的方法，不管该方法如何实现。开发项目的流程一般是先完成持久层数据连接，再实现 DAO，进而完成业务逻辑，最后实现页面及控制逻辑。

18. 1. 4　准备 Jar 包

下面只列出 Core 下的 Jar 包。

1. Hibernate 提取包

Hibernate 的官方下载地址是 http://www.hibernate.org/downloads，本书使用的是 Hibernate 3.1，提取如下包。

```
antlr - 2.7.6.jar
cglib - 2.2.jar
commons - collections - 3.1jar
dom4j - 1.6.1.jar
ehcache - 1.2.3.jar
hibernate3.jar
javassist - 3.9.0.GA.jar
jta - 1.1.jar
log4j - 1.2.14jar
slf4j - api - 1.5.8.jar
slf4j - log4j12 - 1.5.8.jar
```

2. Spring 提取包

Spring 的官方下载地址是 http://www.springsource.org/download/community，本书使用的是 Spring 3.3，提取 Jar 包如下。

```
aopalliance - 1.0.jar
aspectjweaver - 1.6.9.jar
cglib - nodep - 1.6.9.jar
commons - collections - 3.2.jar
commons - logging - 1.1.1.jar
commons - poll - 1.5.3.jar
log4j - 1.2.16.jar
org.springframework.aop - 3.1.1.RELEASE.jar
org.springframework.asm - 3.1.1.RELEASE.jar
org.springframework.aspects - 3.1.1.RELEASE.jar
org.springframework.beans - 3.1.1.RELEASE.jar
org.springframework.context - 3.1.1.RELEASE.jar
org.springframework.context.support - 3.1.1.RELEASE.jar
org.springframework.core - 3.1.1.RELEASE.jar
org.springframework.expression - 3.1.1.RELEASE.jar
org.springframework.instrument - 3.1.1.RELEASE.jar
org.springframework.instrument.tomcat - 3.1.1.RELEASE.jar
```

3. Struts 2 提取包

Struts 2 的官方下载地址是 http://struts.apache.org/，本书使用的是 Struts 2.1，提取如下包。

```
aopalliance - 1.0.jar
classworlds - 1.1.jar
commons - beanutils - 1.7.0.jar
commons - chain - 1.2.jar
```

```
commons - collections - 3.2.jar
commons - digester - 2.0.jar
commons - fileupload - 1.2.1.jar
commons - io - 1.3.2.jar
commons - lang - 2.3.jar
commons - logging - 1.0.4.jar
commons - logging - api - 1.1.jar
commons - validator - 1.3.1.jar
freemarker - 2.3.16.jar
javassist - 3.7.ga.jar
json - lib - 2.1 - jdk15.jar
ognl - 3.0.jar
oro - 2.0.8.jar
sslext - 1.2 - 0.jar
struts2 - convention - plugin - 2.2.1.jar
struts2 - core - 2.2.1.jar
struts2 - embeddedjsp - plugin - 2.2.1.jar
struts2 - json - plugin - 2.2.1.jar
xwork - core - 2.2.1.jar
```

18.2 持久层开发

ORM（Object-Relation Mapping，对象关系映射）将 Java 程序中的对象映射到关系数据库的表中。对象和关系数据是业务实现的两种表现形式，业务实体在内存中表现为对象，在数据库中则表现为关系数据。内存中的对象之间存在着关联和继承关系。而在数据库中，关系数据无法直接表达多对多关联和继承关系。

Hibernate 框架作为模型/数据访问层中间件，通过配置文件（hibernate.cfg.xml）和映射文件（*.hbm.xml）把将 Java 对象或持久化对象（Persistent Object，PO）映射到关系数据库的表中，再通过持久化对象对表进行有关操作。持久化对象（PO）指不含业务逻辑代码的普通 Java 对象（Plain Ordinary Java Object，POJO）加映射文件。

ORM 是 Hibernate 框架的基础，Hibernate 是为了规范 ORM 开发而发布的一个框架。

利用 Hibernate 编程，有以下几个步骤。

- 编写 Hibernate 配置文件，连接到数据库。
- 生成 POJO 类及 Hibernate 映射文件，将 POJO 和表映射，POJO 中的属性和表中的列映射。
- 编写 DAO，使用 Hibernate 进行数据库操作。

18.2.1 生成 POJO 类及映射文件

将数据库表 student、course 和 score 生成对应的 POJO 类及映射文件，放置在持久

Java EE 和 Oracle 11g 学生成绩管理系统开发

层的 org. domain 包中，包括学生实体类 Student. java、学生实体类映射文件 Student. hbm. xml、课程实体类 Course. java、课程实体类映射文件 Course. hbm. xml、成绩实体类 Score. java 和成绩实体类映射文件 Score. hbm. xml。

下面仅列出学生实体类 Student. java、学生实体类映射文件 Student. hbm. xml 的代码。

1. 生成 POJO 类

Student. java 文件

```java
package org. domain;

import java. util. Date;

public class Student {
    private String sno;            //学号
    private String sname;          //姓名
    private String ssex;           //性别
    private Date sbirthday;        //出生日期
    private String speciality;     //专业
    private String sclass;         //班号
    private String tc;             //总学分
    private Score score;           //分数


    public Score getScore() {
        return score;
    }
    public void setScore(Score score) {
        this. score = score;
    }
    public String getSno() {
        return sno;
    }
    public void setSno(String sno) {
        this. sno = sno;
    }
    public String getSname() {
        return sname;
    }
    public void setSname(String sname) {
        this. sname = sname;
    }
    public String getSsex() {
```

```
            return ssex;
        }
        public void setSsex(String ssex) {
            this. ssex = ssex;
        }
        public Date getSbirthday() {
            return sbirthday;
        }
        public void setSbirthday(Date sbirthday) {
            this. sbirthday = sbirthday;
        }
        public String getSpeciality() {
            return speciality;
        }
        public void setSpeciality(String speciality) {
            this. speciality = speciality;
        }
        public String getSclass() {
            return sclass;
        }
        public void setSclass(String sclass) {
            this. sclass = sclass;
        }
        public String getTc() {
            return tc;
        }
        public void setTc(String tc) {
            this. tc = tc;
        }
    }
```

2. 生成映射文件

Student. hbm. xml 文件

```xml
<?xml version = "1. 0" encoding = "UTF - 8"?>
<! DOCTYPE hibernate - mapping PUBLIC " - //Hibernate/Hibernate Mapping DTD 3. 0//EN" "http://
hibernate. sourceforge. net/hibernate - mapping - 3. 0. dtd" >
< hibernate - mapping package = "org. domain">
    < class name = "Student" table = "student" dynamic - insert = "true" dynamic - update = "true">
        < id name = "sno" column = "sno" type = "string"></id >
        < property name = "sname" column = "sname" type = "string" />
        < property name = "ssex" column = "ssex" type = "string" />
        < property name = "sbirthday" column = "sbirthday" type = "date" />
        < property name = "speciality" column = "speciality" type = "string" />
```

第
18
章

Java EE 和 Oracle 11g 学生成绩管理系统开发

```
    < property name = "tc" column = "tc" type = "string" />
    < property name = "sclass" column = "sclass" type = "string" />
</class >
</hibernate - mapping >
```

18.2.2　公共数据访问类

在项目开发过程中，将访问数据库的操作放到特定的类中去处理，这个对数据库操作的类叫作 DAO 类。

DAO（Data Access Object，数据访问对象）类专门负责对数据库的访问。

公共数据访问类 BaseDao. java 放在 org. dao 包中。

BaseDao. java 文件

```java
package org. dao;

import java. io. Serializable;
import java. util. List;

import org. springframework. orm. hibernate3. support. HibernateDaoSupport;

/ **
 * 公共 dao
 * @author Administrator
 * /
public class BaseDao < T > extends HibernateDaoSupport{
    public void save(T t){
        this. getHibernateTemplate(). save(t);
    };
    public void update(T t){
        this. getHibernateTemplate(). update(t);
    }
    public void delete(Class < T > entityClass, Serializable id){
        T t = get(entityClass, id);
        if(null != t){
            this. getHibernateTemplate(). delete(t);
        }
    }
    public T get(Class < T > entityClass, Serializable id){
        return this. getHibernateTemplate(). get(entityClass, id);
    }
    @SuppressWarnings("unchecked")
    public List < T > getAll(Class < T > entityClass){
        return this. getHibernateTemplate(). find("FROM " + entityClass. getName());
    }
```

```
@SuppressWarnings("unchecked")
public List<T> findByHql(String hql, Object... objects){
    return this.getHibernateTemplate().find(hql,objects);
}
}
```

18.3　业务层开发

业务逻辑组件是为控制器提供服务的，业务逻辑对 DAO 进行封装，使控制器调用业务逻辑方法无须直接访问 DAO。

18.3.1　业务逻辑接口

业务逻辑接口放在 org. service 包中，包括通用逻辑接口 BaseService. java、学生逻辑接口 UsersService. java、成绩逻辑接口 ScoreService. java 和课程逻辑接口 CourseService. java。下面介绍通用逻辑接口 BaseService. java 和学生逻辑接口 UsersService. java。

BaseService. java 文件

```
package org. service;

import java. io. Serializable;
import java. util. List;

/**
 * 通用接口
 * @author Administrator
 * @param <T>
 */
public interface BaseService<T> {
    void save(T t);

    void update(T t);

    void delete(Serializable id);

    T get(Serializable id);

    List<T> getAll();

    List<T> findByHql(String hql, Object... objects);
}
```

UsersService. java 文件

```java
package org. service;

import java. util. List;

import org. domain. Student;

public interface UsersService extends BaseService < Student >{

    /**
     * 添加学生信息
     * @param s
     * @throws Exception
     */
    public void addStudent(Student s) throws Exception;

    /**
     * 查询所有学生信息
     * @return
     * @throws Exception
     */
    public List < Student > getAllStudent() throws Exception;

    /**
     * 查询指定学生信息
     * @return
     * @throws Exception
     */
    public List < Student > getOneStudent(String sno) throws Exception;

    /**
     * 删除指定学生
     * @param sno
     * @throws Exception
     */
    public void deleteStudent(String sno) throws Exception;

    /**
     * 修改学生信息
     * @param s
     * @throws Exception
     */
    public void updateStudent(Student s) throws Exception;
}
```

18.3.2　业务逻辑实现类

业务逻辑实现类放在 org. service. impl 包中，包括通用实现类 BaseServiceImpl. java、学生实现类 UsersServiceImpl. java、成绩实现类 ScoreServiceImpl. java 和课程实现类 CourseServicImple. java。下面介绍通用实现类 BaseServiceImpl. java 和学生实现类 UsersServiceImpl. java。

BaseServiceImpl. java 文件

```
package org. service. impl;

import java. io. Serializable;
import java. lang. reflect. ParameterizedType;
import java. lang. reflect. Type;
import java. util. List;

import org. dao. BaseDao;
import org. service. BaseService;
/**
 * 通用实现类
 * @author Administrator
 *
 */
@SuppressWarnings({"rawtypes","unchecked"})
public class BaseServiceImpl < T > implements BaseService < T > {

    protected BaseDao < T > baseDao;
    private Class < T > entityClass;

    public BaseServiceImpl() {
        Class clazz = getClass();
        Type type = clazz. getGenericSuperclass();
        if (type instanceof ParameterizedType) {
            ParameterizedType parameterizedType = (ParameterizedType) type;
            entityClass = (Class < T >) parameterizedType. getActualTypeArguments()[0];
        }
        System. out. println("entityClass:" + entityClass);     // Employee. class
    }

    public void setBaseDao(BaseDao < T > baseDao) {
        this. baseDao = baseDao;
    }

    public void save(T t) {
        baseDao. save(t);
```

Java EE 和 Oracle 11g 学生成绩管理系统开发

```
        }

        public void update(T t) {
            baseDao.update(t);
        }

        public void delete(Serializable id) {
            baseDao.delete(entityClass, id);
        }

        public T get(Serializable id) {
            return baseDao.get(entityClass, id);
        }

        public List<T> getAll() {
            return baseDao.getAll(entityClass);
        }


        public List findByHql(String hql, Object... objects) {
            return baseDao.findByHql(hql, objects);
        }
    }
```

UsersServiceImpl. java 文件

```java
package org.service.impl;

import java.util.List;

import org.domain.Student;
import org.service.UsersService;

@SuppressWarnings("unchecked")
public class UsersServiceImpl extends BaseServiceImpl<Student> implements UsersService{

    /**
     * 添加学生
     */
    @Override
    public void addStudent(Student s) throws Exception {
        this.baseDao.save(s);
    }


    @Override
    public List<Student> getAllStudent() throws Exception {
```

```
        return this.getAll();
    }

    @Override
    public List < Student > getOneStudent(String sno) throws Exception {
        return this.baseDao.findByHql("FROM Student s WHERE s.sno = ?",sno);
    }

    @Override
    public void deleteStudent(String sno) throws Exception {
        this.baseDao.delete(Student.class,sno);
    }

    @Override
    public void updateStudent(Student s) throws Exception {
        this.baseDao.update(s);
    }

}
```

18.3.3　事务管理配置

Spring 的配置文件 applicationContext.xml 用于对业务逻辑进行事务管理。

applicationContext.xml 文件

```xml
<?xml version = "1.0" encoding = "UTF-8"?>
< beans
    xmlns = "http://www.springframework.org/schema/beans"
    xmlns:xsi = "http://www.w3.org/2001/XMLSchema-instance"
    xmlns:context = "http://www.springframework.org/schema/context"
    xmlns:aop = "http://www.springframework.org/schema/aop"
    xmlns:jee = "http://www.springframework.org/schema/jee"
    xmlns:tx = "http://www.springframework.org/schema/tx"
    xmlns:p = "http://www.springframework.org/schema/p"
    xsi:schemaLocation = "http://www.springframework.org/schema/beans
                http://www.springframework.org/schema/beans/spring-beans-3.1.xsd
                http://www.springframework.org/schema/context
                http://www.springframework.org/schema/context/spring-context.xsd
                http://www.springframework.org/schema/jee
                http://www.springframework.org/schema/jee/spring-jee.xsd
                http://www.springframework.org/schema/tx
                http://www.springframework.org/schema/tx/spring-tx.xsd
                http://www.springframework.org/schema/aop
                http://www.springframework.org/schema/aop/spring-aop.xsd">

    < context:property-placeholder location = "classpath:orm/jdbc.properties" />
```

```xml
<!-- 使用 dbcp 来创建 dataSource -->
<bean id = "dataSource" class = "org.apache.commons.dbcp.BasicDataSource" destroy-method = "close">
    <property name = "driverClassName" value = "${jdbc.driverClassName}" />
    <property name = "url" value = "${jdbc.url}" />
    <property name = "username" value = "${jdbc.username}" />
    <property name = "password" value = "${jdbc.pwd}" />
</bean>
<!-- Hibernate SessionFactory 去掉 p:mappingResources = "petclinic.hbm.xml" -->
<bean id = "sessionFactory"
    class = "org.springframework.orm.hibernate3.LocalSessionFactoryBean">
    <property name = "dataSource" ref = "dataSource" />
    <!-- hibernate 其他配置信息 -->
    <property name = "hibernateProperties">
        <props>
            <prop key = "hibernate.dialect">${hibernate.dialect}</prop>
            <prop key = "hibernate.show_sql">${hibernate.show_sql}</prop>
            <prop key = "hibernate.hbm2ddl.auto">${hibernate.hbm2ddl.auto}</prop>
            <prop key = "hibernate.format_sql">${hibernate.format_sql}</prop>
        </props>
    </property>
    <!-- 加载映射文件 Resource[] mappingLocations:1. 必须添加 classpath:2. 可以使用
通配符 -->
    <property name = "mappingLocations" value = "classpath:org/domain/*.hbm.xml" />
</bean>
<!-- 事务管理器 -->
<bean id = "transactionManager" class = "org.springframework.orm.hibernate3.HibernateTransactionManager">
    <property name = "sessionFactory" ref = "sessionFactory" />
</bean>
<!-- 配置事务通知 -->
<tx:advice id = "txAdvice" transaction-manager = "transactionManager">
    <!-- 事务的特性 -->
    <tx:attributes>
        <!-- 所有以'get'开头的方法是 read-only 的 -->
        <tx:method name = "get*" propagation = "SUPPORTS" read-only = "true"/>
        <tx:method name = "find*" propagation = "SUPPORTS" read-only = "true"/>
        <tx:method name = "add*" propagation = "REQUIRED"/>
        <tx:method name = "update*" propagation = "REQUIRED"/>
    </tx:attributes>
</tx:advice>
<!-- 注入 dao -->
<bean id = "baseDao" class = "org.dao.BaseDao">
    <property name = "sessionFactory" ref = "sessionFactory" />
</bean>
```

```xml
<! -- 注入 service -->
< bean id = "baseService" abstract = "true">
    < property name = "baseDao" ref = "baseDao" />
</bean >

< bean id = " userservice " parent = " baseService " class = " org. service. impl.
UsersServiceImpl" />
< bean id = " courseservice " parent = " baseService " class = " org. service. impl.
CourseServiceImpl" />
< bean id = " scoreservice " parent = " baseService " class = " org. service. impl.
ScoreServiceImpl" />

<! -- 注入控制器 -->
< bean id = "scoreAction" class = "org. action. StudentAction">
    < property name = "users" ref = "userservice"></property>
</bean >

< bean id = "courseAction" class = "org. action. CourseAction">
    < property name = "courses" ref = "courseservice"></property>
</bean >

<! -- < bean id = "scoreActions" class = "org. action. ScoreAction">
    < property name = "scores" ref = "scoreservice"></property>
</bean >
< bean id = "coureActions" class = "org. action. ScoreAction">
    < property name = "coures" ref = "courseservice"></property>
</bean > -->


</beans >
```

18.4　表示层开发

Web 应用的前端是表示层，使用 Struts 框架，Struts 2 的基本流程如下。
- Web 浏览器请求一个资源。
- 过滤器 Dispatcher 查找请求，确定适当的 Action。
- 拦截器自动对请求应用通用功能，如验证和文件上传等操作。
- Action 的 execute 方法通常用来存储和（或）重新获得信息（通过数据库）。
- 结果被返回到浏览器，可能是 HTML、图片、PDF 或其他。

当用户发送一个请求后，web. xml 中配置的 FilterDispatcher（Struts 2 核心控制器）就会过滤该请求。如果请求是以 .action 结尾，该请求就会被转入 Struts 2 框架处理。Struts 2 框架接收到 *.action 请求后，将根据 *.action 请求前面的 "*" 来决定调用哪个业务。

学生信息控制器 StudentAction. java、成绩信息控制器 ScoreAction. java 和课程信息控制器 CourseAction. java 放在 org. action 包中。

18.4.1 配置 struts. xml 和 web. xml

1. struts. xml

struts. xml 是 struts 2 配置文件，在 META-INFO 包中，该文件配置 Action 和 JSP，其代码如下：

```
<?xml version = "1. 0" encoding = "utf - 8"?>
<! DOCTYPE struts PUBLIC
    " - //Apache Software Foundation//DTD Struts Configuration 2. 0//EN"
    "http://struts. apache. org/dtds/struts - 2. 0. dtd">
< struts >
    < package name = "default" extends = "struts - default">
        <! -- 添加学生信息 -->
        < action name = "addStudent" class = "scoreAction" method = "addStudent">
            < result name = "success">/addStudent_success. jsp </result >
            < result name = "error">/addStudent. jsp </result >
            < result name = "input">/addStudent. jsp </result >
        </action >

        <! -- 查询所有学生 -->
        < action name = "showAllStudent" class = "scoreAction" method = "showAllStudent">
            < result name = "success">/showStudent. jsp </result >
        </action >

        <! -- 查询一个学生 -->
        < action name = "showOneStudent" class = "scoreAction" method = "showOneStudent">
            < result name = "success">/showOneStudent. jsp </result >
        </action >
        <! -- < action name = " getImage" class = " org. action. StudentAction" method =
"getImage"></action > -->

        <! -- 删除学生 -->
        < action name = "deleteStudent" class = "scoreAction" method = "deleteStudent">
            < result name = "success">/showAllStudent. jsp </result >
        </action >

        <! -- 查询要更新的学生信息 -->
        < action name = "updateStudent" class = "scoreAction" method = "showOneStudent">
            < result name = "success">/updateStudent. jsp </result >
        </action >
        <! -- 更新学生信息 -->
        < action name = "updateSaveStudent" class = "scoreAction" method = "updateSaveStudent">
```

```xml
        <result name = "success">/showAllStudent. jsp</result>
    </action>

    <!-- 查询学生和课程信息 -->
    <action name = "showAllScore" class = "org. action. ScoreAction" method = "showAllScore">
        <result name = "success">/showScore. jsp</result>
    </action>
    <!-- 添加学生成绩 -->
    <action name = "addScore" class = "org. action. ScoreAction" method = "addScore">
        <result name = "success">/addScore_success. jsp</result>
    </action>

    <!-- 查询学生成绩 -->
    <action name = "selectScore" class = "org. action. ScoreAction" method = "selectScore">
        <result name = "success">/scoreInfo. jsp</result>
    </action>

    <!-- 课程信息添加 -->
    <action name = "addCourses" class = "courseAction" method = "addCourse">
        <result name = "success">/addCourse_success. jsp</result>
    </action>

    <!-- 课程信息查询 -->
    <action name = "selectCourse" class = "courseAction" method = "showCourse">
        <result name = "success">/courseInfo. jsp</result>
    </action>

    </package>
</struts>
```

2. web. xml

web. xml 文件配置过滤器及监听器，其代码如下：

```xml
<?xml version = "1. 0" encoding = "UTF - 8"?>
<web - app xmlns:xsi = "http://www. w3. org/2001/XMLSchema - instance" xmlns = "http://java.
sun. com/xml/ns/javaee" xmlns:web = "http://java. sun. com/xml/ns/javaee/web - app_2_5. xsd"
xsi: schemaLocation = " http://java. sun. com/xml/ns/javaee http://java. sun. com/xml/ns/
javaee/web - app_3_0. xsd" id = "WebApp_ID" version = "3. 0">
  <display - name> StudentDeveloper </display - name>
  <welcome - file - list>
    <welcome - file> main. jsp</welcome - file>
  </welcome - file - list>
  <filter>
    <filter - name> struts2 </filter - name>
    <filter - class> org. apache. struts2. dispatcher. ng. filter. StrutsPrepareAndExecuteFilter
```

```
</filter-class>
  </filter>
  <filter-mapping>
    <filter-name>struts2</filter-name>
    <url-pattern>*.action</url-pattern>
  </filter-mapping>
  <filter-mapping>
    <filter-name>struts2</filter-name>
    <url-pattern>*.jsp</url-pattern>
  </filter-mapping>
  <listener>
    <listener-class>org.springframework.web.context.ContextLoaderListener</listener-class>
  </listener>
  <context-param>
    <param-name>contextConfigLocation</param-name>
    <param-value>classpath:applicationContext.xml</param-value>
  </context-param>
</web-app>
```

18.4.2 主界面设计

在浏览器地址栏输入"http://localhost：8080/StudentDeveloper/"，运行学生成绩管理系统，出现主界面，如图 18.4 所示。

图 18.4 学生成绩管理系统主界面

界面分为 3 个部分：头部 title.jsp、左部 left.jsp 和右部 rigtht.jsp，通过 main.jsp 整合在一起。

main. jsp 文件

```
<% @ page language = "java" import = "java. util. * " pageEncoding = "UTF - 8" % >
<%
String path = request. getContextPath();
String basePath = request. getScheme ( ) + "://" + request. getServerName ( ) + ":" +
request. getServerPort() + path + "/";
% >

<! DOCTYPE HTML PUBLIC " - //W3C//DTD HTML 4. 01 Transitional//EN">
< html >
  < head >
    < base href = "<% = basePath % >">

    < title >学生成绩管理系统</title >

    < meta http - equiv = "pragma" content = "no - cache">
    < meta http - equiv = "cache - control" content = "no - cache">
    < meta http - equiv = "expires" content = "0">
    < meta http - equiv = "keywords" content = "keyword1,keyword2,keyword3">
    < meta http - equiv = "description" content = "This is my page">
    <! --
    < link rel = "stylesheet" type = "text/css" href = "styles. css">
     -->

  </head >

  < body >
    < div style = "width:900px; height:1000px; margin:auto;">
        < iframe src = "head. jsp" frameborder = "0" scrolling = "no" width = "913" height =
"160"></iframe >
        < div style = "width:900px; height:420; margin:auto;">
            < div style = "width:200px; height:420; float:left">
                < iframe src = "left. jsp" frameborder = "0" scrolling = "no" width = "200"
height = "420"></iframe >
            </div >
            < div style = "width:700px; height:420; float:left">
                < iframe src = "right. jsp" name = "right" frameborder = "0" scrolling = "no"
width = "560" height = "420"></iframe >
            </div >
        </div >
    </div >
  </body >
</html >
```

left. jsp 文件

```jsp
<% @ page language = "java" pageEncoding = "UTF - 8" %>
<html>
    <head>
        <title>学生成绩管理系统</title>
        <script type = "text/javascript" src = "js/jquery - 1.8.0.min.js"></script>
        <script type = "text/javascript" src = "js/left.js"></script>
        <link rel = "stylesheet" href = "CSS/left_style.css" type = "text/css" />
        <script type = "text/javascript">

        </script>
    </head>
    <body>
        <div class = "left_div">
            <div style = "width:1px;height:10px;"></div>
            <div class = "student"><a href = "javascript:void(0)" id = "student">学生信息
</a></div>
            <div style = "width:1px;height:10px;"></div>
            <div class = "student">
                <span class = "sinfo" style = "width: 200px;"><a href = "addStudent.jsp"
target = "right" >添加学生信息</a></span>
                <span class = "sinfo" style = "width: 200px;"><a href = "showAllStudent.
jsp" target = "right">查询学生信息</a></span>
            </div>
            <div style = "width:1px;height:10px;"></div>
            <div class = "student"><a href = "javascript:void(0)" id = "scoure">课程信息
</a></div>
            <div style = "width:1px;height:10px;"></div>
            <div class = "student">
                <span class = "cinfo"><a href = "addCourse.jsp" target = "right">课程添加
</a></span>
                <span class = "cinfo"><a href = "selectCourse.action" target = "right">课
程查询</a></span>
            </div>
            <div style = "width:1px;height:10px;"></div>
            <div class = "student"><a href = "javascript:void(0)" id = "score">成绩信息
</a></div>
            <div style = "width:1px;height:10px;"></div>
            <div class = "student">
                <span class = "scoreInfo"><a href = "showAllScore.jsp" target = "right">成
绩添加</a></span>
                <span class = "scoreInfo"><a href = "selectScore.action" target = "right">
成绩查询</a></span>
            </div>
        </div>
    </body>
```

```
        </html>
```

```
< % @ page language = "java" pageEncoding = "UTF − 8" % >
< html >
    < head >
        < title >学生成绩管理系统</title >
    </head >
    < body >
    </body >
</html >
```

```
< html >
    < head >
        < title >学生成绩管理系统</title >
    </head >
    < body >
        < img src = "images/top. jpg"/>
    </body >
</html >
```

18.4.3　添加学生信息设计

在学生成绩管理系统中，单击"添加学生信息"链接，出现学生添加信息界面，如图 18.5 所示。

图 18.5　录入界面

该超链接提交的 Action 配置，在 struts. xml 文件中已经给出，对应 Action 类 ScoreAction. java 类和学生信息录入页面 addStudent. jsp 介绍如下。

ScoreAction. java 文件

```java
package org. action;
import java. util. List;
import java. util. Map;
import org. domain. Course;
import org. domain. Score;
import org. domain. Student;
import org. service. CourseService;
import org. service. ScoreService;
import org. service. UsersService;
import org. service. impl. CourseServiceImpl;
import org. service. impl. ScoreServiceImpl;
import org. springframework. context. ApplicationContext;
import org. springframework. context. support. ClassPathXmlApplicationContext;

import com. opensymphony. xwork2. ActionContext;
import com. opensymphony. xwork2. ActionSupport;

public class ScoreAction extends ActionSupport{

    private static final long serialVersionUID = 7258343085780304421L;

    /**
     * 查询所有学生和课程信息
     * @return
     * @throws SQLException
     */
    private ScoreService scores;
    private CourseService coures;
    public CourseService getCoures() {
        return coures;
    }
    public void setCoures(CourseService coures) {
        this. coures = coures;
    }
    public ScoreService getScores() {
        return scores;
    }
    public void setScores(ScoreService scores) {
        this. scores = scores;
```

```
            }

        ApplicationContext    applicationContext    =    new    ClassPathXmlApplicationContext
("applicationContext.xml");
    public String showAllScore() throws Exception {
        CourseServiceImpl cour = applicationContext.getBean("courseservice",CourseServiceImpl.
class);
        List<Course> c = cour.getAllCourse();          // 查询所有的课程信息

        UsersService userservice = applicationContext.getBean("userservice",UsersService.
class);
        List<Student> s = userservice.getAllStudent();     // 查询所有的学生信息
        @SuppressWarnings("unchecked")
        Map<String,Object> request = (Map<String,Object>) ActionContext.getContext().
get("request");                                   // 返回一个 Map 对象
        request.put("courseList", c);                  // 将课程信息存储到 Map 中
        request.put("studentList",s);                  // 将学生信息存储到 Map 中
        return SUCCESS;
    }

    /**
     * 添加学生成绩
     * @return
     * @throws Exception
     */
    private String sno;
    private String cno;
    private String grade;
    public void setSno(String sno) {
        this.sno = sno;
    }
    public void setCno(String cno) {
        this.cno = cno;
    }
    public void setGrade(String grade) {
        this.grade = grade;
    }
    public String addScore()throws Exception{
        Score s = new Score();
        s.setCno(cno);                                 // 收集表单数据
        s.setGrade(grade);
        s.setSno(sno);
        ScoreServiceImpl score = applicationContext.getBean("scoreservice",ScoreServiceImpl.
class);
```

```
            try {
                score.addScore(s);
            } catch (Exception e) {
                e.printStackTrace();
            }
            // 传给业务逻辑
            return SUCCESS;
        }


        /**
         * 成绩查询
         * @return
         */
        public String selectScore(){
            ScoreServiceImpl score = applicationContext.getBean("scoreservice", ScoreServiceImpl.
class);
            List<Score> list = null;
            try {
                list = score.getScore();
            } catch (Exception e) {
                e.printStackTrace();
            }
            @SuppressWarnings("unchecked")
            Map<String,Object> request = (Map<String,Object>) ActionContext.getContext().
get("request");                                    // 返回一个 Map 对象
            request.put("score",list);
            return SUCCESS;
        }
    }
```

addStudent. jsp 文件

```
<%@ page language = "java" pageEncoding = "utf-8"%>
<%@ taglib uri = "/struts-tags" prefix = "s"%>
<html>
<body background = "image/bgcolor1.jpg" style = "background-repeat:no-repeat;background
-position:center">
    <center><h3>学生添加</h3></center>
        <center>
        <s:form action = "addStudent.action" method = "post" enctype = "multipart/form-data">
            <table border = "1" style = "border:0;width:300px">
            <tr><s:textfield name = "sno" label = "学号"></s:textfield></tr>
            <tr><s:textfield name = "sname" label = "姓名"></s:textfield></tr>
            <tr><s:radio name = "ssex" value = "男" list = "{'男','女'}" label = "性别" />
```

```
        </tr>
                <tr><s:textfield name = "speciality" label = "专业"></s:textfield></tr>
                <tr><s:textfield name = "sbirthday" label = "出生时间"></s:textfield></tr>
                <tr><s:textfield name = "tc" label = "总学分"></s:textfield></tr>
                <tr><s:textfield name = "sclass" label = "班号"></s:textfield></tr>
                </table>
                <p>
            <input type = "reset" style = "background:url(images/bg_btn.png); width:37px;
height:22px; border:0px;" value = "重置"/>
                <input type = "submit" style = "background:url(images/bg_btn.png); width:37px;
height:22px; border:0px;" value = "添加"/>
                </s:form>
                </center>
        </body>
        </html>
```

18.4.4　查询学生信息设计

查询学生信息设计包括设计和实现学生信息查询、学生信息修改和学生信息删除等
功能。

1. 查询学生信息

在学生成绩管理系统中，单击学生信息查询的图片链接，出现所有学生信息的列
表，如图 18.6 所示。

图 18.6　学生信息查询界面

Java EE 和 Oracle 11g 学生成绩管理系统开发

其 Action 的配置在前面的 struts. xml 代码中已经给出，对应 Action 类 ScoreAction. java 类前面已介绍。下面介绍学生信息查询页面 showStudent. jsp。

showStudent. jsp 文件

```
<% @ page language = "java" pageEncoding = "utf - 8" %>
<% @ taglib uri = "/struts - tags" prefix = "s" %>
<html>
<body background = "image/bgcolor1. jpg" style = "background - repeat:no - repeat;background
 - position:center">

<center><h2>学生信息</h2></center>
    <center>
    <table border = "1" style = "border:0">
    <tr align = "center">
        <td colspan = "2">功能</td>
        <td>学号</td><td>姓名</td><td>性别</td><td>专业</td>
        <td>出生时间</td><td>总学分</td><td>班号</td>
    </tr>
    <s:iterator value = "#request. studentList" id = "xs">
    <tr>
        <td><a href = "deleteStudent. action? sno = <s:property value = "#xs. sno"/>"
onClick = "if(!confirm('确定删除该信息吗?'))return false;else return true;">删除</a>
</td>
        <td><a href = "updateStudent. action?sno = <s:property value = "#xs. sno"/>">修改
</a></td>
        <td><s:property value = "#xs. sno"/></td>
        <td><s:property value = "#xs. sname"/></td>
        <td><s:property value = "#xs. ssex"/></td>
        <td><s:property value = "#xs. speciality"/></td>
        <td><s:date name = "#xs. sbirthday" format = "yyyy - MM - dd"/></td>
        <td><s:property value = "#xs. tc"/></td>
        <td><s:property value = "#xs. sclass"/></td>
    </tr>
    </s:iterator>
</table>
</center>
<p>
</p>
</body>
</html>
```

2. 修改学生信息

在学生信息查询中，单击功能栏中的"修改"按钮，出现修改学生信息界面，如图 18.7 所示。

图 18.7　修改学生信息界面

其 Action 的配置在前面的 struts.xml 代码中已经给出，对应 Action 类 ScoreAction.java 类前面已介绍。下面介绍学生信息修改页面 updateStudent.jsp。

updateStudent.jsp 文件

```
<%@ page language = "java" pageEncoding = "utf - 8"%>
<%@ taglib uri = "/struts - tags" prefix = "s"%>
<html>
<body background = "image/bgcolor1.jpg" style = "background - repeat:no - repeat;background
 - position:center">

    <center><h3>学生信息修改</h3></center>
    <center>
    <s:iterator value = "#request.student1" id = "xs">
    <s:form action = "updateSaveStudent.action" method = "post" enctype = "multipart/form -
data" >
    <table border = "1" style = "border:0;" width = "400">
        <tr>
            <td>学号:</td><td><input type = "text" name = "sno" value = "<s:property
                value = "#xs.sno"/>" readonly/></td>
        </tr>
        <tr>
            <td>姓名:</td><td><input type = "text" name = "sname" value = "<s:property
                value = "#xs.sname"/>"/></td>
        </tr>
```

```
    <tr>
    <s:radio list = "{'男','女'}" value = "♯xs.ssex" label = "性别" name = "ssex"></s:
radio>
    </tr>
    <tr>
        <td>专业:</td><td><input type = "text" name = "speciality" value =
"<s:property value = "♯xs.speciality"/>"/></td>
    </tr>
    <tr>
        <td>出生时间:</td>
        <td><input type = "text" name = "sbirthday" value = "<s:date name = "♯
xs.sbirthday" format = "yyyy - MM - dd"/>"/></td>
    </tr>
    <tr>
        <td>总学分:</td><td><input type = "text" name = "tc" value = "<s:property
            value = "♯xs.tc"/>"/></td>
    </tr>
    <tr>
        <td>班号:</td><td><input type = "text" name = "sclass" value = "<s:property
            value = "♯xs.sclass"/>"/></td>
    </tr>

    </table>
    <p>
    <input type = "button" style = "background:url(images/bg_btn.png); width:37px; height:
22px; border:0px;" value = "返回" onclick = "javascript:history.back();"/>
    <input type = "submit" style = "background:url(images/bg_btn.png); width:37px; height:
22px; border:0px;" value = "修改"/>
    </s:form>
</s:iterator>
</body>
</html>
```

18.5 小　　结

本章主要介绍了以下内容。

（1）在项目开发过程中，需要将 Struts、Spring、Hibernate 3 个框架进行整合。使用上述 3 个开源框架的策略为：表示层用 Struts，业务层用 Spring，持久层用 Hibernate，该策略简称为 SSH。

前端使用 Struts 充当视图层和控制层，普通的 Java 类为业务逻辑层，后端采用 Hibernate 充当数据访问层，而 Spring 主要运行在 Struts 和 Hibernate 的中间，通过控制反转让控制层间接调用业务逻辑层，负责降低 Web 层和数据库层之间的耦合性。

（2）在持久层开发中，Hibernate 框架作为模型/数据访问层中间件，通过配置文件（hibernate. cfg. xml）和映射文件（＊. hbm. xml）把将 Java 对象或持久化对象（Persistent Object，PO）映射到关系数据库的表中，再通过持久化对象对表进行有关操作。持久化对象（PO）指不含业务逻辑代码的普通 Java 对象（Plain Ordinary Java Object，POJO）加映射文件。

将数据库表 student、course 和 score 生成对应的 POJO 类及映射文件，放置在持久层的 org. domain 包中，包括学生实体类 Student. java、学生实体类映射文件 Student. hbm. xml、课程实体类 Course. java、课程实体类映射文件 Course. hbm. xml、成绩实体类 Score. java 和成绩实体类映射文件 Score. hbm. xml。

在项目开发过程中，将访问数据库的操作放到特定的类中去处理，这个对数据库操作的类叫作 DAO 类，DAO（Data Access Object，数据访问对象）类专门负责对数据库的访问。公共数据访问类 BaseDao. java 放在 org. dao 包中。

（3）在业务层开发中，业务逻辑组件是为控制器提供服务的，业务逻辑对 DAO 进行封装，使控制器调用业务逻辑方法无须直接访问 DAO。

业务逻辑接口放在 org. service 包中，包括通用逻辑接口 BaseService. java、学生逻辑接口 UsersService. java、成绩逻辑接口 ScoreService. java 和课程逻辑接口 CourseService. java。

业务逻辑实现类放在 org. service. impl 包中，包括通用实现类 BaseServiceImpl. java、学生实现类 UsersServiceImpl. java、成绩实现类 ScoreServiceImpl. java 和课程实现类 CourseServicImple. java。

Spring 的配置文件 applicationContext. xml 用于对业务逻辑进行事务管理。

（4）Web 应用的前端是表示层，使用 Struts 框架，当用户发送一个请求后，web. xml 中配置的 FilterDispatcher（Struts 2 核心控制器）就会过滤该请求。如果请求是以 . action 结尾，该请求就会被转入 Struts 2 框架处理。Struts 2 框架接收到 ＊. action 请求后，将根据 ＊. action 请求前面的 "＊" 来决定调用哪个业务。

struts. xml 是 struts 2 配置文件，在 META-INFO 包中，该文件配置 Action 和 JSP。

学生信息控制器 StudentAction. java、成绩信息控制器 ScoreAction. java 和课程信息控制器 CourseAction. java 放在 org. action 包中。

习 题 18

一、选择题

1. Struts 2 的核心配置文件是_____。

    A. web. xml   B. struts. xml

    C. hibernate. cfg. xml   D. applicationContext. xml

2. Hibernate 的映射文件是_____。

    A. hibernate. cfg. xml   B. applicationContext. xml

    C. web. xml   D. ＊. hbm. xml

3. Hibernat 的配置文件是_____。

    A. applicationContext. xml   B. web. xml

    C. hibernate. cfg. xml   D. struts. xml

二、填空题

1. SSH 的表示层用_____，业务层用_____，持久层用_____。

2. ORM 用于实现_____的映射。

3. Action 定义的方式包括_____、_____和_____。

4. Hibernate 通过配置文件和映射文件将_____映射到关系数据库的_____中。

5. Spring 的核心接口为_____、_____。

三、应用题

1. 在课程信息设计中，增加课程信息修改和课程信息删除功能。

2. 在成绩信息设计中，增加成绩信息修改和成绩信息删除功能。

3. 在学生成绩管理系统中，增加登录功能。

4. 在学生成绩管理系统中，增加分页功能。

附录A 习题参考答案

第1章 概　　论

一、选择题

1. C 2. B 3. D 4. B 5. A

二、填空题

1. 数据结构　数据操作　数据完整性约束

2. 一对一　一对多　多对多

3. 外模式　模式　内模式

4. 共享性　独立性　完整性　减少数据冗余

三、应用题

1.

（1）

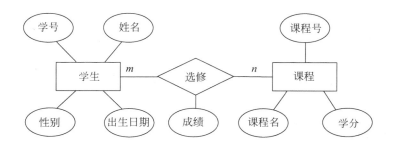

（2）

学生（学号，姓名，性别，出生日期）

课程（课程号，课程名，学分）

选修（学号，课程号，成绩）

外码：学号，课程号

2.

(1)

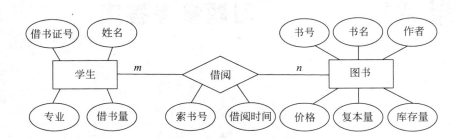

(2)

学生（<u>借书证号</u>，姓名，专业，借书量）

图书（<u>书号</u>，书名，作者，价格，复本量，库存量）

借阅（<u>书号</u>，<u>借书证号</u>，索书号，借阅时间）

　　外码：书号，借书证号

第 2 章　Oracle 11g 数据库

一、选择题

1. B　2. A　3. B　4. D　5. A

二、填空题

1. SQL 语句　SQL＊Plus 命令

2. DESCRIBE

3. GET

4. SAVE

三、应用题

1. 使用 system 用户登录 SQL＊Plus，输入 SQL 查询语句。

```
SELECT * FROM teacher;
```

使用 LIST 命令列出缓冲区的内容：

```
LIST
```

2. 使用 system 用户登录 SQL＊Plus，输入 SQL 查询语句。

```
SELECT * FROM student WHER tc = 50;
```

指定第 1 行为当前行：

```
1
```

使用 CHANGE 命令将 50 替换为 52。

```
GET E:\ course. sql
```

执行命令使用"/"即可。

3. 使用 system 用户登录 SQL＊Plus，输入 SQL 查询语句。

SELECT ＊ FROM course;

保存 SQL 语句到 course.sql 文件中：

SAVE D:\ course.sql

调入脚本文件 course.sql。

GET D:\ course.sql

运行缓冲区的命令使用"/"即可。

第3章　创建数据库

一、选择题

1. C　2. A　3. A　4. B　5. A　6. D　7. C　8. D

二、填空题

1. 数据

2. 数据文件　日志文件　控制文件

3. 日志缓冲区　LGWR　日志文件

4. 用户进程　服务器进程　后台进程

第4章　创建和使用表

一、选择题

1. A　2. C　3. B　4. D

二、填空题

1. 表空间

2. SYSTEM 表空间　SYSAUX 表空间　TEMP 表空间　UNDOTBS1 表空间
USERS 表空间　EXAMPLE 表空间

3. 数据字典管理　本地化管理

4. ONLINE　OFFLINE　READ WRITE　READ ONLY

三、应用题

略

第5章　PL/SQL 基础

一、选择题

1. B　2. C　3. D　4. A

二、填空题

1. CREATE TABLE　ALTER TABLE　DROP TABLE

2. INSERT　UPDATE　DELETE

3. SELECT　FROM　WHERE　GROUP BY　HAVING　ORDER BY

4. FROM　FROM　WHERE　ORDER BY

三、应用题

1.

```
SELECT grade AS 成绩
  FROM score
  WHERE sno = '121004' AND cno = '1201';
```

2.

```
SELECT gname AS 商品名称, price AS 商品价格, price * 0.9 AS 打 9 折后的商品价格
  FROM goods;
```

3.

```
SELECT *
  FROM student
  WHERE sname LIKE '周%';
```

4.

```
SELECT MAX(tc) AS 最高学分
  FROM student
  WHERE speciality = '通信';
```

5.

```
SELECT MAX(grade) AS 课程 1004 最高分, MIN(grade) AS 课程 1004 最低分, AVG(grade) AS 课程
1004 平均分
  FROM score
  WHERE cno = '1004';
```

6.

```
SELECT cno AS 课程号, AVG (grade) AS 平均分数
  FROM score
  WHERE cno LIKE '4%'
  GROUP BY cno
  HAVING COUNT( * )>= 3;
```

7.

```
SELECT *
  FROM student
  WHERE speciality = '计算机'
  ORDER BY sbirthday;
```

8.

```
SELECT cno AS 课程号, MAX(grade) AS 最高分
  FROM score
  GROUP BY cno
  ORDER BY MAX(grade) DESC;
```

第 6 章   PL/SQL 高级查询

一、选择题

1. C   2. B   3. A   4. D

二、填空题

1. 子查询

2. ANY   ALL

3. INNER JOIN   OUTER JOIN   CROSS JOIN   LEFT OUTER JOIN   RIGHT OUTER JOIN   FULL OUTER JOIN

4. UNION   INTERSECT   MINUS

三、应用题

1.

```
SELECT sname, grade
  FROM score JOIN course ON score. cno = course. cno JOIN student ON score. sno = student. sno
  WHERE cname = '英语';
```

2.

```
SELECT a. sno, sname, ssex, cname, grade
  FROM score a JOIN student b ON a. sno = B. sno JOIN course C ON a. cno = c. cno
  WHERE cname = '高等数学' AND grade > = 80;
```

3.

```
SELECT tname AS 教师姓名, AVG(grade) AS 平均成绩
  FROM course a, teacher b, score c
  WHERE a. tno = b. tno AND a. cno = c. cno
  GROUP BY tname
  HAVING AVG(grade)> = 85;
```

4.

（1）

```
SELECT sname AS 姓名, ssex AS 性别, tc AS 总学分
  FROM student a, score b
  WHERE a. sno = b. sno AND b. cno = '1201'
INTERSECT
```

```
SELECT sname AS 姓名, ssex AS 性别, tc AS 总学分
   FROM student a, score b
   WHERE a. sno = b. sno AND b. cno = '1004';
```

（2）

```
SELECT sname AS 姓名, ssex AS 性别, tc AS 总学分
   FROM student a, score b
   WHERE a. sno = b. sno AND b. cno = '1201'
MINUS
SELECT sname AS 姓名, ssex AS 性别, tc AS 总学分
   FROM student a, score b
   WHERE a. sno = b. sno AND b. cno = '1004';
```

5.

```
SELECT speciality AS 专业, cname AS 课程名, MAX(grade) AS 最高分
   FROM student a, score b, course c
   WHERE a. sno = b. sno AND b. cno = c. cno
   GROUP BY speciality, cname
```

6.

```
SELECT MAX(grade) AS 最高分
   FROM student a, score b
   WHERE a. sno = b. sno AND speciality = '通信'
   GROUP BY speciality
```

7.

```
SELECT teacher. tname
   FROM teacher
   WHERE teacher. tno =
     (SELECT course. tno
        FROM course
        WHERE cname = '数据库系统'
     );
```

8.

```
SELECT sno,cno,grade
   FROM score
   WHERE grade >
     (SELECT AVG(grade)
        FROM score
        WHERE grade IS NOT NULL
     );
```

第7章 视 图

一、选择题

1. D 2. C 3. A 4. B

二、填空题

1. 方便用户操作 增加安全性

2. 基表

3. 满足可更新条件

4. 数据字典

三、应用题

1.

```
CREATE OR REPLACE FORCE VIEW vwClassStudentCourseScore
    AS
    SELECT a. sno, sname, ssex, sclass, b. cno, cname, grade
        FROM student a, course b, score c
        WHERE a. sno = c. sno AND b. cno = c. cno AND sclass = '201236';


SELECT *
    FROM vwClassStudentCourseScore;
```

2.

```
CREATE OR REPLACE FORCE VIEW vwCourseScore
    AS
    SELECT b. sno,cname,grade
        FROM course a, score b
        WHERE a. cno = b. cno;


SELECT *
    FROM vwCourseScore;
```

3.

```
CREATE OR REPLACE VIEW vwAvgGradeStudentScore
    AS
    SELECT a. sno AS 学号, sname AS 姓名, AVG(grade) AS 平均分
        FROM student a, score b
        WHERE a. sno = b. sno
        GROUP BY a. sno, sname
        ORDER BY AVG(grade) DESC;

SELECT *
    FROM vwAvgGradeStudentScore;
```

习题参考答案

第 8 章　索引、同义词和序列

一、选择题

1. B　2. C　3. D　4. A

二、填空题

1. 快速访问数据

2. 数据字典

3. 同义词

4. nextval　currval

三、应用题

1.

```
CREATE INDEX ixCredit ON course(credit);
```

2.

```
CREATE INDEX ixNameBirthday ON teacher(tname,tbirthday);
```

3. 启动 SQL∗Plus，使用 system 用户连接数据库，授予 scott 用户查询 score 表的权限。

```
GRANT SELECT ON score TO scott;
```

创建同义词 synScore。

```
CREATE PUBLIC SYNONYM synScore FOR system.score
```

使用 scott 用户连接数据库。

```
CONNECT scott/tiger
```

scott 用户使用同义词查询 student 表。

```
SELECT * FROM synScore;
```

4.

创建序列 seqEmployee

```
CREATE SEQUENCE seqEmployee
    INCREMENT BY 1
    START WITH 1001
    MAXVALUE 9999
    NOCYCLE
    NOCACHE
    ORDER;
```

创建 employee 表语句如下：

```
CREATE TABLE employee
    (
```

```
eid number(4) NOT NULL PRIMARY KEY,
ename char(8) NOT NULL,
esex char(2) NOT NULL,
address char(60) NULL
);
```

向 employee 表插入两条记录，添加记录时使用序列 seqEmployee 为表中的主键 eid
自动赋值。

```
INSERT INTO employee
   VALUES (seqEmployee.nextval,'周春雨','男','公司集体宿舍');
INSERT INTO employee
   VALUES (seqEmployee.nextval,'王建明','男','公司集体宿舍');
```

第 9 章　数据完整性

一、选择题

1．A　2．D　3．A　4．C

二、填空题

1．域完整性　实体完整性　参照完整性　用户定义完整性

2．CHECK　NOT NULL　PRIMARY KEY　UNIQUE KEY　FOREIGN KEY

3．PRIMARY KEY　UNIQUE KEY

4．PRIMARY KEY　FOREIGN KEY

三、应用题

1.

```
ALTER TABLE score
   ADD CONSTRAINT CK_grade CHECK(grade>=0 AND grade<=100);
```

2.

```
ALTER TABLE student
   DROP CONSTRAINT SYS_C0011057;

ALTER TABLE student
   ADD (CONSTRAINT PK_sno PRIMARY KEY (sno));
```

3.

```
ALTER TABLE score
   ADD CONSTRAINT FK_sno FOREIGN KEY(sno)
   REFERENCES student(sno);
```

4.

```
ALTER TABLE course
   ADD CONSTRAINT FK_tno FOREIGN KEY(tno)
   REFERENCES teacher(tno);
```

习题参考答案

第 10 章 PL/SQL 程序设计

一、选择题

1. A 2. B 3. B 4. C 5. B

二、填空题

1. DATE

2. SELECT-INTO

3. EXCEPTION WHEN-THEN THEN

三、应用题

1.

```
DECLARE
   v_n number := 2;
   v_s number := 0;
BEGIN
   WHILE v_n <= 100
     LOOP
       v_s := v_s + v_n;
       v_n := v_n + 2;
     END LOOP;
   DBMS_OUTPUT. PUT_LINE('1~100 的偶数和为:'||v_s);
END;
```

2.

```
DECLARE
   v_gd number(4,2);
BEGIN
   SELECT AVG(grade) INTO v_gd
     FROM teacher a, score b, course c
     WHERE a. tname = '曾杰' AND a. tno = c. tno AND b. cno = c. cno AND grade IS NOT NULL;
   DBMS_OUTPUT. PUT_LINE('曾杰老师所讲课程的平均分');
   DBMS_OUTPUT. PUT_LINE(v_gd);
END;
```

3.

```
DECLARE
   v_n number := 1;
BEGIN
   LOOP
     DBMS_OUTPUT. PUT(v_n * v_n|| '');        /* 输出整数的平方以及整数间的间隔,不换行 */
     IF MOD(v_n,10) = 0 THEN
       DBMS_OUTPUT. PUT_LINE('');             /* 输出 10 个整数的平方后,换行 */
     END IF;
```

```
    v_n := v_n + 1;
      EXIT WHEN v_n > 100;
  END LOOP;
END;
```

4.

```
DECLARE
  v_name CHAR(8);
BEGIN
  SELECT tname INTO v_name
    FROM teacher
    WHERE tno LIKE '10%';
  DBMS_OUTPUT. PUT_LINE('教师姓名是:'||v_name);
EXCEPTION
  WHEN TOO_MANY_ROWS THEN
    DBMS_OUTPUT. PUT_LINE('对应数据过多!');
  WHEN NO_DATA_FOUND THEN
    DBMS_OUTPUT. PUT_LINE('没有对应数据!');
  WHEN OTHERS THEN
    DBMS_OUTPUT. PUT_LINE('错误情况不明!');
END;
```

第 11 章　函数和游标

一、选择题
1. C　2. B　3. C　4. D　5. B

二、填空题
1. 声明游标　打开游标　读取数据　关闭游标
2. OPEN ＜游标名＞
3. 包头　包体

三、应用题
1. 查询每个学生的平均分，保留整数，丢弃小数部分。

```
SELECT sno, TRUNC(AVG(grade))
  FROM score
  GROUP BY sno;
```

2.

(1)

```
CREATE OR REPLACE FUNCTION funAverage(v_sclass IN char, v_cno IN char)
    /* 设置班级参数和课程号参数 */
    RETURN number
AS
```

```
    result number;                      / * 定义返回值变量 * /
BEGIN
    SELECT avg(grade) INTO result
        FROM student a, score b
        WHERE a. sno = b. sno AND sclass = v_sclass AND cno = v_cno;
    RETURN(result);                     / * 返回语句 * /
END funAverage;
```

（2）

```
DECLARE
    v_avg number;
BEGIN
    v_avg := funAverage('201236','4002');
    DBMS_OUTPUT. PUT_LINE('201236 班 4002 课程的平均成绩是:'||v_avg);
END;
```

3.

```
DECLARE
    v_speciality char(12);
    v_cname char(16);
    v_avg number;
    CURSOR curSpecialityCnameAvg  / * 声明游标 * /
    IS
    SELECT speciality, cname, AVG(grade)
        FROM student a, course b, score c
        WHERE a. sno = c. sno AND b. cno = c. cno
        GROUP BY speciality, cname
        ORDER BY speciality;
BEGIN
    OPEN curSpecialityCnameAvg; / * 打开游标 * /
    FETCH curSpecialityCnameAvg INTO v_speciality, v_cname, v_avg;
                                    / * 读取的游标数据存放到指定的变量中 * /
    WHILE curSpecialityCnameAvg%FOUND
                    / * 如果当前游标指向有效的一行,则进行循环,否则退出循环 * /
    LOOP
        DBMS_OUTPUT. PUT_LINE('专业:'||v_speciality||'课程名:'||v_cname||'平均成绩:'||TO_
char(ROUND(v_avg,2)));
        FETCH curSpecialityCnameAvg INTO v_speciality, v_cname, v_avg;
    END LOOP;
    CLOSE curSpecialityCnameAvg;       / * 关闭游标 * /
    END;
```

第12章 存 储 过 程

一、选择题

1. C 2. B 3. C 4. C 5. D 6. A

二、填空题

1. CREATE PROCEDURE

2. 输入参数 默认值

3. IN OUT IN OUT

三、应用题

1.

（1）

CREATE OR REPLACE PROCEDURE spSpecialityCnameAvg(p_spec IN student. speciality%TYPE,

p_cname IN course. cname%TYPE, p_avg OUT number)

　/*创建存储过程 spSpecialityCnameAvg, 参数 p_spec 和 p_cname 是输入参数, 参数 p_avg 是输出参数*/

AS

BEGIN

　SELECT AVG(grade) INTO p_avg

　　FROM student a, course b, score c

　　WHERE a. sno = c. sno AND b. cno = c. cno AND a. speciality = p_spec AND b. cname = p_cname;

END;

（2）

DECLARE

　v_avg number(4,2);

BEGIN

　spSpecialityCnameAvg('计算机','高等数学',v_avg);

　DBMS_OUTPUT. PUT_LINE('计算机专业高等数学的平均分是:'||v_avg);

END;

2.

（1）

CREATE OR REPLACE PROCEDURE spCnameMax(p_cno IN course. cno%TYPE, p_cname OUT

course. cname%TYPE, p_max OUT number)

　/*创建存储过程 spCnameMax, 参数 p_cno 是输入参数, 参数 p_cname 和 p_max 是输出参数*/

AS

BEGIN

　SELECT cname INTO p_cname

　　FROM course

　　WHERE cno = p_cno;

　SELECT MAX(grade) INTO p_max

```
    FROM course a, score b
    WHERE a. cno = b. cno AND a. cno = p_cno;
END;
```

（2）

```
DECLARE
  v_cname course. cname%TYPE;
  v_max number;
BEGIN
  spCnameMax('1201',v_cname,v_max);
  DBMS_OUTPUT. PUT_LINE('课程号 1201 的课程名是:'||v_cname||'最高分是:'||v_max);
END;
```

3.
（1）

```
CREATE OR REPLACE PROCEDURE spNameSchoolTitle(p_tno IN teacher. tno%TYPE, p_tname OUT
teacher. tname % TYPE, p_school OUT teacher. school % TYPE, p_title OUT teacher. title % TYPE)
    /*创建存储过程 spNameSchoolTitle, 参数 p_tno 是输入参数, 参数 p_tname、p_school 和 p_
title 是输出参数*/
AS
BEGIN
  SELECT tname INTO p_tname
    FROM teacher
    WHERE tno = p_tno;
  SELECT school INTO p_school
    FROM teacher
    WHERE tno = p_tno;
  SELECT title INTO p_title
    FROM teacher
    WHERE tno = p_tno;
END;
```

（2）

```
DECLARE
  v_tname teacher. tname%TYPE;
  v_school teacher. school%TYPE;
  v_title teacher. title%TYPE;
BEGIN
  spNameSchoolTitle('400007', v_tname, v_school, v_title);
  DBMS_OUTPUT. PUT_LINE('教师编号 400007 的教师姓名是:'|| v_tname ||'学院是:'|| v_school |
|'职称是:'||v_title);
END;
```

第13章　触　发　器

一、选择题

1. D　2. B　3. D　4. A　5. C

二、填空题

1. DML 触发器　INSTEAD OF 触发器　系统触发器

2. 行级

3. 视图

4. DDL　数据库系统

5. ALTER TRIGGER

三、应用题

1.

（1）

```
CREATE OR REPLACE TRIGGER trigTotalCredits
    BEFORE UPDATE ON student FOR EACH ROW
BEGIN
    IF :NEW. tc <>:OLD. tc THEN
        RAISE_APPLICATION_ERROR( - 20002,'不能修改总学分');
    END IF;
END;
```

（2）

```
UPDATE student
    SET tc = 52
    WHERE sno = '124002';
```

2.

（1）

```
CREATE OR REPLACE TRIGGER trigTeacherCourse
    AFTER DELETE ON teacher FOR EACH ROW
BEGIN
    DELETE FROM course
        WHERE tno = :OLD. tno;
END;
```

（2）

```
DELETE FROM teacher
    WHERE tno = '120036';

SELECT * FROM teacher;

SELECT * FROM course;
```

第 14 章 事 务 和 锁

一、选择题

1. B　2. C　3. A　4. D

二、填空题

1. 原子性　一致性　隔离性　持久性

2. 排它锁　共享锁

3. 幻想读　不可重复读　脏读

4. COMMIT

5. ROLLBACK

6. SAVEPOINT

第 15 章 安 全 管 理

一、选择题

1. B　2. A　3. C　4. D　5. B

二、填空题

1. CREATE USER

2. WITH ADMIN OPTION　WITH GRANT OPTION

3. 角色

4. SET ROLE

三、应用题

1.

```
CREATE USER Su
   IDENTIFIED BY green
   DEFAULT TABLESPACE USERS
   TEMPORARY TABLESPACE TEMP
   QUOTA 15M ON USERS;
```

2.

```
GRANT CREATE SESSION TO Su;

GRANT SELECT, INSERT, DELETE
   ON student TO Su;
```

3.

(1)

```
CREATE USER Employee01
   IDENTIFIED BY 123456
   DEFAULT TABLESPACE USERS
   TEMPORARY TABLESPACE TEMP;
```

```
CREATE USER Employee02
   IDENTIFIED BY 123456
   DEFAULT TABLESPACE USERS
   TEMPORARY TABLESPACE TEMP;
```

（2）

```
GRANT CREATE SESSION TO Employee01;

GRANT CREATE SESSION TO Employee02;

GRANT CREATE ANY TABLE, CREATE ANY PROCEDURE TO Employee01;

GRANT CREATE ANY TABLE, CREATE ANY PROCEDURE TO Employee02;
```

（3）

```
CREATE ROLE Marketing
   IDENTIFIED BY 1234;

GRANT SELECT, INSERT, UPDATE, DELETE
   ON SalesOrder TO Marketing;
```

（4）

```
GRANT Marketing
TO Employee01;

GRANT Marketing
TO Employee02;
```

第 16 章　备份和恢复

一、选择题

1. A　2. C　3. B　4. B

二、填空题

1. ARCHIVELOG
2. RMAN
3. RECOVERY_CATALOG_OWNER
4. MOUNT
5. ARCHIVELOG

三、应用题

1.

（1）在操作系统命令提示符 C:\Users\dell>后，输入 EXP，按 Enter 键确定。

（2）使用 SYSTEM 用户登录到 SQL * PLUS。

（3）输入导出文件名称 COURSE.DMP。

（4）输入要导出的表的名称 COURSE。

2.

（1）创建目录。

为存储数据泵导出的数据，使用 system 用户创建目录如下：

```
CREATE DIRECTORY dp_ex AS 'd:\DpBak';
```

（2）使用 EXPDP 导出数据。

在命令提示符窗口中输入以下命令。

```
EXPDP SYSTEM/123456 DUMPFILE = TEACHER. DMP DIRECTORY = DP_EX TABLES = TEACHER JOB_NAME =
TEACHER_JOB
```

（3）删除 TEACHER 表。

（4）使用 IMPDP 导入 TEACHER 表。

在命令提示符窗口中输入以下命令。

```
IMPDP SYSTEM/123456 DUMPFILE = TEACHER. DMP DIRECTORY = dp_ex
```

3.

（1）使用 system 用户登录 SQL＊Plus，查询 score 表中的数据，删除 score 表中的数据并提交。

查询 score 表中的数据：

```
SET TIME ON;
```

```
SELECT ＊ FROM score;
```

删除 score 表中的数据并提交：

```
DELETE FROM score
   WHERE grade = 92;      /＊删除的时间点为 2015 - 2 - 6 10:27:45 ＊/
```

```
COMMIT;
```

（2）使用表闪回进行恢复。

```
ALTER TABLE score ENABLE ROW MOVEMENT;
```

```
FLASHBACK TABLE score TO TIMESTAMP
   TO_TIMESTAMP('2015 - 2 - 6 10:27:45','YYYY - MM - DD HH24:MI:SS');
```

第 17 章　Java EE 开发基础

一、选择题

1. A　2. C

二、填空题

1. Java SE　Java EE　Java ME

2. 基于过程 业务逻辑和表示逻辑混合

3. Struts　Spring　Hibernate

4. JSP　JavaBean

5. Struts　Spring　Hibernate

6. 将该项目的源文件一并删除

三、应用题

1. 略

2. 略

3. 略

4. 略

第 18 章　Java EE 和 Oracle 11g 学生成绩管理系统开发

一、选择题

1. B　2. D　3. C

二、填空题

1. Struts　Spring　Hibernate

2. 程序对象到关系数据库数据

3. 普通的 POTO 提供一个 execute 方法　实现 Action 接口　继承 ActionSupport

4. Java 对象　表

5. BeanFactory　ApplicationContext

三、应用题

1. 略

2. 略

3. 略

4. 略

附录B stsys 数据库的表结构和样本数据

1. stsys 数据库的表结构

stsys 数据库的表结构如表 B.1～表 B.4 所示。

表 B.1 student（学生表）的表结构

列名	数据类型	允许 null 值	是否主键	说明
sno	char（6）		主键	学号
sname	char（8）			姓名
ssex	char（2）			性别
sbirthday	date			出生日期
speciality	char（12）	√		专业
sclass	char（6）	√		班号
tc	number	√		总学分

表 B.2 course（课程表）的表结构

列名	数据类型	允许 null 值	是否主键	说明
cno	char（4）		主键	课程号
cname	char（16）			课程名
credit	number	√		学分
tno	char（6）	√		教师编号

表 B.3 score（成绩表）的表结构

列名	数据类型	允许 null 值	是否主键	说明
sno	char（6）		主键	学号
cno	char（4）		主键	课程号
grade	number	√		成绩

表 B.4 teacher（教师表）的表结构

列名	数据类型	允许 null 值	是否主键	说明
tno	char（6）		主键	教师编号
tname	char（8）			姓名

列名	数据类型	允许 null 值	是否主键	说明
tsex	char（2）			性别
tbirthday	date			出生日期
title	char（12）	√		职称
school	char（12）	√		学院

2. stsys 数据库的样本数据

stsys 数据库的样本数据如表 B.5～表 B.8 所示。

表 B.5 student（学生表）的样本数据

学号	姓名	性别	出生日期	专业	班号	总学分
121001	刘鹏翔	男	1992-08-25	计算机	201205	52
121002	李佳慧	女	1993-02-18	计算机	201205	50
121004	周仁超	男	1992-09-26	计算机	201205	50
124001	林琴	女	1992-03-21	通信	201236	52
124002	杨春容	女	1992-12-04	通信	201236	48
124003	徐良成	男	1993-05-15	通信	201236	50

表 B.6 course（课程表）的样本数据

课程号	课程名	学分	教师编号
1004	数据库系统	4	100001
1012	计算机网络	3	NULL
4002	数字电路	3	400007
8001	高等数学	4	800014
1201	英语	4	120036

表 B.7 score（成绩表）的样本数据

学号	课程号	成绩	学号	课程号	成绩
121001	1004	92	124001	8001	95
121002	1004	85	124002	8001	73
121004	1004	82	124003	8001	86
124001	4002	94	121001	1201	93
124002	4002	74	121002	1201	87
124003	4002	87	121004	1201	76
121001	8001	94	124001	1201	92
121002	8001	88	124002	1201	NULL
121004	8001	81	124003	1201	86

stsys 数据库的表结构和样本数据

表 B.8 teacher（教师表）的样本数据

教师编号	姓名	性别	出生日期	职称	学院
100001	张博宇	男	1968—05—09	教授	计算机学院
100021	谢伟业	男	1982—11—07	讲师	计算机学院
400007	黄海玲	女	1976—04—21	教授	通信学院
800014	曾杰	男	1975—03—14	副教授	数学学院
120036	刘巧红	女	1972—01—28	副教授	外国语学院

图 书 资 源 支 持

感谢您一直以来对清华版图书的支持和爱护。为了配合本书的使用,本书提供配套的资源,有需求的读者请扫描下方的"书圈"微信公众号二维码,在图书专区下载,也可以拨打电话或发送电子邮件咨询。

如果您在使用本书的过程中遇到了什么问题,或者有相关图书出版计划,也请您发邮件告诉我们,以便我们更好地为您服务。

我们的联系方式:

地　　址:北京海淀区双清路学研大厦 A 座 707

邮　　编:100084

电　　话:010－62770175－4604

资源下载:http://www.tup.com.cn

电子邮件:weijj@tup.tsinghua.edu.cn

QQ:883604(请写明您的单位和姓名)

用微信扫一扫右边的二维码,即可关注清华大学出版社公众号"书圈"。

资源下载、样书申请

书 圈